职业教育课程改革创新规划教材·精品课程系列

电子技能实训

石　亮　王国明　主编
黄闻达　参编

電子工業出版社
Publishing House of Electronics Industry
北京·BEIJING

内容简介

本书是以知识的综合应用能力和实践动手能力培养为特征的实训教程。其中基础模块介绍了常用元件的特点、分类、识别检测方法和应用要求；实训模块包括了14个模拟电路和数字电路的实训项目；综合模块为选学模块，安排了3个实训项目，以电路仿真、PCB制作、实际组装电路为实训流程。这些项目均经过精心挑选、反复斟酌和实际调试验证。以学生的兴趣为出发点，以电路的“声、光、电、图”为呈现形式，激发学生的好奇心和兴趣点，在实践中逐步理解理论知识，通过各种电路的组装实践，实现“做中学、做中教”的教学理念。

本书既可作为职业院校的电子类专业教材，又可作为电子生产行业技能型人才培养的培训教材，还可供电子技术爱好者使用。

为方便教师教学，本书还配有电子教学参考资料包，详见前言。

图书在版编目（CIP）数据

电子技能实训/石亮，王国明主编．—北京：电子工业出版社，2013.4
职业教育课程改革创新规划教材·精品课程系列
ISBN 978-7-121-19898-4

Ⅰ．①电… Ⅱ．①石… ②王… Ⅲ．①电子技术－中等专业学校－教材 Ⅳ．①TN

中国版本图书馆CIP数据核字(2013)第054589号

策划编辑：张 帆
责任编辑：张 京
印 刷：北京虎彩文化传播有限公司
装 订：北京虎彩文化传播有限公司
出版发行：电子工业出版社
北京市海淀区万寿路173信箱 邮编100036
开 本：787×1092 1/16 印张：12.75 字数：326.4千字
版 次：2013年4月第1版
印 次：2023年8月第15次印刷
定 价：29.50元

凡所购买电子工业出版社图书有缺损问题，请向购买书店调换。若书店售缺，请与本社发行部联系，联系及邮购电话：（010）88254888，88258888。

质量投诉请发邮件至zlts@phei.com.cn，盗版侵权举报请发邮件至dbqq@phei.com.cn。

本书咨询联系方式：（010）88254592，bain@phei.com.cn。

前　言

本书根据中等职业教育的培养目标，以培养技能型人才为出发点，围绕中职教学需求，参照教育部颁布的中等职业学校重点建设专业电子技术应用等专业教学指导方案及人力资源和社会保障部颁布的无线电装接工职业技能鉴定规范，遵循“实用、够用”的原则，经过教学实践、总结后编写。

本书是学习电子技术专业课程的专业基础教材，共分3个模块，24个实训项目，每个实训项目又以多个任务的形式展开，主要包括元器件的识别与检测、电路原理图、电路布线图、电路组装、电路调试、电路测量、思考题等小任务，帮助学生“先会后懂，分步实施”。书中内容通俗易懂，图文并茂，可操作性强，并有很强的趣味性。

本书以项目教学法为主要的学习方法来进行编写，让学生先做，在真实的情境中，在动手操作的过程中，感知、体验和领悟相关知识，从而提高学习兴趣。掌握相关的操作技能和专业知识，充分体现“以学生为主”的教学思想。

本书在编写过程中力求突出以下特点。

1. 突出项目内容的趣味性和实用性。每个项目的选择不单考虑知识的结构性问题，还充分考虑到激发学生的学习兴趣问题，项目的选择与设计常常集声、光、电于一体，并具有一定的实用性。

2. 突出项目的层次性。模块与项目之间既相对独立又有一定的梯度，编排的顺序从简单到复杂，从元器件到综合电路，层次分明。

3. 突出基本仪器仪表的使用。指针式万用表和双踪示波器的使用贯穿所有的电路调试过程，让学生通过具体的操作任务，熟练掌握基本电子仪器仪表的正确使用方法。

4. 突出电路的调试和测试。实训模块和综合模块主要以电路的制作和组装为重点，其中元件识别、功能电路调试和检测是必不可少的任务，也是学习电子技能的重要环节。

5. 突出对实践知识和理论知识的有效整合。每个项目除了具体实践操作外，还通过相关知识，对制作项目的相关电路原理进行分析，注重实践与理论的有效整合。

本书的“实训模块”、“综合模块”中电路布线图和PCB图可作为实际制作的参考。在学习过程中应当发挥学生的主观能动性，根据电路原理图，绘制自己的布线图和PCB图，进行分层次教学。

本书由石亮和王国明担任主编，黄闻达老师编写了实训项目十五、十六、十七，三个项目，并且绘制了本书的原理图。

为了提高学习效率和教学效果，方便教师教学，本书还配有电子教学参考资料包，包括教学视频、电子课件等。请有此需要的读者登录华信教育资源网（http://www.hxedu.com.cn）免费注册后进行下载，有问题时请在网站留言或与电子工业出版社联系（E-mail:hxedu@phei.com.cn）。

由于编者水平有限、时间仓促，书中难免有错误及不妥之处，敬请读者和专家批评指正。

编　者

2013年2月

目　录

基础模块

实训模块

综 合 模 块

基础模块

项目一 认识万用表

【项目描述】通过对指针式万用表MF47的学习，让学生掌握万用表各个挡位和量程的使用技能，理解万用表在实际应用中的重要性。

【学习目标】

1. 知识目标：万用表的结构、作用、测量项目、量程。
2. 技能目标：万用表各个挡位及测量项目的测量技能。

【项目实施】

任务一：初步认识指针式万用表

工作任务

1. 认识MF47万用表结构名称；
2. 掌握正确读数的方法；
3. 万用表各挡位介绍；
4. 熟悉指针式万用表的机械调零和欧姆调零方法。

工作指引

准备工具、仪表与耗材：指针式万用表（MF47型）。

工作步骤

步骤1 认识MF47指针式万用表结构名称及作用

MF47型指针式万用表面板结构如图1-1所示。

万用表的主要性能指标基本取决于表头的性能。表头的灵敏度指表头指针满刻度偏转时流过表头的直流电流值，这个值越小，表头的灵敏度越高；测电压时的内阻越大，其性能就越好。表头上有四条刻度线，它们的功能如下：第一条（从上到下）标有R或Ω，指示的是电阻值，转换开关在欧姆挡时，即读此条刻度线；第二条标有∞和VA，指示的是交、直流电压和直流电流值，当转换开关在交、直流电压或直流电流挡时，读此条刻度线；第三条标有10V，指示的是10V的交流电压值，当转换开关在交、直流电压挡，量程在交流10V

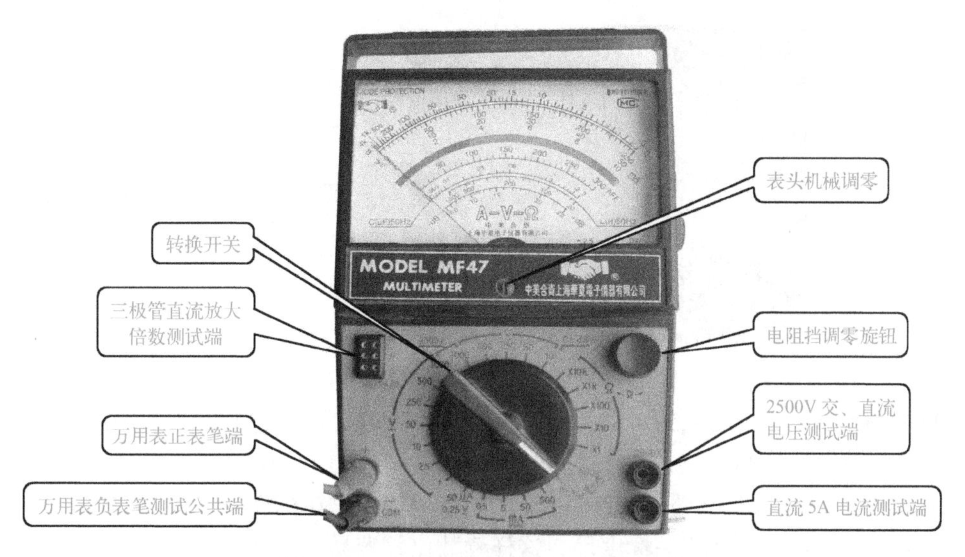

图 1-1　MF47 型指针式万用表面板结构

时，即读此条刻度线；第四条标有 dB，指示的是音频电平。

表头机械调零：使用万用表前，应检查指针是否停留在刻度线左端的“0”位置，如果没有停在“0”位置，要用螺丝刀轻轻转动机械调零旋钮，使指针指零。

电阻挡调零旋钮：万用表在测试电阻的时候，每转换一次量程，相应地要调整一次这个旋钮，使指针指在欧姆刻度的零位上，以保证测量数据的准确性。

三极管直流放大倍数测试端：将要测试的三极管引脚插入相应的孔中，指针指示出三极管的直流放大倍数。

转换开关：万用表的转换开关是一个多挡位的旋转开关。用来选择测量项目和量程。一般的万用表测量项目包括：“mA”——直流电流；“$\underline{V}$”——直流电压；“$\underset{\sim}{V}$”——交流电压；“Ω”——电阻。每个测量项目又划分为几个不同的量程以供选择。

万用表正表笔端：插接红表笔的插孔。

万用表负表笔测试公共端：插接黑表笔的插孔。

2500V 交、直流电压测试端：当测量 1000V 以上的交、直流电压时，将红表笔插到此插孔中，而黑表笔不变。

直流 5A 电流测试端：当测量 500mA 以上的直流电流时，将红表笔插入此孔中，而黑表笔不变。

步骤 2　掌握正确读数的方法

正确读数：刻度盘与挡位盘印制成红、绿、黑三色，表盘颜色分别按交流红色、晶体管绿色、其余黑色对应制成，使用时读数便捷，刻度盘共有六条刻度，第一条专供测电阻用；第二条供测交、直流电压，直流电流之用；第三条供测晶体管放大倍数用；第四条供测量电容用；第五条供测量电感用；第六条供测量音频电平用。刻度盘上装有反光镜，以消除视差，如图 1-2 所示。

（1）找到所读电压刻度尺：仔细观查表盘，直流电压挡刻度线应是表盘中的第二条刻度线。表盘第二条刻度线下方有$\underset{\sim}{V}$、mA符号，表明该刻度线可用来读交、直流电压及交、直流电流。

（2）选择合适的标度尺：在第二条刻度线的下方有三个不同的标度尺，0 – 50 – 100 –

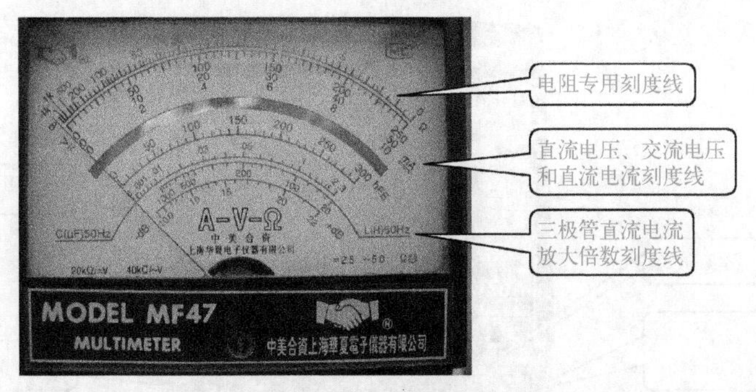

图 1-2 MF47 型指针式万用表刻度盘

150－200－250、0－10－20－30－40－50、0－2－4－6－8－10。根据所选用的量程选择合适的标度尺。例如，0.25V、2.5V、250V 量程可选用0－50－100－150－200－250 这一标度尺来读数；1V、10V、1000V 量程可选用0－2－4－6－8－10 标度尺；50V、500V 量程可选用0－10－20－30－40－50 这一标度尺，这样读数比较容易、方便。

（3）确定最小刻度单位：根据所选用的标度尺来确定最小刻度单位。例如，用0－50－100－150－200－250 标度尺时，每一小格代表5 个单位；用0－10－20－30－40－50 标度尺时，每一小格代表1 个单位；用0－2－4－6－8－10 标度尺时，每一小格代表0.2 个单位。

（4）读出指针示数大小：根据指针所指位置和所选标度尺读出示数大小。例如，指针指在0－50－100－150－200－250 标度尺的100 向右过两小格时，读数为110。

（5）读出电压值大小：根据示数大小及所选量程读出所测电压值。例如，所选量程是2.5V，示数是110（用0－50－100－150－200－250 标度尺读数的），则该所测电压值是（110/250）×2.5＝1.1V。

（6）读数时，视线应正对指针，即只能看见指针实物而不能看见指针在弧形反光镜中的像所读出的数。

步骤 3 万用表各挡位介绍

1. 交、直流电压挡

测量交、直流电压时，转动开关至所需电压挡。交流电压有 10V、50V、250V、500V、1000V、2500V 六挡；直流电压有 0.25V、1V、2.5V、10V、50V、250V、500V、1000V 八挡，如图 1-3 所示。

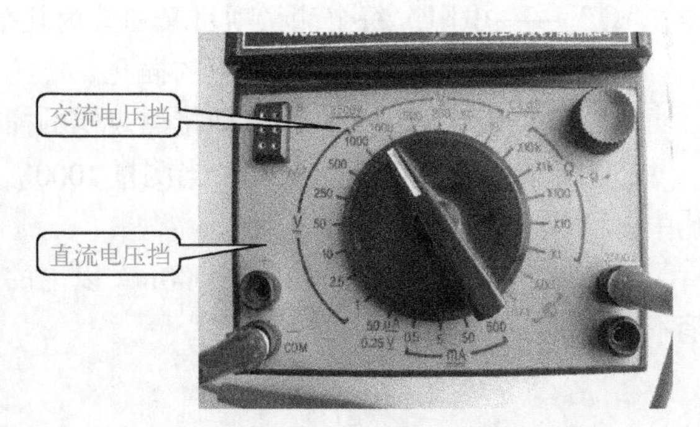

图 1-3 交、直流电压挡

2. 直流电流挡

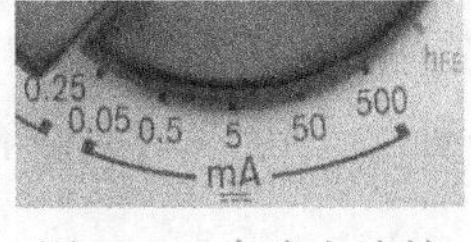

图 1-4 直流电流挡

测量0.05～500mA 直流电流时，转动开关至所需电流挡，电流挡有 0.05mA、0.5mA、5mA、50mA、500mA 五挡，如图 1－4 所示。

3. 电阻挡

电阻挡共有 R×1、R×10、R×100、R×1kΩ、R×10kΩ 挡五挡。其中 R×1、R×10、

R×100 和 R×1kΩ 挡，表内配有 1.5V 干电池；R×10kΩ 挡，表内配有 9V 叠层电池，专为测量大电阻使用，如图 1-5 所示。

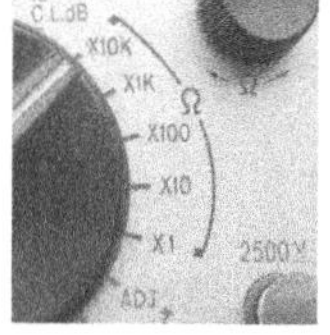

图 1-5　电阻挡

4. h_{FE} 和 ADJ 挡

h_{FE} 和 ADJ 两个挡位用于测量三极管静态直流放大倍数。ADJ 挡是校准挡，h_{FE} 挡是测量挡，测量放大系数前，需对表进行校准。这是因为表内用的是干电池，其电压易发生变化，使流过表头的电流也跟着变化，这时表针指示的数值就不准确了，所以每次测量前应校准一下，和测电阻时需要校准零点一样。校准时先将挡位置于 ADJ 挡，然后将红、黑表笔短接，调节欧姆调零电位器，使指针对准最大（300h_{FE}），校准完成。然后将挡位置于 h_{FE} 挡，即可开始测量。

步骤 4　指针式万用表的机械调零和欧姆调零

万用表的准确零位非常重要，如果没有调零，测出的参量就失去了意义。万用表的调零分为机械调零和欧姆调零两种。

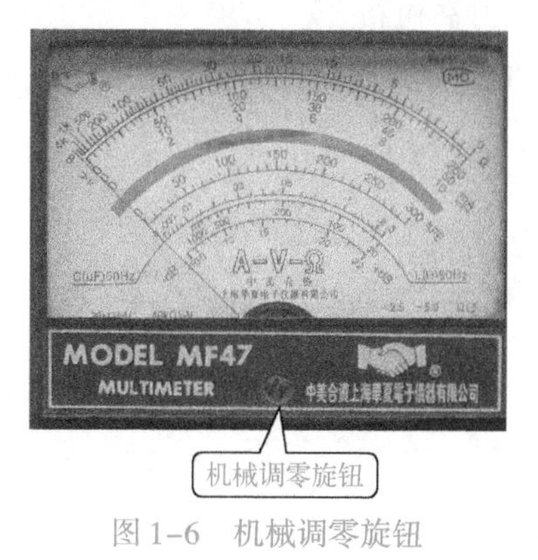

图 1-6　机械调零旋钮

1. 机械调零

将连接面板插口正、负极的两根表笔悬空，观察表头指针是否向左满偏，指在零位上，如不在零位，可适当调整表盖上的机械零位调节螺钉，调至零位，这样测试的读数才会准确。

注意：万用表在使用中很少进行机械调零，也不建议学生自行使用机械调零。遇到需机械调零的万用表，一般在教师指导下操作，防止损坏表头中的游丝。机械调零旋钮如图 1-6 所示。

2. 欧姆调零

图 1-7　欧姆挡调零旋钮

欧姆挡调零旋钮如图 1-7 所示。

测量电阻共有 5 个挡位，每更换一次挡位，都需要重新调整欧姆调零旋钮，以保证准确的零位。因此，几乎每次测电阻前，都需要对万用表进行欧姆调零。

项目评价反馈表

任务名称	配　分	评分要点	学生自评	小组互评	教师评价
项目总体评价					

项目二

电阻器识别与检测

【项目描述】识别各种类别的电阻器，掌握正确的电阻测量方法。

【学习目标】

1. 知识目标：掌握每种颜色代表的色码，正确读出电阻器的阻值。
2. 技能目标：电阻器色码的识别，会用万用表测量电阻。

【项目实施】

任务一：电阻器的识别与标称值的读取

工作任务

1. 认识各种类型电阻器的外形特征；
2. 读取电阻器的标称值。

工作指引

准备元器件（见表2-1）。

表2-1 元器件清单

序 号	元件名称	数 量	序 号	元件名称	数 量
R1	碳膜电阻器（RT）	10	R6	压敏电阻器（RV）	1
R2	金属膜电阻器（RJ）	10	R7	正温度系数热敏电阻器（PTC）	1
R3	贴片电阻器	10	R8	负温度系数热敏电阻器（NTC）	1
R4	线绕电阻器（RX）	1	R9	水泥电阻器	1
R5	光敏电阻器（RL）	1			

工作步骤

步骤1 认识电阻器

1. 普通电阻器

图2-1 电阻器的图形符号

图2-1所示为普通电阻器在电路中的图形符号。

1）碳膜电阻器

图 2-2 所示为四色环的碳膜电阻器。

2）金属膜电阻器

如图 2-3 所示为金属膜电阻器。

图 2-3 所示为五色环金属膜电阻器。碳膜与金属膜电阻器上面通常带有色环，用于标识电阻器的阻值和误差精度，目前有四色环和五色环两种标识方法，其阻值精度不同，五色环的精度比较高。

3）贴片电阻器

图 2-4 所示为贴片电阻器，目前常用的封装形式为 0602 和 0805，图 2-4 所示为 0805 封装贴片电阻器，其标称阻值直接标注在电阻器的表面，如“102”代表 1000Ω = 1kΩ。

图 2-2　碳膜电阻器

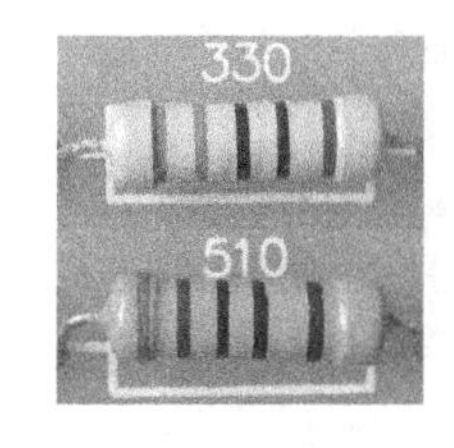

图 2-3　金属膜电阻器

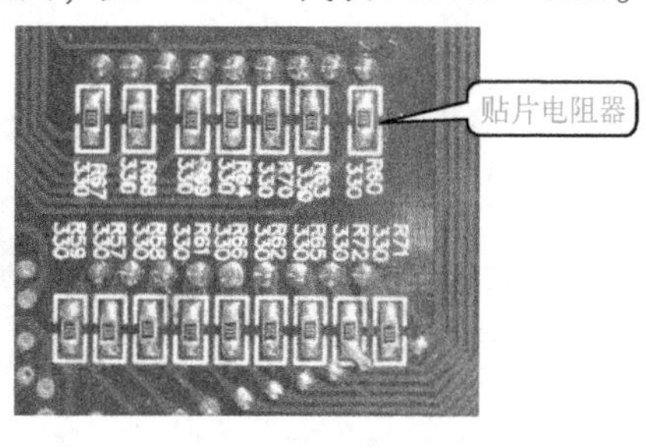

图 2-4　贴片电阻器

4）线绕电阻器

图 2-5 所示为大功率线绕电阻器，其标称阻值为 100Ω，额定功率为 5W。

2. 特殊电阻器

1）光敏电阻器

图 2-6 为光敏电阻器实物图，图 2-7 为光敏电阻器图形符号。光敏电阻器在电路中通常用字母“RL”来表示。光敏电阻器的顶部有一个受光面，可以感受外界光线的强弱，当光线较弱时，其阻值很大，光线变强后，阻值迅速减小，利用光敏电阻器的这个特性可以制作各种光控电路或光控灯。

图 2-5　线绕电阻器

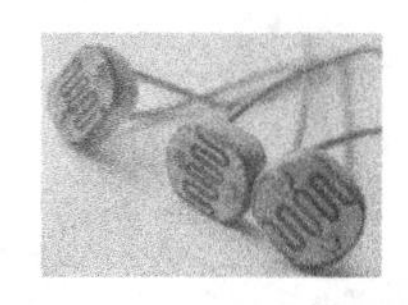
图 2-6　光敏电阻器实物图

图 2-7　光敏电阻器的图形符号

2）热敏电阻器

图 2-8（a）为热敏电阻器实物图，图 2-8（b）为热敏电阻器的图形符号。热敏电阻器在电路中通常用字母“RT”表示，其图形符号如图 2-9 所示。热敏电阻器分为负温度系数（PTC）和正温度系数（NTC）两大类，热敏电阻器常用于各种简单的温度控制电路中。

3）压敏电阻器

图 2-10 为压敏电阻器实物图，图 2-11 为压敏电阻器的图形符号。它在电路中常用字母“RV”表示。压敏电阻器通常用于各种保护电路中，当其两端电压较小时，其阻值接近无穷

大，当其两端电压发生突变时，其阻值迅速减小，然后迅速分流，起到保护后续电路的作用。

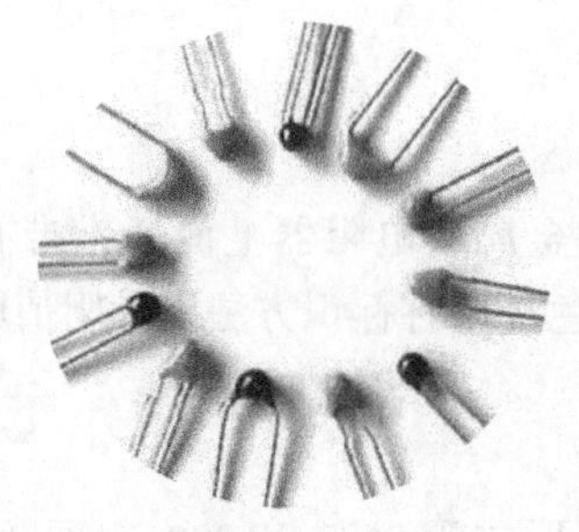

（a）各种热敏电阻器外形图

（b）正温度系数热敏电阻器

图 2-8　热敏电阻器

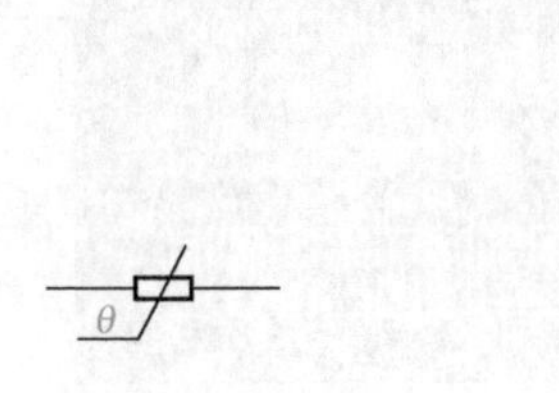

图 2-9　热敏电阻器的图形符号

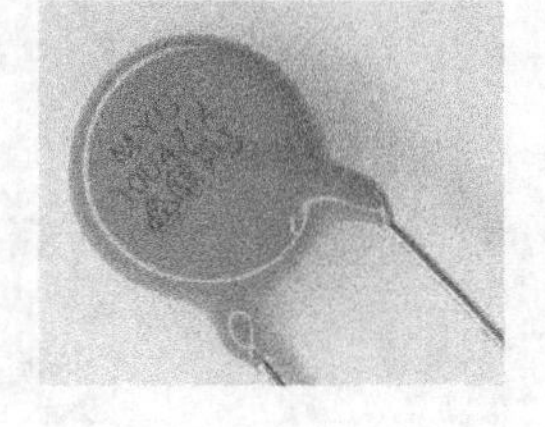

图 2-10　压敏电阻器实物图

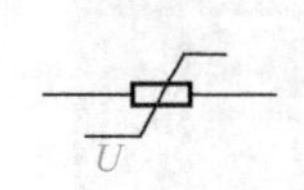

图 2-11　压敏电阻器的图形符号

4）水泥电阻器

图 2-12 所示为水泥电阻器，水泥电阻器是一种陶瓷绝缘功率型线绕电阻器，按照其功率可以分为 2W、3W、5W、7W、8W、10W、15W、20W、30W 和 40W 等规格。水泥电阻器具有功率大、阻值稳定、阻燃性强等特点，它在电路过流的情况下会迅速熔断，起到保护电路的作用。

5）排阻

图 2-13 所示为排阻，将多个相同阻值的电阻集成在一个元件中就构成了“排阻”，其图形符号如图 2-14 所示，其一端连在一起，为公共端。排阻体积小，安装方便，适合多个电阻阻值相同，而且其中一个引脚都连在电路同一位置的场合。

图 2-12　水泥电阻器

图 2-13　排阻

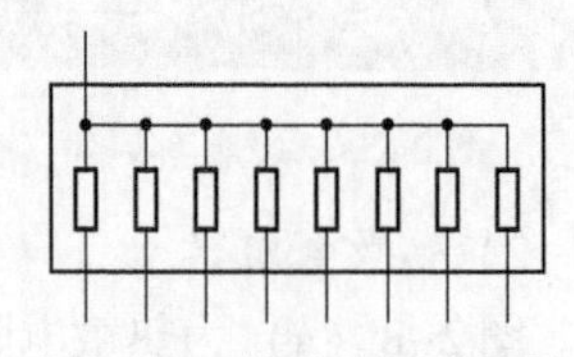

图 2-14　排阻的图形符号

如图 2-13 所示，某排阻型号为“A103J”，其中“A”表示排阻，标称值与误差等级的表示方法与普通电阻器相同，“10”表示有效数字，“3”表示倍率，103 即 $10 \times 10^3 = 10k\Omega$，表示排阻中每个电阻器的阻值为 $10k\Omega$，J 表示误差等级为 ±5%。此阻排共有 9 个引脚，其中 1 脚为公共引脚，用色点标示。

步骤 2 读取电阻器的标称值

1. 色环电阻器的阻值读取

色环电阻器用不同颜色的色带在电阻器表面标出标称阻值和误差等级，这种方法叫做“色标法”，目前色环电阻器通常采用四色环和五色环标识，如表 2-2 和表 2-3 所示。

1）四色环电阻器

两位有效数字阻值的色环表示法如表 2-2 所示。

表 2-2　两位有效数字阻值的色环表示法

标称值第一位有效数字
标称值第二位有效数字
标称值有效数字后 0 的个数
允许偏差

颜　色	第一位有效值	第二位有效值	倍　率	允许偏差
黑	0	0	10^0	—
棕	1	1	10^1	—
红	2	2	10^2	—
橙	3	3	10^3	—
黄	4	4	10^4	—
绿	5	5	10^5	—
蓝	6	6	10^6	—
紫	7	7	10^7	—
灰	8	8	10^8	—
白	9	9	10^9	-20%～+50%
金	—	—	10^{-1}	±5%
银	—	—	10^{-2}	±10%
无色	—	—	—	±20%

2）五色环电阻

三位有效数字阻值的色环表示法如表 2-3 所示。

表 2-3　三位有效数字阻值的色环表示法

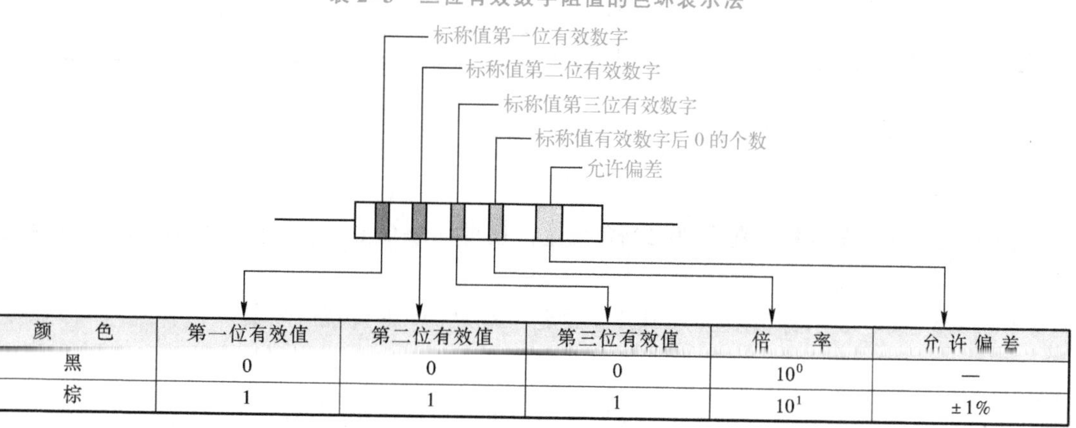

颜　色	第一位有效值	第二位有效值	第三位有效值	倍　率	允许偏差
黑	0	0	0	10^0	—
棕	1	1	1	10^1	±1%

续表

颜　色	第一位有效值	第二位有效值	第三位有效值	倍　率	允许偏差
红	2	2	2	10^2	±2%
橙	3	3	3	10^3	—
黄	4	4	4	10^4	—
绿	5	5	5	10^5	±0.5%
蓝	6	6	6	10^6	±0.25%
紫	7	7	7	10^7	±0.1%
灰	8	8	8	10^8	—
白	9	9	9	10^9	—
金	—	—	—	10^{-1}	—
银	—	—	—	10^{-2}	—

活动一：

元件盒中放置 10 个色环电阻器（1 ～ 10 号），读出这 10 个色环电阻器的色环颜色，并在表 2-4 中填写其标称阻值和误差等级。

表 2-4　标称阻值和误差等级

序　号	色环颜色					标称阻值	误差等级
1							
2							
3							
4							
5							
6							
7							
8							
9							
10							

活动二：

根据表 2-5 中电阻的标称阻值和误差等级，按顺序在表 2-5 中填写四色环电阻器各色环的颜色名称。

表 2-5　色环颜色

序　号	标称阻值	误差等级	四色环颜色				序　号	标称阻值	误差等级	四色环颜色			
1	5.6kΩ	±5%					4	470Ω	±10%				
2	51Ω	±5%					5	680kΩ	±20%				
3	1MΩ	±5%											

2. 文字符号直标电阻器的阻值读取

1）直标法

图 2-15（a）表示标称阻值为 20kΩ、允许偏差为 ±0.1%、额定功率为 2W 的线绕电阻器。

图 2-15（b）表示标称阻值为 2kΩ、额定功率为 1W 的线绕电阻器。

图 2-15（c）表示标称阻值为 1.2kΩ、允许偏差为 ±10%、额定功率为 0.5W 的碳膜电阻器。

2）文字符号法

用阿拉伯数字和文字符号两者有规律的组合来表示电阻器的标称值，其允许偏差用文字符号来表示，D 表示 ±0.5%，F 表示 ±1%，J 表示 ±5%，kΩ 表示 ±10%，M 表示 ±20%。当电阻器的阻值小于 10Ω 时，以 ×R× 表示（×代表数字），将 R 看做小数点，如图 2-16 所示。

活动三：

在 2－6 表中填写标称阻值及其误差等级。

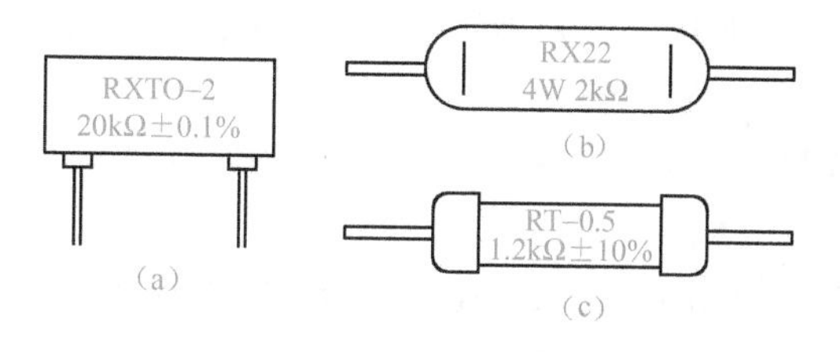

图 2-15　直标法

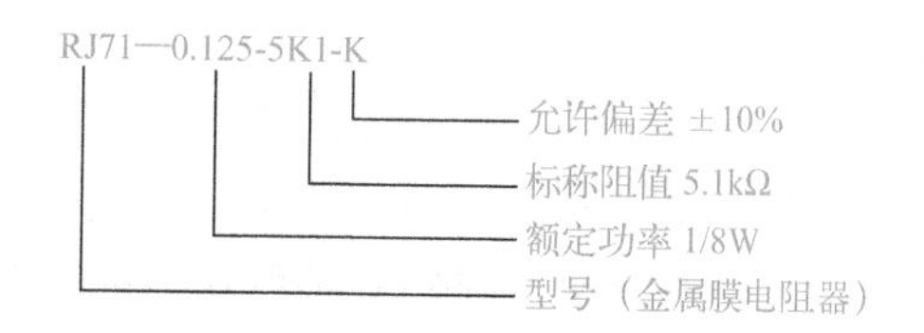

图 2-16　电阻的文字符号标注法

3）数码法

数码法用三位阿拉伯数字表示，前两位表示阻值的有效数字，第三位表示有效数字后面零的个数，常见于贴片电阻器或微调电位器上。当电阻器的阻值小于 10Ω 时，以 ×R× 表示（×代表数字），将 R 看做小数点。

活动四：

在表 2-7 中填写元件盒中各电阻器的标称阻值。

表 2-6　电阻器的标称阻值及其误差等级

序　号	电阻器上面的数字	标称阻值	误差等级
1	1R5J		
2	2kΩ7M		
3	R1F		
4	2. 2GkΩ		
5	R15D		

表 2-7　元件盒中各电阻器的标称阻值

序　号	电阻器上面的数字	标称阻值
1	103	
2	221	
3	1R2	
4	200	
5	560	

任务二：用万用表测电阻器阻值

工作任务

1. 测量普通电阻器的阻值；
2. 测量光敏电阻器和热敏电阻器阻值。

工作指引

1. 准备元器件（见表 2-8）。
2. 准备工具、仪表与耗材：MF47 型指针式万用表一块，30W 电烙铁一把。

表 2-8　元器件清单

序　号	元件名称	数　量	序　号	元件名称	数　量
R1－R4	普通电阻器	4	R7	正温度系数热敏电阻器	1
R5 R6	光敏电阻器	2	R8	负温度系数热敏电阻器	1

工作步骤

使用指针式万用表的欧姆挡可以测量电阻器的阻值。欧姆挡用“Ω”表示，分为R×1、R×10、R×100、R×1kΩ和R×10kΩ五挡。具体测量步骤如下。

（1）选择挡位。根据电阻器的标称值，选择一个合适的挡位，避免出现过大的测量误差。例如，电阻器标称值为1.2kΩ，则选择R×1kΩ挡。

（2）欧姆调零。将两表笔短接，调整欧姆挡零位调整旋钮，使表针指向电阻刻度线右端的零位。若指针无法调到零点，说明表内电池电压不足，应更换电池。

（3）测量并读数。用两表笔分别接触被测电阻器两引脚进行测量。正确读出指针所指的数值，再乘以倍率（R×100挡应乘以100，R×1kΩ挡应乘以1000……），得到被测电阻器的阻值。为使测量较为准确，测量时应使指针指在刻度线中心位置附近。若指针偏角较小或很大，应换用临近的挡位。每次换挡后，应再次调整欧姆挡零位调整旋钮，然后测量。

（4）归位。测量结束后，拔出表笔，将选择开关置于“OFF”挡或交流电压最高挡，收好万用表。

测量电阻时应注意：

（1）被测电阻器应从电路中拆下后再测量；

（2）两只表笔不要长时间碰在一起；

（3）两只手不能同时接触两表笔的金属杆或被测电阻器的两个引脚，最好用右手同时持两支表笔；

（4）长时间不使用欧姆挡，应将表中电池取出。

活动一：

识别并检测元件盒中的普通电阻器，将测量结果填入表2-9中。

表 2-9　普通电阻器测量结果

元器件	识别及检测内容			
	电阻器的名称	标称值	实际测量值	所用的挡位
R1				
R2				
R3				
R4				

项目评价反馈表

任务名称	配　分	评分要点	学生自评	小组互评	教师评价
项目总体评价					

相关知识

电阻器的主要技术指标如下所述。

1. 额定功率

电阻器在电路中长时间连续工作不损坏或不显著改变其性能所允许消耗的最大功率称为电阻器的额定功率。电阻器的额定功率并不是电阻器在电路中工作时一定要消耗的功率，而是电阻器在电路中工作所允许消耗的最大功率。不同类型的电阻器具有不同系列的额定功率，如表2-10所示。

表2-10　电阻器的功率等级

名　称	额定功率（W）					
实芯电阻器	0.25	0.5	1	2	5	—
线绕电阻器	0.5 25	1 35	2 50	6 75	10 100	15 150
薄膜电阻器	0.025 2	0.05 5	0.125 10	0.25 25	0.5 50	1 100

2. 标称阻值

阻值是电阻器的主要参数之一，不同类型的电阻器，阻值范围不同，不同精度的电阻器其阻值系列也不同。根据国家标准，常用的标称值系列如表2-11所示。E24、E12和E6系列也适用于电位器和电容器。

表2-11　标称值系列

标称值系列	精　度	电阻器、电位器、电容器标称值（PF）							
E24	±5%	1.0 2.2 4.7	1.1 2.4 5.1	1.2 2.7 5.6	1.3 3.0 6.2	1.5 3.3 6.8	1.6 3.6 7.5	1.8 3.9 8.2	2.0 4.3 9.1
E12	±10%	1.0 3.3	1.2 3.9	1.5 4.7	1.8 5.6	2.2 6.8	2.7 8.2	—	—
E6	±20%	1.0	1.5	2.2	3.3	4.7	6.8	8.2	—

表中数值再乘以10^n，其中n为正整数或负整数。

3. 允许偏差等级

电阻器的精度等级见表2-12。

表2-12　电阻器的精度等级

允许偏差（%）	±0.001	±0.002	±0.005	±0.01	±0.02	±0.05	±0.1
等级符号	E	X	Y	H	U	W	B
允许偏差（%）	±0.2	±0.5	±1	±2	±5	±10	±20
等级符号	C	D	F	G	J（Ⅰ）	kΩ（Ⅱ）	M（Ⅲ）

项目三

电容器的识别与检测

【项目描述】认识常用电容器的外形，掌握电容器的测量方法。

【学习目标】

1. 知识目标：电容器的作用、识别及图形符号。
2. 技能目标：会用万用表测量电容。

【项目实施】

任务一：电容器的识别

工作任务

1. 认识常用电容器的外形特征；
2. 识读电容器上的标识和图形符号。

工作指引

准备元器件（见表3–1）。

表 3–1　元器件清单

序　号	元件名称	规　格	数　量
C1	铝电解电容器	100μF/50V	2
C2	钽电解电容器	680μF/25V	2
C3	瓷介电容器	33pF	2
C4	独石电容器	225	1
C5	涤纶电容器	104	1
C6	CBB 电容器（聚丙烯电容器）	104	1
C7	微调电容器	—	1
C8	双联可调电容器	—	1
C9	贴片钽电解电容器	47μF/50V	1
C10	贴片电解电容器	100μF/50V	1
C11	贴片陶瓷电容器	224	1

准备工具、仪表与耗材：指针式万用表（MF47 型）一块。

工作步骤

步骤 1　认识常用电容器

1. 电解电容器

图 3-1 为电解电容器的图形符号。

图 3-1　电解电容器的图形符号

图 3-2 与图 3-3 所示为铝电解电容器，铝电解电容器外面包有一层塑料薄膜，里面为铝壳，其极性标识非常清楚，标有“ - ”号一侧引脚为电解电容器的负极，另一侧则为电解电容器的正极。新电解电容器的长引脚一般为电容器的正极，短脚为电容器的负极。

图 3-2　铝电解电容器外形图一

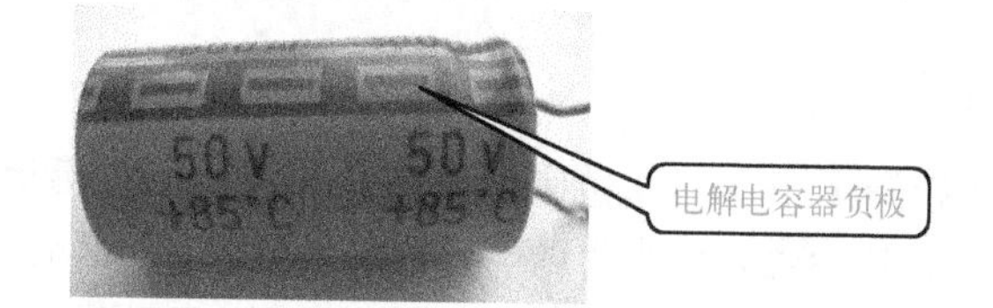

图 3-3　铝电解电容器外形图二

图 3-4 所示为钽电解电容器，它的标识为“CA”，其温度稳定性和精度较高，通常应用于精密仪器中。钽电解电容器的引脚较长的一端为正极，另外一端为负极。

图 3-4　钽电解电容器外形图

图 3-5　贴片铝电解电容器

图 3-6　贴片钽电解电容器外形图

图 3-5 为贴片铝电解电容器的外形图，图 3-6 为贴片钽电解电容器外形图。要特别注意：贴片铝电解电容器有标记的一端为负极，而贴片钽电解电容器有标记的一端为正极，两者极性标记方法正好相反。

2. 瓷介电容器

图 3-7 为无极性电容器的图形符号。

—||—

图 3-7　无极性电容器的图形符号

1）瓷片电容器

瓷片电容器为片状的，如图 3-8 所示，其标称值直接标注在外壳上，其容量为 33pF。

2）独石电容器（多层陶瓷电容器）

独石电容器又称为多层陶瓷电容器，其外形如图 3-9 所示，图示电容器的标称容量为 2 200 000pF = 2. 2μF。

3）贴片陶瓷电容器

贴片陶瓷电容器外形图如图 3-10 所示，实际电路中的贴片陶瓷电容器如图 3-11 所示。

图 3-8 瓷片电容器外形图

图 3-9 独石电容器外形图

图 3-10 贴片陶瓷电容器外形图

图 3-11 实际电路中的贴片陶瓷电容器

3. 薄膜电容器

1）涤纶电容器

涤纶电容器外形扁平，如图 3-12 所示，其标称容量为 10 000pF＝0. 1μF。

2）CBB 电容器

CBB 电容器为聚丙烯电容器，外形如图 3-13 所示，其耐压为 400V，容量为 1μF。

4. 微调电容器

电容量可在某一小范围内调整，并可在调整后固定于某个电容值的电容器称为微调电容器，微调电容器也称半可调电容器。如图 3-14 所示为微调电容器的外形。微调电容器一般没有手柄，只能用小螺丝刀调节，因此常用在不需要经常调节的地方。微调电容器通常在各种调谐及振荡电路中作为补偿电容器或校正电容器使用。微调电容器的图形符号如图 3-15 所示。

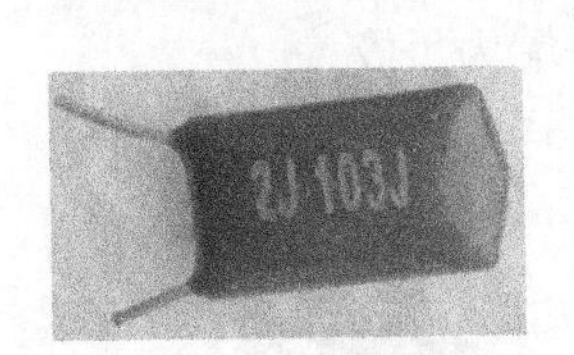

图 3-12 涤纶电容器外形图

图 3-13 CBB 电容器外形图

图3-14 微调电容器外形图

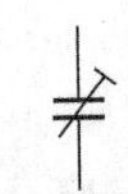
图 3-15 微调电容器的图形符号

5. 可变电容器

可变电容器分为单联可变电容器、双联可变电容器，双联可变电容通常用于收音机调谐电路中，图 3-16 所示为双联可变电容器外形图，图 3-17 为单联可变电容器图形符号，图 3-18 为双联可变电容器图形符号。

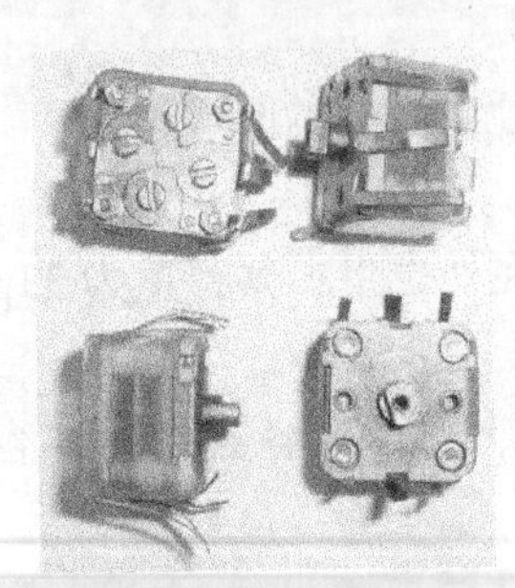
图 3-16 双联可变电容器外形图

图 3-17 单联可变电容器图形符号

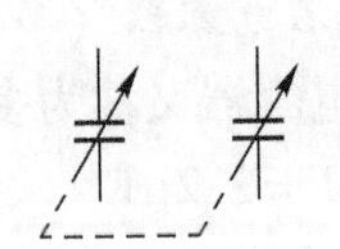
图 3-18 双联可变电容器图形符号

任务二：测量电容器的容量

工作任务

用指针式万用表测量电容量。

工作指引

1. 准备元器件（见表3-2）。

表3-2 元器件清单

序　号	元件名称	规　格	数　量
C1	电解电容器	10μF/50V	1
C2	电解电容器	100μF/25V	1
C3	瓷介电容器	33pF	2
C4	独石电容器	225	1
C5	涤纶电容器	104	1
C6	CBB电容器（聚丙烯电容器）	104	1
C7	微调电容器	—	1
C8	双联可调电容器	—	1

2. 准备工具、仪表与耗材：指针式万用表（MF47型）一块。

工作步骤

1. 用指针式万用表测量电解电容器

1）选择挡位

针对不同容量选用合适的量程。一般情况下，1～47μF间的电容器，可用R×1kΩ挡测量，大于47μF的电容器可用R×100挡测量。

2）测量

将万用表红表笔接负极，黑表笔接正极，在刚接触的瞬间，万用表指针向右偏转较大幅度（对于同一电阻挡，容量越大，摆幅越大），接着逐渐向左回转，直到停在某一位置。此时的阻值便是电解电容器的正向漏电阻，此值略大于反向漏电阻。电解电容器的漏电阻一般在几百千欧以上，否则，将不能正常使用。在测试中，若正向、反向均无充电现象，即表针不动，则说明电解电容器的容量消失或内部断路；如果所测阻值很小或为零，说明电容器漏电大或已击穿损坏，不能再使用。

3）判别极性

对于正、负极标志不明的电解电容器，可利用上述测量漏电阻的方法加以判别。即先任意测一下漏电阻，记住其大小，然后交换表笔再测出一个阻值。两次测量中阻值大的那一次便是正向接法，即黑表笔接的是正极，红表笔接的是负极。

4）估测容量

使用万用表电阻挡，采用给电解电容器进行正、反向充电的方法，根据指针向右摆动幅度的大小，可估测出电解电容器的容量。

2. 用指针式万用表测量无极性电容器

无极性电容器的容量一般比较小，用指针式万用表进行测量，只能定性地检查其是否有漏电、内部短路或击穿现象。测量时，选用万用表 R×10kΩ 挡，将两表笔分别任意接电容器的两个引脚，阻值应为无穷大。若测出阻值（指针向右摆动）为零，则说明电容器漏电损坏或内部击穿。若无极性电容器的容量较大（0.01μF 以上），则指针会发生轻微的偏转，可用万用表的 R×10kΩ 挡直接测试电容器有无充电过程及有无内部短路或漏电，并可根据指针向右摆动的幅度估计出电容器的容量。

3. 用指针式万用表测量双联可变电容器

（1）用手轻轻旋动转轴，应感觉十分平滑，不应有时松时紧甚至卡滞现象。将转轴向前、后、上、下、左、右等各个方向推动时，转轴不应有松动的现象。

（2）用一只手旋动转轴，另一只手轻摸动片组的外缘，不应有任何松脱现象。转轴与动片之间接触不良的可变电容器不能再继续使用。

（3）将万用表置于 R×10kΩ 挡，一只手将两个表笔分别接可变电容器的动片和定片的引出端，另一只手将转轴缓缓旋动几个来回，万用表指针都应在无穷大位置不动。在旋动转轴的过程中，如果指针有时指向零，说明动片和定片之间存在短路点。

项目评价反馈表

任务名称	配　分	评分要点	学生自评	小组互评	教师评价
项目总体评价					

相关知识

1. 电容器型号命名法

（1）铝电解电容器型号命名示例如图 3-19 所示。

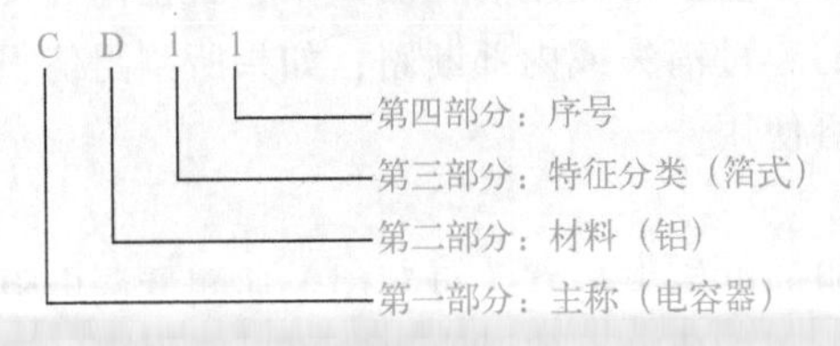

图 3-19　示例 1

（2）圆片形瓷介电容器型号命名示例如图 3-20 所示。

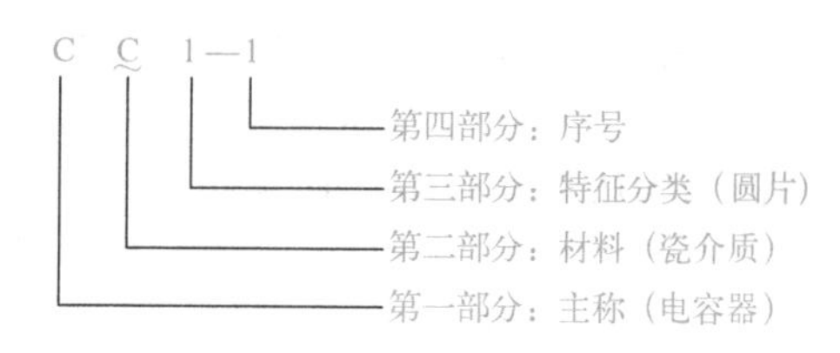

图 3-20　示例 2

（3）纸介金属膜电容器型号命名示例如图 3-21 所示。

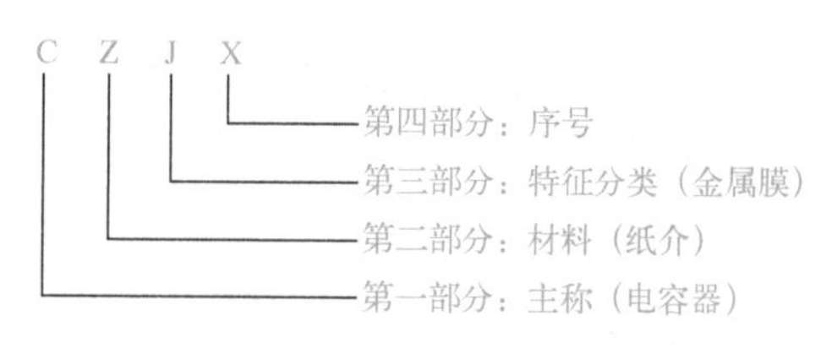

图 3-21　示例 3

2. 电容器的主要技术指标

（1）电容器的耐压：常用固定式电容器的直流工作电压系列为：6.3V、10V、16V、25V、40V、63V、100V、160V、250V、400V。

（2）电容器允许偏差等级：常见的有七个等级如表 3-3 所示。

表 3-3　电容器允许偏差等级列表

允许偏差	±2%	±5%	±10%	±20%	+20% -30%	+50% -20%	+100% -10%
级　别	0.2	Ⅰ	Ⅱ	Ⅲ	Ⅳ	Ⅴ	Ⅵ

注：常用字母代表电容允许偏差。B：±0.1%；C：±0.25%；D：±0.5%；F：±1%；G：±2%；J：±5%；kΩ：±10%；M：±20%；N：±30%；Z：+80%，-20%。

（3）标称电容量见表 3-4。

表 3-4　固定式电容器标称容量系列和容许误差

系列代号	E24	E12	E6
允许偏差	±5%（Ⅰ）或（J）	±10%（Ⅱ）或（kΩ）	±20%（Ⅲ）或（M）
标称容量对应值	10，11，12，13，15，16，18，20，22，24，27，30，33，36，39，43，47，51，56，62，68，75，82，90	10，12，15，18，22，27，33，39，47，56，68，82	10，15，22，23，47，68

注：标称电容量为表中数值或表中数值再乘以10^n，其中 n 为正整数或负整数，单位为 pF。

3. 电容器的标识方法

（1）直标法。容量单位：F（法拉）、μF（微法）、nF（纳法）、pF（皮法或微微法）。

1 法拉 $=10^6$ 微法 $=10^{12}$ 微微法

1 微法 $=10^3$ 纳法 $=10^6$ 微微法

1 纳法 = 10^3 微微法

例如：4n7 表示 4.7nF 或 4700pF，0.22 表示 0.22μF，51 表示 51pF。

有时用大于 1 的两位以上的数字表示单位为 pF 的电容器，如 101 表示 100pF；用小于 1 的数字表示单位为 μF 的电容器，如 0.1 表示 0.1μF。

(2) 数码表示法。一般用三位数字来表示容量的大小，单位为 pF。前两位为有效数字，后一位表示位率。即乘以 10^i，i 为第三位数字，若第三位数字 9，则乘 10^{-1}，如 223J 代表 22×10^3pF = 22 000pF = 0.22μF，允许偏差为 ±5%；又如，479kΩ 代表 47×10^{-1}pF，允许偏差为 ±5%。

(3) 色码表示法。这种表示法与电阻器的色环表示法类似，颜色涂于电容器的一端或从顶端向引线排列。色码一般只有三种颜色，前两环为有效数字，第三环为倍率，单位为 pF。有时色环较宽，如红、红、橙，两个红色环涂成一个宽的色环，表示 22 000pF。

4. 电容器的分类、特点及应用

电容器的分类、特点及应用见表 3-5。

表 3-5 电容器的分类、特点及应用

电容器名称		容量范围	额定电压	特点	应用
铝电解电容器		0.47～10 000μF	6.3～450V	体积小，容量大，损耗大，漏电大	电源滤波，低频耦合，去耦，旁路等
钽电解电容器（CA） 铌电解电容器（CN）		0.1～1000μF	6.3～125V	损耗、漏电小于铝电解电容器	在要求高的电路中代替铝电解电容器
薄膜电容器	聚酯（涤纶）电容器（CL）	40pF～4μF	63～630V	小体积，大容量，耐热耐湿，稳定性差	对稳定性和损耗要求不高的低频电路
	聚苯乙烯电容器（CB）	10pF～1μF	100V～30kV	稳定，低损耗，体积较大	对稳定性和损耗要求较高的电路
	聚丙烯电容器（CBB）	1000pF～10μF	63～2000V	性能与聚苯相似但体积小，稳定性略差	代替大部分聚苯或云母电容器，用于要求较高的电路
瓷介电容器	高频瓷介电容器（CC）	1～6800pF	63～500V	高频损耗小，稳定性好	高频电路
	低频瓷介电容器（CT）	10pF～4.7μF	50～100V	体积小，价廉，损耗大，稳定性差	要求不高的低频电路
独石电容器（多层陶瓷电容器）		0.5pF～1μF	两倍额定电压	电容量大、体积小、可靠性高、电容量稳定、耐高温耐湿性好等	谐振、耦合、滤波、旁路
微调电容器	薄膜介质	可变电容量：1～29pF		损耗较大，体积小	收录机、电子仪器等电路中作电路补偿
	陶瓷介质	可变电容量：0.3～22pF		损耗较小，体积较小	精密调谐的高频振荡回路
可变电容器		可变电容量：100～1500pF		损耗小，效率高	电子仪器、广播电视设备
玻璃釉电容器（CI）		10pF～0.1μF	63～400V	稳定性较好，损耗小，耐高温（200℃）	脉冲、耦合、旁路等电路

项目四

电感器的识别与检测

【项目描述】认识常用电感器的外形，掌握正确的电感测量方法。

【学习目标】

1. 知识目标：电感器的作用、识别及图形符号。
2. 技能目标：会用万用表测量电感。

【项目实施】

任务一：电感器的识别

工作任务

1. 认识常用的电感器外形特征；
2. 识读电感器上的标识和图形符号。

工作指引

准备元器件，见表4-1。

表4-1　元器件清单

序　号	元件名称	数　量
L1	色码电感器	1
L2	贴片电感器	1
L3	磁芯线圈电感器	1
L4	磁芯线圈可调电感器	1
L5	铁芯线圈电感器（扼流圈）	1
L6	空心线圈电感器	1
L7	小型固定电感器	1
T1	中频变压器（中周）	1

工作步骤

步骤 1 认识常用电感器

1. 电感器的图形符号

图 4-1 为电感器的图形符号。

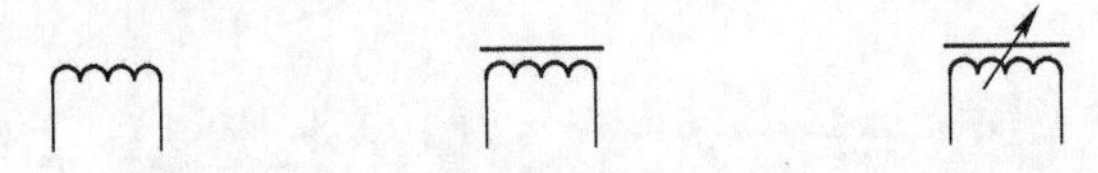

(a) 空心线圈电感器　(b) 带磁芯的电感器　(c) 带磁芯的可调电感器

图 4-1 电感器的图形符号

2. 认识常用电感器的外形

表 4-2 中列出了常用电感器实物图及其特点。

表 4-2 常用电感器实物图及其特点

名　称	外　形	应用特点
空心线圈电感器	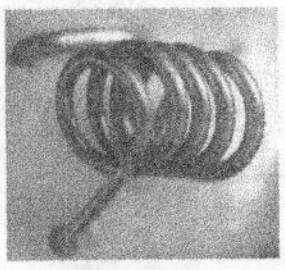	常用于高频电路中，调整其线圈的形状与间距就可以调整其电感量
带磁环的电感器		带磁环的电感器通常用做滤波器，适用于各种电源的抑噪、滤波电路中
色码电感器	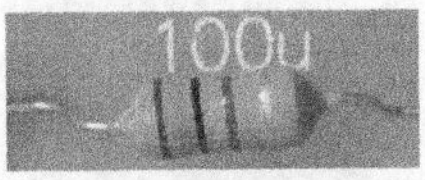	其外形与电阻器相似，区别是电感器两端呈圆锥状，色码电感器适用于频率范围为 10kHz～200MHz 的各种电路中
立式电感器		立式电感器主要用于电源、通信设备、电子电路中
铁芯线圈电感器		低频扼流圈常与电容器组成滤波电路
贴片电感器		主要用于手机、MP3 等集成度要求较高的电路中
带磁芯的可调电感器	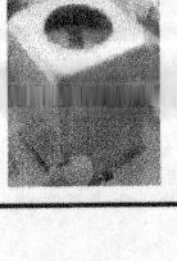	常用于收音机、电视机、无线电设备等高频电路中

任务二：测量电感

工作任务

1. 通过外观检查电感器好坏；
2. 用万用表电阻挡测量电感；
3. 绝缘检查；
4. 检查磁芯可调电感器。

工作指引

1. 准备元器件，见表 4-1；
2. 工具、仪表与耗材：指针式万用表（MF47 型）一块、无感螺丝刀一把。

工作步骤

1. 外观检查

观察线圈引线是否断裂、脱焊，绝缘材料是否烧焦，表面是否破损。

2. 使用万用表检查

通过指针式万用表测量线圈阻值来判断其好坏，即检测电感器是否有短路、断路或绝缘等不良情况。一般电感线圈的直流阻值很小（零点几欧姆），由于低频扼流圈的电感量大，其线圈的圈数相对较多，因此直流电阻相对较大（几百至几千欧姆）。当测得的电阻为无穷大时，表明线圈内部或引出端已经断线；如果表针指示为零，则说明电感器内部短路。

3. 绝缘检查

对低频阻流圈，应检查线圈和铁芯之间的绝缘电阻，即检查线圈引出线与铁芯或金属屏蔽罩之间的电阻，阻值应为无穷大，否则说明该电感器绝缘不良。

4. 检查磁芯可调电感

可调磁芯应不松动、未断裂，应能够使用无感螺丝刀进行伸缩调整。

5. 电感量的测量

测量电感量时需要使用万用电桥或电感测试仪。

活动：识别并检测元件盒中的电感器，测量电感器的阻值，并将读取的标称值和测量数据填入表 4-3 中。

表 4-3　读取的标称值与实际测量结果

元件标号	电感器名称	标称电感量	电感实测阻值	所用万用表挡位
L1				
L2				
L3				
L4				
L5				
L6				

项目评价反馈表

任务名称	配　分	评分要点	学生自评	小组互评	教师评价
项目总体评价					

相关知识

1. 电感器的命名和标注方法

电感器的名称由主称、特征、型式和区别代号四部分组成，如图 4-2 所示。

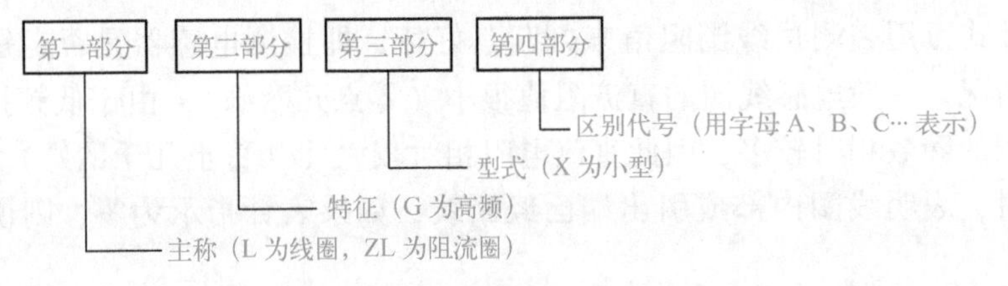

图 4-2　电感器的命名

例如，LGX 的含义是小型高频电感线圈。

电感器的标注方法目前有直标法和色标法两种。

1）直标法

小型固定电感器通常采用直标法来标注，直标法是指将电感器的主要参数，如电感量、误差值、最大直流工作电流等用文字直接标注在电感器的外壳上。其中，最大工作电流常用字母 A、B、C、D、E 等标注，字母和电流的对应关系如表 4-4 所示。

表 4-4　小型固定电感器的工作电流与标注字母

标志字母	A	B	C	D	E
最大工作电流（mA）	50	150	300	700	1600

小型固定电感器的误差等级有 Ⅰ、Ⅱ、Ⅲ 三级，Ⅰ 级为 ±5%，Ⅱ 级为 ±10%，Ⅲ 级为 ±20%。对体积较大的电感器，其电感量、误差等级及标称电流一般在外壳上直接标注。

例如，电感外壳上标有 3.9mH、A、Ⅱ等字符，如图 4-3 所示，表示其电感量为 3.9mH，误差为Ⅱ级（±10%），最大工作电流为 A 挡（50mA）。

2）色标法

色标法指在电感器的外壳涂上各种不同颜色的环，用来标注其主要参数。有四色环电感器和五色环电感器两种。识读色环时，最靠近某一端的第一条色环表示电感量的第一位有效数字；第二条色环表示第二位有效数字；第三条色环表示倍率；第四条表示允许偏差。其数字与颜色的对应关系和色环电阻器标注法相同，单位为微亨（μH）。图 4-4 为电感器色标的含义。

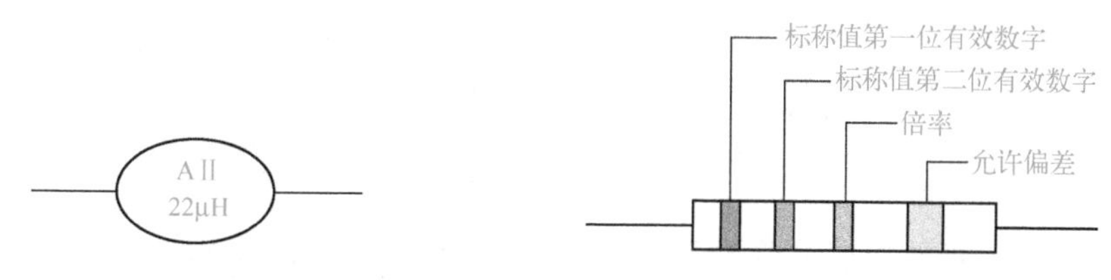

图 4-3　固定电感器的直标法　　图 4-4　电感器色标的含义

例如，某一电感器的色环标志依次为棕、红、红、银，则表示其电感量为 12×10^2 μH，允许偏差为 ±10%。

注意：读取标称值时应先找出第四道色环，第四道色环一般离其他三道色环的距离较远一些，第四色环的颜色只有金和银两色，或者没有第四道色环（即无色）。

五色环电感器与四色环电感器之间的不同之处：前三色环是有效数值，第四色环是倍率，第五色环是允许偏差。

色环表示法规则如表 4-5 所示。

表 4-5　色环表示法规则

颜　色	无	银	金	黑	棕	红	橙	黄	绿	蓝	紫	灰	白
第一位有效值	—	—	—	0	1	2	3	4	5	6	7	8	9
第二位有效值	—	—	—	0	1	2	3	4	5	6	7	8	9
第三位有效值	—	—	—	0	1	2	3	4	5	6	7	8	9
倍率	—	-2	-1	0	1	2	3	4	5	6	7	8	9
允许偏差（%）	±20	±10	±5	—	±1	±2	—	—	±0.5	±0.25	±0.1	±0.05	—

项目五

二极管的识别与检测

【项目描述】识别各种类别的二极管，掌握正确的二极管测量方法。

【学习目标】

1. 知识目标：熟悉二极管的外形、图形符号和文字符号。
2. 技能目标：会用万用表检测二极管。

【项目实施】

任务一：二极管的识别与测量

工作任务

1. 认识二极管的外形特征；
2. 绘制各种二极管的图形符号。

工作指引

1. 准备元器件，见表5-1。

表5-1　元器件清单

序　号	元件名称	规　格	数　量
1	检波二极管	2AP9、2CP10	4
2	整流二极管	1N4001、1N4007	2
3	开关二极管	1N4148	2
4	稳压二极管	1N4742	1
5	发光二极管	单色、双色发光二极管	6

2. 准备工具、仪表与耗材：

（1）数字万用表一块；

（2）指针式万用表（MF47 型）一块。

工作步骤

步骤 1　普通二极管的识别

普通二极管按照作用可以分为检波二极管、整流二极管、开关二极管三大类，其图形符号如图 5-1 所示，三角形一端为二极管的正极，竖线一端为二极管的负极。

1. 检波二极管

图 5-2 所示为检波二极管 2AP9 实物图，带黑色条纹标志的引脚为二极管的负极，无标志的引脚为二极管的正极。

图 5-1　普通二极管的图形符号

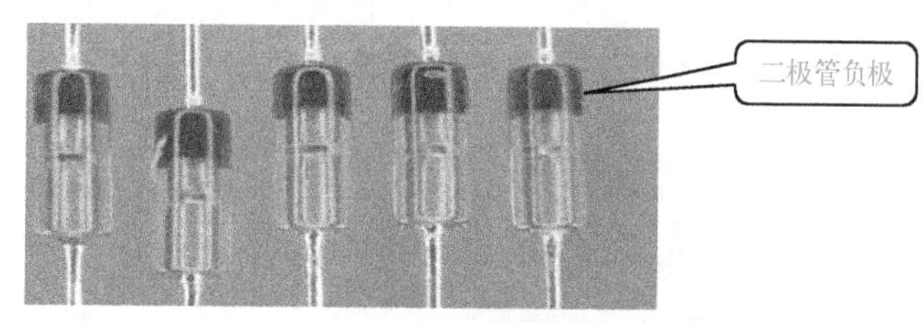

图 5-2　检波二极管（2AP9）实物图

2. 整流二极管

图 5-3 所示为整流二极管 1N4007，封装形式为 DO－41，有灰色带标记的引脚为二极管的负极，无标记的引脚为正极。

3. 开关二极管

图 5-4 所示为开关二极管 1N4148，有黑色带标记的引脚为二极管的负极，无标记的引脚为正极。

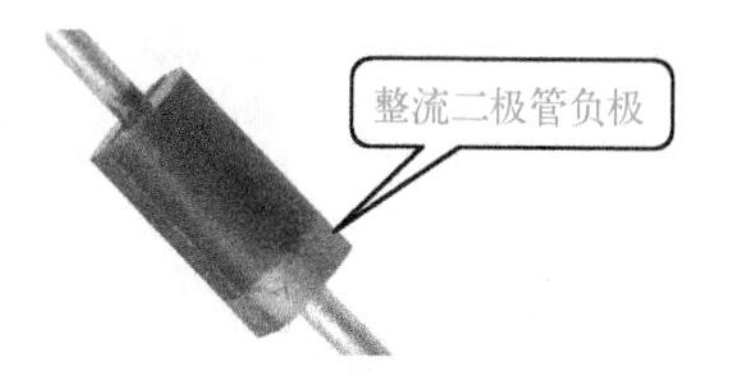

图 5-3　整流二极管（1N4007）实物图

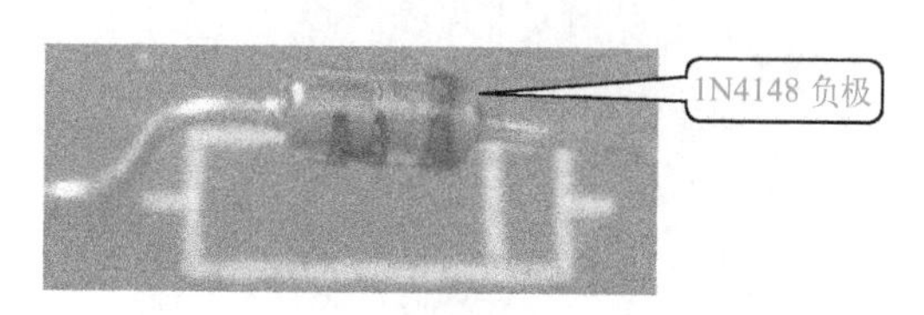

图 5-4　开关二极管（1N4148）实物图

步骤 2　特殊二极管的识别

1. 稳压二极管

1）单向稳压二极管

单向稳压二极管实物图如图 5-5 所示，单向稳压二极管图形符号如图 5-6 所示。

从外形上看，金属封装稳压二极管管体的正极一端为平面，负极一端为半球形。塑封稳压二极管管体上印有彩色标记的一端为负极，另一端为正极。

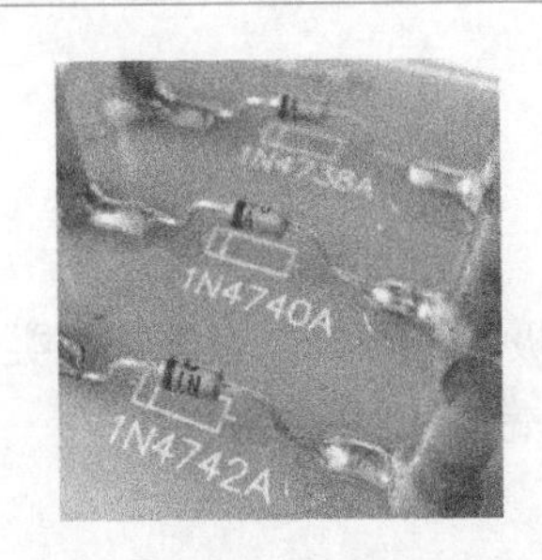

图 5-5　单向稳压二极管实物图

图 5-6　单向稳压二极管的图形符号

2）双向稳压二极管

图 5-7 所示为双向稳压二极管，它由两个稳压二极管对接而成，从外形上看不出极性，图 5-8 所示为双向稳压二极管的图形符号。

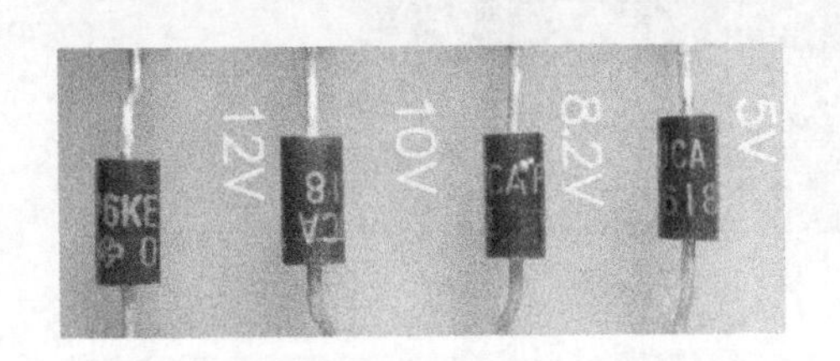

图 5-7　双向稳压二极管实物图

图 5-8　双向稳压二极管的图形符号

2. 发光二极管

发光二极管也简称为 LED，可以发出白、红、黄、绿和蓝五种颜色的光，按照发光颜色数多少不同可分为单色发光二极管和双色发光二极管两大类，如图 5-9 所示，有三个引脚的发光二极管为双色发光二极管，其中一脚为公共端，另外两引脚加不同的电压可以显示不同的颜色。图 5-10 所示为发光二极管的图形符号。

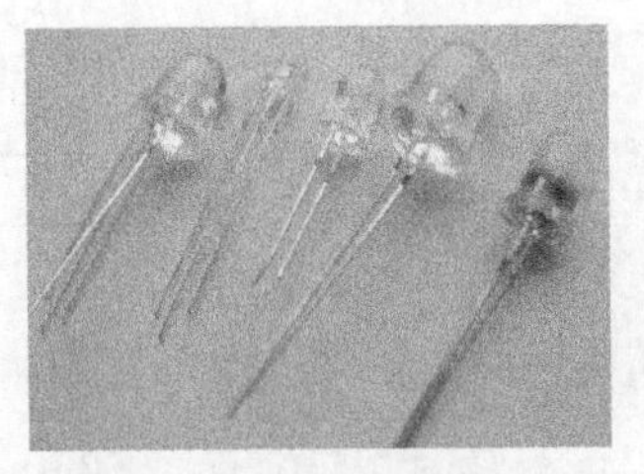

图 5-9　各种发光二极管实物图

图 5-10　发光二极管的图形符号

步骤 3　用指针式万用表测量二极管

1. 测量普通二极管

1）判断二极管的好坏

如图 5-11 所示，将万用表置于 R×100 挡，表笔接二极管的任意两极，先读出一阻值，然后交换表笔再测一次，又测得一电阻值，其中阻值小的一次为正向测量，阻值大的一次为反向测量。

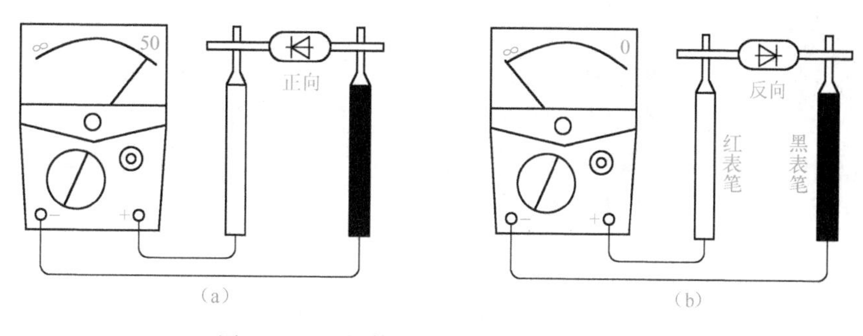

图 5-11　二极管正、反向电阻测量示意图

注意：正常锗材料二极管的正向电阻应为几百欧至几千欧，反向电阻应在几百千欧以上。硅材料二极管的正向阻值应为几千欧，反向电阻接近∞。无论何种材料的二极管，正、反向阻值相差越多表明二极管的性能越好，如果正、反向阻值相差不大，此二极管不宜选用。如果测得的正向电阻太大，也表明二极管性能变差，若正向阻值为∞，表明二极管已经开路。若测得的反向电阻很小，甚至为零，说明二极管已击穿。

活动一：在表 5-2 中填写实际测得的二极管的阻值。

表 5-2　各二极管的正、反向阻值

元件标号	正向阻值	反向阻值
2AP9		
1N4001		
1N4007		
1N4148		

2）判断二极管的正、负极

将万用表置于 R×1kΩ 挡或 R×100 挡，测量二极管的阻值，如果测得的阻值较小，表明是正向电阻，此时黑表笔所接的一端为二极管的正极，红表笔所接的一端为负极。如果所测得的阻值很大，则表明为反向电阻值，此时红表笔所接的一端为正极，另一端为负极。

3）标出极性

标出图 5-12 所示的二极管的引脚极性。

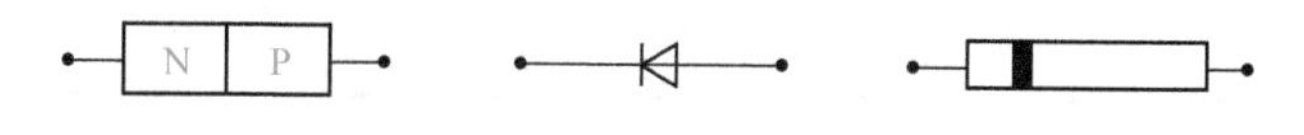

图 5-12　二极管的引脚极性

2. 测量发光二极管

1）用指针式万用表测量

发光二极管的正向阻值比普通二极管正向电阻大，一般在 10kΩ 的数量级，反向电阻在 500kΩ 以上。并且发光二极管的正向压降比较大，如果用万用表 R×1kΩ 以下各挡，因表内电池仅为 1.5V，不能使发光二极管正向导通并发光。一般用 R×10kΩ 挡（内部电池电压是 9V）进行测试，这样可测出正向电阻，同时可看到发光二极管发出微弱的光。若测得正、反向电阻都很小，说明内部击穿短路。若测得正、反电阻都无穷大，说明内部开路。

图 5-13 数字万用表的“二极管”挡位

2）数字万用表测量

数字万用表的“二极管”挡能够提供 3V、1mA 的电源，所以可直接测 LED 的正向导通压降，一般在 2V 以下，此时管子会发微光。

将数字万用表置于“二极管”挡，将两只表笔互换测量两次，正常的 LED 测量时应有一次可发出微光，此时红表笔所接的为 LED 的正极，黑表笔所接的为 LED 的负极。图 5-13 所示为数字万用表的“二极管”挡位。

3. 用指针式万用表测量稳压二极管

测量稳压二极管的方法与普通二极管相同，即用万用表 R×1kΩ 挡或 R×100 挡，将两表笔分别接稳压二极管的两个电极，测出一个结果后，再对调两表笔进行测量。在两次测量结果中，阻值较小那一次，黑表笔接的是稳压二极管的正极，红表笔接的是稳压二极管的负极。若测得稳压二极管的正、反向电阻均很小或均为无穷大，则说明该二极管已击穿或开路损坏。

活动二：

元件盒中有 10 个贴有标号的二极管，识别并测量这些二极管（无法写出标称值的，在表格中划斜杠），并填入表 5-3 中。

表 5-3 元件识别与测量结果

元件标号	元件名称	元件标称值	正向电阻	反向电阻	绘制其实物图，并标出极性
VD1					
VD2					
VD3					
VD4					
VD5					
VD6					
VD7					
VD8					
VD9					
VD10					

项目评价表

任务名称	配分	评分要点	学生自评	小组互评	教师评价
项目总体评估					

相关知识

1. 二极管的特性

二极管最重要的特性就是单方向导电性。在电路中，电流只能从二极管的正极流入、负极流出。下面说明二极管的正向特性和反向特性。

1）正向特性

在电子电路中，将二极管的正极接在高电位端，负极接在低电位端，二极管就会导通，这种连接方式称为正向偏置。必须说明，当加在二极管两端的正向电压很小时，二极管仍然不能导通，流过二极管的正向电流十分微弱。只有当正向电压达到某一数值（这一数值称为“门槛电压”，锗管约为0.2V，硅管约为0.5V）以后，二极管才能真正导通。导通后二极管两端的电压基本保持不变（锗管约为0.3V，硅管约为0.7V），称为二极管的“正向压降”。

2）反向特性

在电子电路中，二极管的正极接在低电位端，负极接在高电位端，此时二极管中几乎没有电流流过，此时二极管处于截止状态，这种连接方式称为反向偏置。二极管处于反向偏置时，仍然会有微弱的反向电流流过二极管，称为漏电流。当二极管两端的反向电压增大到某一数值后，反向电流会急剧增大，二极管将失去单方向导电特性，这种现象称为二极管的击穿。

2. 二极管的参数

1）最大整流电流 I_F

最大整流电流指二极管长期正常工作时，能通过的最大正向电流值。因为晶体二极管工作时，有电流通过时会发热，电流过大时就会因发热过度而烧毁，所以二极管应用中要特别注意工作电流不能超过其最大整流电流。

2）反向电流 I_R

反向电流指在给定的反向偏压下，通过二极管的直流。理想情况下，二极管具有单向导电性，但实际上反向电压下总有一点微弱的电流，通常硅管有1微安或更小的电流，锗管有几百微安的电流。反向电流的大小，反映了晶体二极管的单向导电性的好坏，反向电流的数值越小越好。

3）最大反向工作电压 U_R

最大反向工作电压指二极管正常工作时所能承受的反向电压最大值。二极管反向连接时，如果把反向电压加到某一数值，管子的反向电流就会急剧增大，管子呈现击穿状态，这时的电压称为击穿电压。晶体管的反向工作电压为击穿电压的1/2，其最大反向工作电压则定为反向击穿电压的2/3。过压能引起二极管的损坏，故应用中一定要保证不超过最大反向工作电压。

4）最大整流电流下的正向电压降 U_F

当正向电流流过二极管时，二极管两端就会产生正向压降。在一定的正向电流下，二极管的正向压降越小越好。通常情况下，锗二极管的正向压降一般为0.3V，硅二极管的正向压降一般为0.7V。

项目六

三极管的识别与检测

【项目描述】识别各类别的三极管，掌握正确的三极管测量方法。

【学习目标】

1. 知识目标：熟悉三极管的外形、图形符号和文字符号，掌握三极管的测量方法。
2. 技能目标：会用万用表检测三极管。

【项目实施】

任务一：普通三极管的识别与检测

工作任务

1. 识别不同类别的三极管；
2. 测量三极管；
3. 提交一份测量报告。

工作指引

1. 准备元器件，见表6-1。

表6-1　元器件清单

元件标号	元件名称	数　量
VT1	9012	1
VT2	9013	1
VT3	8550	1
VT4	8050	1
VT5	TIP41	1

2. 准备工具、仪表与耗材：指针式万用表（MF47 型）一块。

工作步骤

1. 识别各种三极管

1）普通小功率三极管

普通小功率三极管通常采用 TO－92 封装，如图 6-1 所示为 9013 三极管，其引脚顺序为E、B、C（引脚向下，面向元件型号标志）。

2）中功率三极管

图6-2所示为NPN型中功率三极管TIP41，其引脚顺序为B、C、E（引脚向下，面向元件型号标志），中功率三极管通常采用TO－220封装。

图6-1　9013实物图

图6-2　TIP41实物图

3）金属外壳三极管

如图6-3所示为开关三极管2N2222A，该三极管为NPN型三极管，采用金属外壳封装TO－18或TO－39，其引脚顺序如图6-4所示，引脚向下，从凸起位置起依次为E、B、C。

图6-3　三极管2N2222A实物图

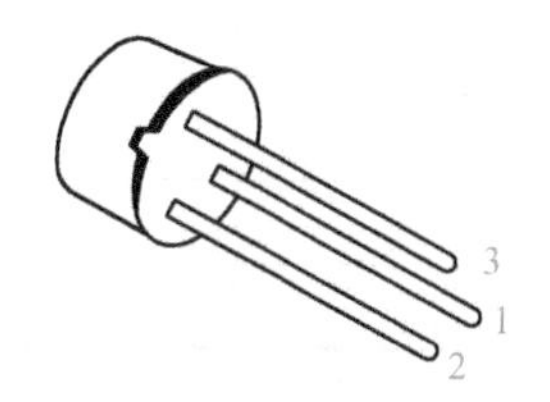

图6-4　2N2222A的TO－39封装及引脚顺序

4）大功率金属外壳三极管

图6-5所示为大功率金属外壳三极管，其封装形式通常为TO－3，其外壳通常为集电极（C），另外两个引脚分别为基极（B）和发射极（C）。

（a）正面图

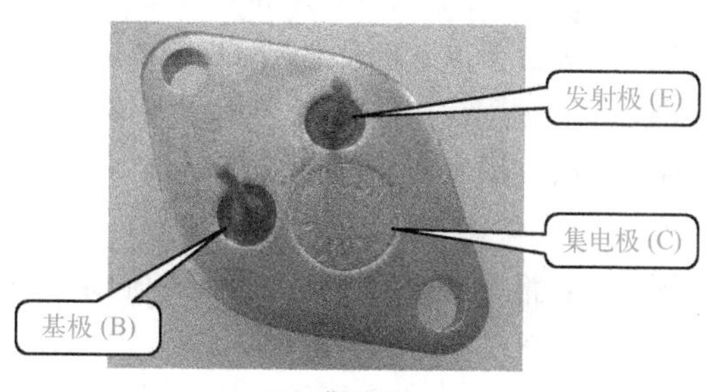

（b）背面图

图6-5　大功率金属外壳三极管实物图

5）贴片三极管

图6-6所示为贴片三极管8550，8550为小功率PNP三极管，其贴片型号为2TY，引脚顺序如图6-6所示。

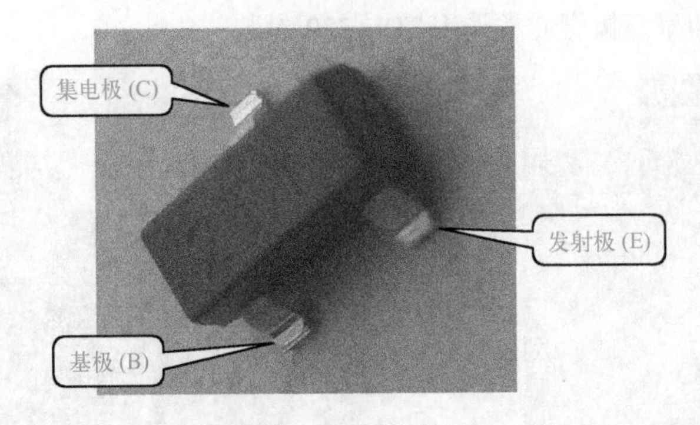

图6-6 贴片三极管8550

2. 用指针式万用表测量三极管

1）判断三极管的基极（B），初步检测三极管性能的好坏

用万用表R×1kΩ挡或R×100挡依次测量三极管各极之间的正、反向阻值，并将测得的阻值填入表6-2中。分析表6-2中测得的数据，观察哪一个引脚与其他两个引脚之间的测量阻值均较小，如果符合这一条件，则这个引脚就是三极管的基极（B）。

表6-2 各引脚间的阻值

引 脚	正向阻值（Ω）	反向阻值（Ω）
1—2		
2—3		
1—3		

2）判断三极管的管型（PNP型还是NPN型）

将万用表置于R×1kΩ挡或R×100挡，将万用表的黑表笔接三极管的基极，红表笔在其他极，如果阻值均较小，则表明这是一个NPN型三极管。如果是高阻值，改用红表笔接三极管的基极，黑表笔接其他引脚，若阻值均较小，则表明这是一个PNP型三极管。

3）辨别三极管的集电极（C）和发射极（E）

（1）将万用表置于R×1kΩ挡或R×100挡，用“鳄鱼夹”夹持引脚，或用两手分别捏住表笔和引脚，然后用舌尖舔基极，利用人体电阻作为基极偏流电阻，也可进行测量。指针偏转较大的那一次，黑表笔所接的为集电极（NPN型管），红表笔所接的为发射极；PNP型管正好相反。

（2）将万用表置于H_{FE}挡，将三极管按假定的E、C插入万用表的“三极管测量插座”中，其中基极和三极管的极性（NPN型或PNP型）必须正确，观察并记录显示的被测管H_{FE}值；交换假定的C、E之后再测一次。两次测量中指针偏转较大的一次为正确插入方式，由此可以判断出被测管的E极和C极。

注意：指针式万用表黑表笔连接内部电池的正极，红表笔连接内部电池的负极。

活动一：用万用表测量表6-3中的三极管，判断其引脚和极性，将测量结果填入表6-3中。

表6-3　三极管测量结果

元件标号	元件名称	引脚（E、B、C）			PNP	NPN
		1	2	3		
VT1	2N3904					
VT2	2N3906					
VT3	C9012					
VT4	BC547					
VT5	C9013					
VT6	C542					
VT7	TIP31C					
VT8	TIP112					
VT9	TIP32B					

项目评价表

任务名称	配　分	评分要点	学生自评	小组互评	教师评价
项目总体评价					

相关知识

1. 三极管的主要参数

1）电流放大倍数（简称放大倍数）

共发射极电路中，集电极电流和基极电流的变化量之比称为共发射极交流放大倍数β。当三极管工作在放大区小信号状态下时，$H_{FE}=\beta$，三极管的放大倍数β一般在10～200之间。β太小，表明三极管的放大能力差，但β大的管子的工作稳定性往往太差。

2）极间反向电流

管子的极间反向电流有两个：一个是集电结反向饱和电流I_{cbo}，另一个是穿透电流I_{ceo}，二者的关系是：

$$I_{ceo}=(1+\beta)I_{cbo}$$

3）特征频率

三极管的放大倍数β会随着工作信号频率的升高而下降，频率越高，β下降越严重。特征频率就是β下降到1时的频率。也就是说，当工作信号的频率升高到特征频率时，晶体三极管就失去了对交流电流的放大能力。特征频率的大小反映了晶体三极管频率特性的好坏。在高频电路中，要选用特征频率较高的管子，特征频率至少要比电路工作频率高3倍以上。

4）击穿电压

$V_{(BR)EBO}$：集电极开路时，发射极－基极间的反向击穿电压。

$V_{(BR)CEO}$：基极开路时，集电极－发射极间的反向击穿电压。

$V_{(BR)CBO}$：发射极开路时，集电极－基极间的反向击穿电压。

5）集电极最大允许耗散功率

晶体三极管工作时，集电极电流通过集电结要耗散功率，耗散功率越大，集电结的温升就越高，根据晶体管允许的最高温度，可定出集电极最大允许耗散功率。小功率管的集电极最大允许耗散功率在几十至几百毫瓦之间，大功率管的最大允许耗散功率在1W以上。

2. 三极管的分类

1）按半导体材料和极性分类

按三极管使用的半导体材料可分为硅材料晶体管和锗材料晶体管。按三极管的极性可分为锗NPN型三极管、锗PNP型三极管、硅NPN型三极管和硅PNP型三极管。

2）按结构及制造工艺分类

三极管按其结构及制造工艺可分为扩散型晶体管、合金型晶体管和平面型晶体管。

3）按功率分类

三极管按功率可分为小功率三极管、中功率三极管和大功率三极管。

4）按工作频率分类

三极管按工作频率可分为低频晶体管、高频晶体管和超高频晶体管等。

5）按封装结构分类

三极管按封装结构可分为金属封装晶体管、塑料封装晶体管、玻璃壳封装晶体管、表面封装（片状）晶体管和陶瓷封装晶体管等，其封装外形多种多样。

6）按功能和用途分类

三极管按功能和用途可分为低噪声放大三极管、中高频放大三极管、低频三极管、开关三极管、达林顿三极管、高反压三极管、带阻三极管、带阻尼三极管、微波三极管、光敏三极管和磁敏三极管等多种。

3. 三极管使用注意事项

（1）焊接时应选用20～35W的电烙铁，每个引脚的焊接时间应小于4s，并保证焊接部分与管壳间散热良好。

（2）管子引出线弯曲处离管壳的距离不得小于2mm。

（3）大功率管的散热器和管子底部接触应平整光滑，在散热器上用螺钉固定管子，要保证每个螺钉松紧一致，结合紧密。

（4）管子应安装牢固，避免靠近电路中的发热元件。

项目七

焊接工艺——常用元件的焊接

【项目描述】通过元件的焊接训练，掌握元件焊接的基本技能。

【学习目标】

1. 知识目标：元件焊接工艺要求，五步焊接法。
2. 技能目标：掌握正确的元件焊接方法，焊接出质量可靠的焊点。

【项目实施】

工作任务

1. 镀锡方法；
2. 卧式焊接；
3. 立式焊接。

工作指引

1. 准备元器件，见表7–1。

表7–1 元器件清单

元件标号	元件名称	数 量
R1～R10	电阻器	10
C1～C10	电容器	10
VD1～VD10	4148和发光二极管	各5
VT1～VT10	9013	10
VT11	TIP31	1

2. 准备工具、仪表与耗材：内热式电烙铁（30W）一把、焊接用多孔电路板一块、指针式万用表（MF47型）一块，焊锡丝、裁纸刀、镊子等。

工作步骤

1. 镀锡方法

（1）用工具将焊件整理好（平直）。

（2）判断焊件的可焊性：氧化（灰色）——刮掉（例外：有镀层不能刮，如长寿命电烙铁、某些元器件）。

(3) 用烙铁和焊锡将元件引脚预焊，顺着引脚方向进行焊接，如图 7-1 所示。

(4) 焊件镀锡层要薄，否则将无法插入元件孔。

2. 元器件成型

元器件成型如图 7-2 所示，最小的引脚内侧弯曲半径如表 7-2 所示。

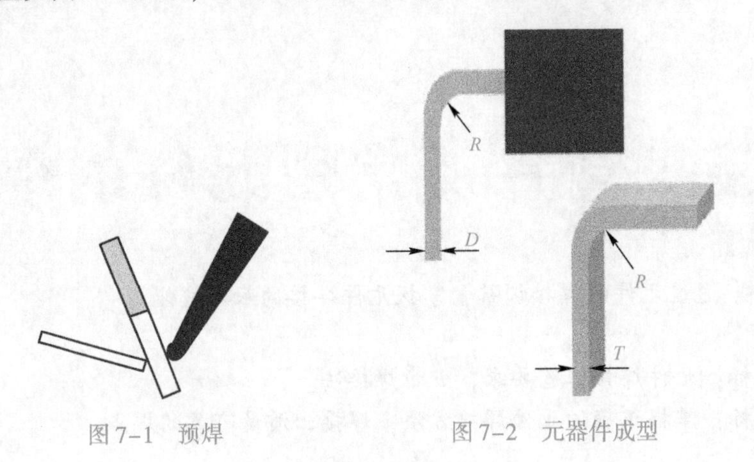

图 7-1　预焊　　图 7-2　元器件成型

表 7-2　最小的引脚内侧弯曲半径

最小的引脚内侧弯曲半径	
引脚的直径（D）或厚度（T）	最小的引脚内侧弯曲半径（R）
<0.8mm	1 倍直径或厚度
0.8～1.2mm	1.5 倍直径或厚度
>1.2mm	2 倍直径或厚度

(1) 立式焊接：占用印制板面积小；机械强度弱、引线长。

(2) 卧式焊接：占用印制板面积大；机械强度强、引线短。

3. 卧式焊接工艺要求

(1) 所有元器件引线均不得从根部弯曲。因为制造工艺的原因，根部容易折断，一般应留 1.5mm 以上。

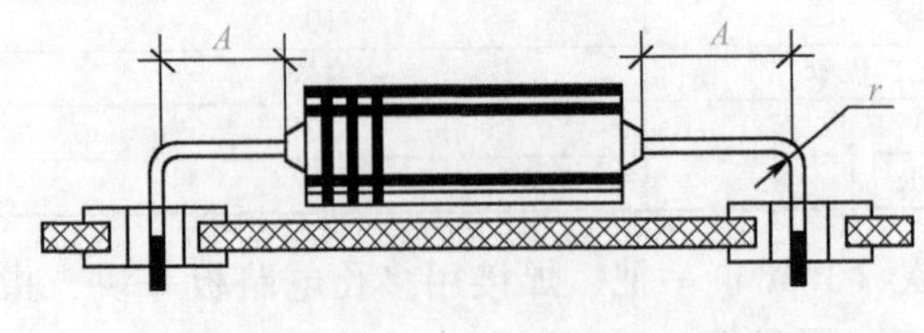

图 7-3　卧式焊接工艺要求举例

(2) 弯曲一般不要成死角，圆弧半径应大于引线直径的 1～2 倍。

(3) 要尽量将有字符的元器件面置于容易观察的位置，例如，图 7-3 中 $A \geqslant 2$，$r \geqslant 3d$（d 为引线直径）。

4. 立式焊接工艺要求

图 7-4 中，$A \geqslant 2$，$R \geqslant D$，$h = 1 \sim 2$（d 为引线直径，D 为电阻体直径）。

(1) 无极性元件的标识从上至下读取。

(2) 极性元件的标识在元件的顶部。图 7-5 为实物模拟图。

5. 五步焊接法

五步焊接法如图 7-6 所示。

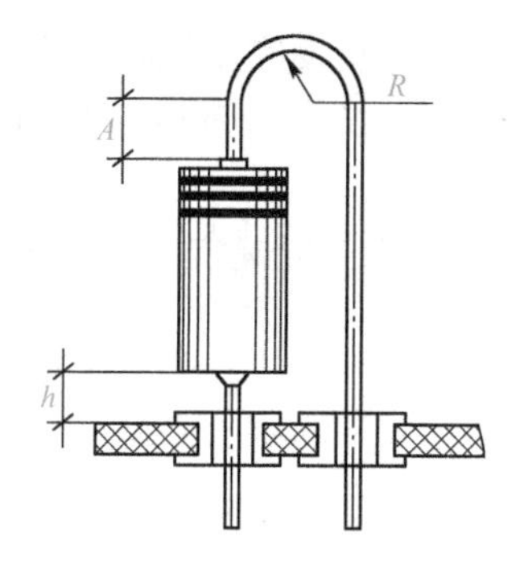

图 7-4　立式焊接工艺要求举例

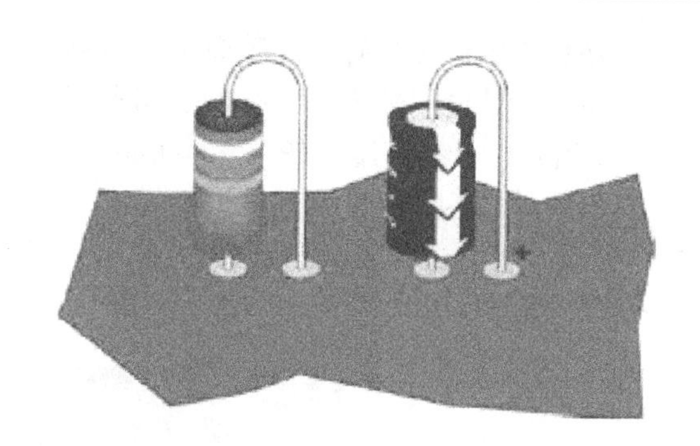

图 7-5　实物模拟图

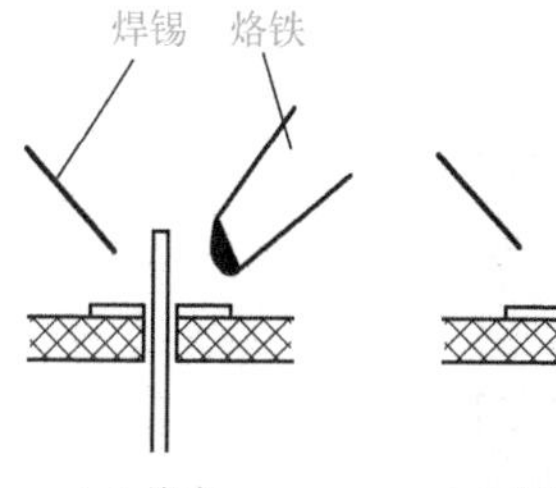

(a) 准备

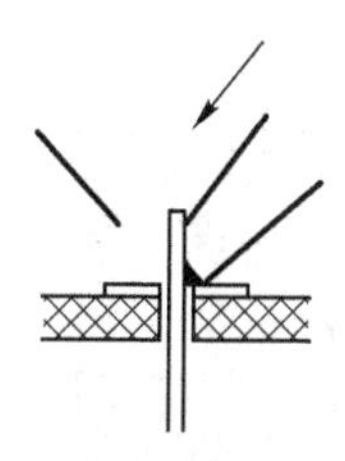

(b) 加热焊件

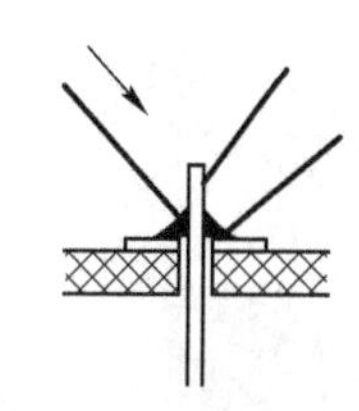

(c) 熔化焊料

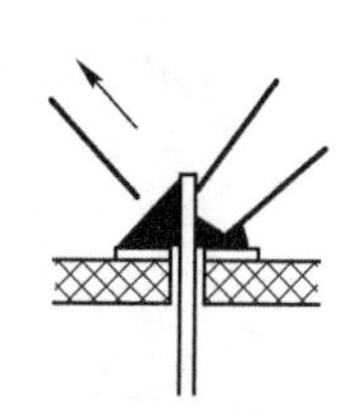

(d) 移开焊锡

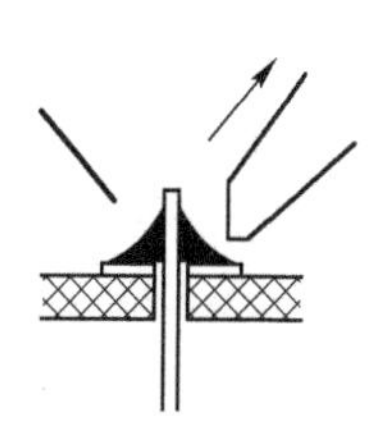

(e) 移开烙铁

图 7-6　五步焊接法

6. 焊接的要求

将各元件焊接到多孔电路板上，元件摆放整齐。

(1) 焊点的机械强度要足够；

(2) 焊点可靠，保证导电性能；

(3) 焊点表面要光滑、清洁。

项目评价表

任务名称	配　分	评分要点	学生自评	小组互评	教师评价
项目总体评价					

相关知识

(1) 悬空与贴板插装如图 7-7 所示。

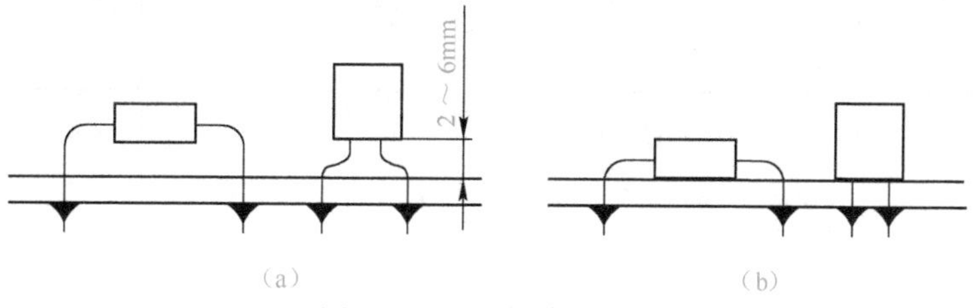

(a)　(b)

图 7-7　悬空与贴板插装

① 贴板插装稳定性好，插装简单，但不利于散热，且对某些安装位置不适应。

② 悬空插装适用范围广，有利于散热，但插装较复杂，需控制一定高度以保持美观，如图 7–7 所示，悬空高度一般取 2 ～ 6mm。

③ 插装时应首先保证图纸中安装工艺要求，其次按实际安装位置确定。一般无特殊要求时，只要位置允许，常采用贴板安装。

（2）元器件字符标记方向一致，如图 7–8 所示。

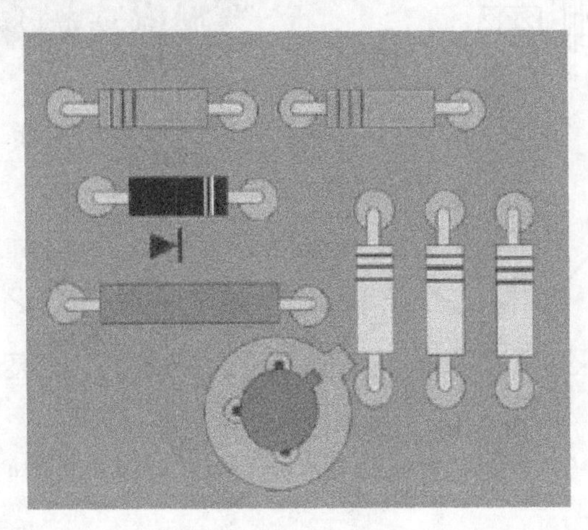

图 7–8　元件摆放

元器件放置于两焊盘之间，位置居中，元器件的标识清晰，无极性的元器件依据识别标记的读取方向放置，且保持一致（从左至右或从上至下）。

（3）常见焊点缺陷及分析如表 7–3 所示。

表 7–3　常见焊点缺陷及分析

焊点缺陷	外观特点	危　害	原因分析
焊料过多	焊料面呈凸形	浪费焊料，且可能包藏缺陷	焊丝撤离过迟
焊料过少	焊料未形成平滑面	机械强度不够	焊丝撤离过早
松香焊	焊点中夹有松香渣	强度不够，导通不良，有可能时通时断	1. 加焊剂过多，或已失效； 2. 焊接时间不足，加热不足
过热	焊点发白，无金属光泽，表面较粗糙	1. 容易剥落，强度降低； 2. 造成元器件失效损坏	烙铁功率过大，加热时间过长

续表

焊点缺陷	外观特点	危 害	原因分析
扰焊	表面呈豆腐渣状颗粒，有时可有裂纹	强度低，导电性不好	焊料未凝固时焊件抖动
冷焊	湿润角过大，表面粗糙，界面不平滑	强度低，不通或时通时断	1. 焊件加热温度不够； 2. 焊件清理不干净； 3. 助焊剂不足或质量差
不对称	焊锡未流满焊盘	强度不够	1. 焊料流动性不好； 2. 助焊剂不足或质量差； 3. 加热不足
松动	导线或元器件引线可移动	导通不良或不导通	1. 焊锡凝固前引线移动造成空隙； 2. 引线未处理好； 3. 润湿不良或不润湿
拉尖	出现尖端	外观不佳，容易造成桥接现象	1. 加热不足； 2. 焊料不合格
针孔	目测或放大镜可见孔	焊点容易腐蚀	焊盘孔与引线间隙过大
气泡	引线根部有时有焊料隆起，内部藏有空洞	暂时导通但长时间通电时容易引起导通不良	引线与孔间隙过大或引线润湿不良
桥接	相邻导线搭接	电气短路	1. 焊锡过多； 2. 烙铁施焊撤离方向不当
焊盘脱离	焊盘与基板脱离	焊盘活动，进而可能断路	1. 烙铁温度过高； 2. 烙铁接触时间过长
焊料球	部分焊料成球状散落在PCB上	可能引起电气短路	一般原因见不良焊点的形貌中“气孔”部分，易在焊点成形区产生高压气流

实训模块

项目八

单管放大电路的制作

【项目描述】通过单管分压式偏置放大电路的组装，以及输入/输出波形的测量，实现对电路工作原理的巩固与提高。理解原理图与多孔电路板实物图之间的区别，初步掌握实际元件在多孔电路板上的安装与布局。

【学习目标】

1. 知识目标：单管放大电路的原理。

2. 技能目标：绘制单管放大电路布线图并组装；学会调试单管放大电路工作点；使用示波器测量电路输入/输出波形。

【项目实施】

任务一：单管放大电路元件检测

1. 检测元件

电阻器5个：Rb2、RL，阻值都是4.7kΩ；可变电阻器1个，100kΩ；电容器3个，都是电解电容器，C1、C2，都是10μF，分清正、负极，一般标注负极，或者是长引脚的一端是正极；三极管1个，NPN型的9013，注意e、b、c三极的区分，用万用表分别测量各个元件是否正常。

制作所需元件详细列表见表8-1。

表8-1　所需元件列表

符　号	元件名称	型号参数	实物图
Rb Rb2 Rc Re RL	电阻器	6.8kΩ 4.7kΩ 5.1kΩ 2kΩ 4.7kΩ	
C1、C2 Ce	电容器	10μF 47μF	

续表

符　号	元件名称	型号参数	实物图
Rp	可变电阻器	100kΩ	
VT	三极管	9013 NPN	

2. 认识多孔电路板

根据电路原理图，在多孔电路板图上绘制实际布线图。

多孔电路板每一排的焊盘之间都是相通的，即左右相邻焊盘阻值为零，而每一列焊盘之间是不相通的，即上下相邻的焊盘阻值为无穷大，如图 8-1 所示。

3. 简要分析电路原理

电路原理见本项目的相关知识，电路原理图如图 8-2 所示。

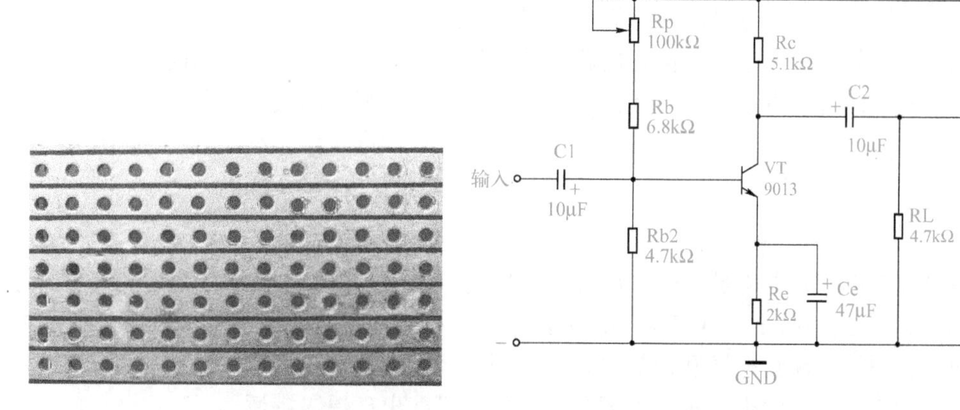

图 8-1　多孔电路板图　　　图 8-2　单管放大原理图

任务二：单管放大电路组装

1. 画布线图

根据电路原理图画出布线图，如图 8-3 所示。

对整个电路的元件进行布局，合理安排每个元件的位置，本制作给出的布线图可作为制作时的参考。

2. 拓展训练

想一想，你能绘制出什么样的布线图？

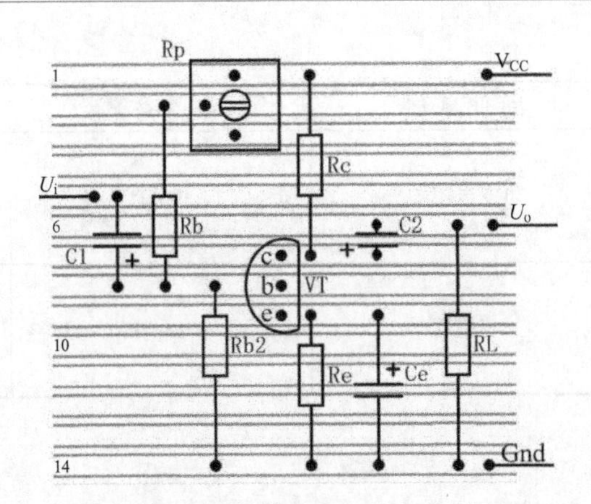

图 8-3　单管放大电路布线图

电路元件与多孔板组成的实物布线图没有标准、统一的答案，教师可根据教学实际情况，充分发挥学生的想象力，结合实际元器件的大小及元件引脚的长短，绘制出不同的布线图，比较布线图上元件位置的相对合理性，分层次教学。

原则：

(1) 尽量缩短所用连接导线，连线过长，不容易拉直，影响美观；

(2) 上下相邻需要连接的焊点，可用焊锡直接连接起来，不用导线连接；

(3) 画布线图时，要充分考虑实际元件引脚的长度；

(4) 减少元件间导线的连接，简化电路，减少焊点，减少焊接工艺上的问题；

(5) 元件和导线都垂直放置，不允许出现水平放置，否则影响安装工艺。

3. 元件焊接操作步骤

1) 焊接三极管与可变电阻器

把晶体管 VT 和可变电阻器 Rp 放在没有铜箔的一面，Rp 的一端放在第 1 排，三极管 VT 放置在 7、8、9 这三排上，注意 c、b、e 的顺序，焊接位置参照绘制的布线图，引脚插到铜箔一面进行焊接。注意电源和地的安排，如图 8-4 所示。

注意：焊接时不要出现焊锡桥，主要是上下焊盘不能出现焊锡搭桥。

2) 安装其他元件

建议：按从上到下、从左到右的顺序安装元件。

(1) 安装 Rb、Rb2。

合理安排各个元件的位置，Rb、Rb2 的一端都从三极管的基极连接出来，Rb 另一端连接到 Rp 的中间引脚，Rb2 的另一端连接到地，安装元件如图 8-5 所示。

(2) 安装电阻器 Rc、Re。

Rc 一端连接三极管的集电极 c，另一端连接电源正极；Re 一端连接三极管的发射极 e，另一端接地，安装元件如图 8-6 所示。

(3) 安装电容器 C1、C2。

合理安排各个元件的位置，电容器 C1、C2 是电路输入/输出的耦合电容器，C1 的正极连接三极管的基极 b，另一端连接输入信号；C2 的正极连接三极管的集电极 c，另一端连接输出负载 RL。注意 C1、C2 的正、负极不要接错，如图 8-7 所示。

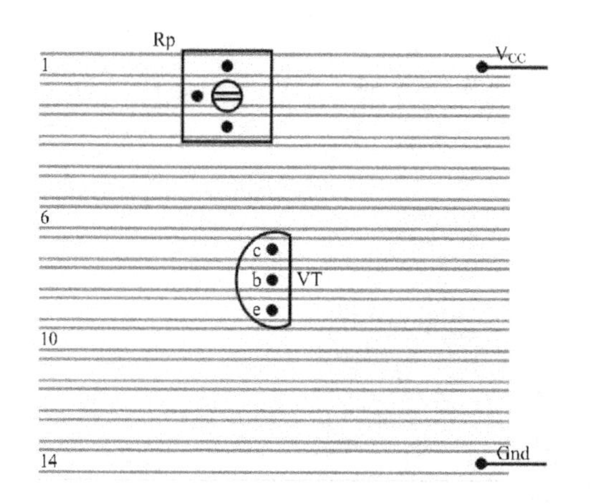

图 8-4　安装三极管与可变电阻器

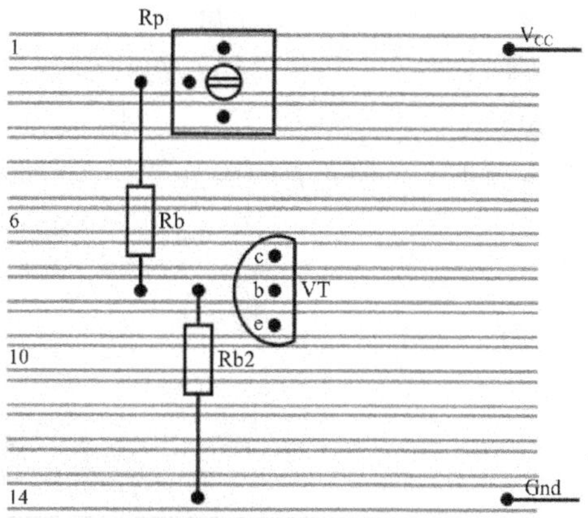

图 8-5　安装电阻器 Rb、Rb2

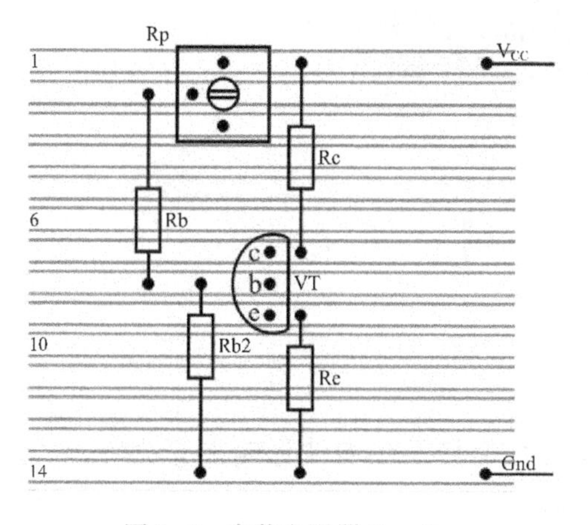

图 8-6　安装电阻器 Rc、Re

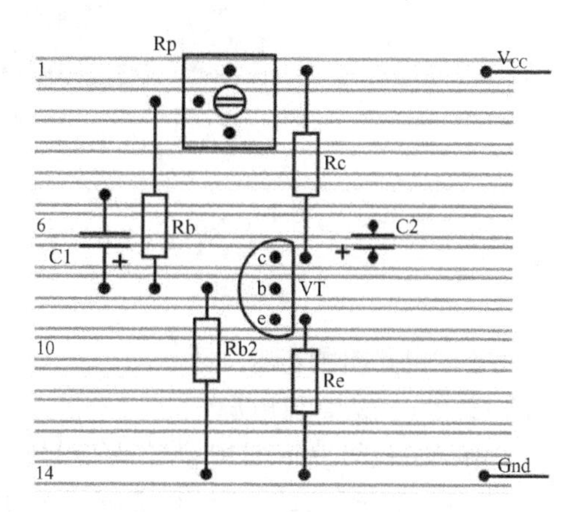

图 8-7　安装电容器 C1、C2

（4）安装 Ce、RL。

合理安排各个元件的位置，Ce 是三极管的发射极旁路电容器，正极接三极管的发射极，负极接地。RL 一端连接 C2 的负极，另一端连接地，安装元件如图 8-8 所示。

最后焊接上连接电源正、负极的两根导线，还有传送输入信号和输出信号的两根信号线。电路安装完毕，组装实物图如 8-9 所示。

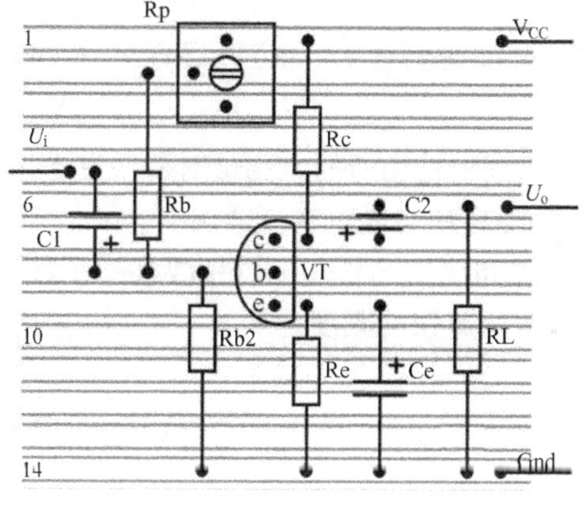

图 8-8　安装元件 Ce、RL

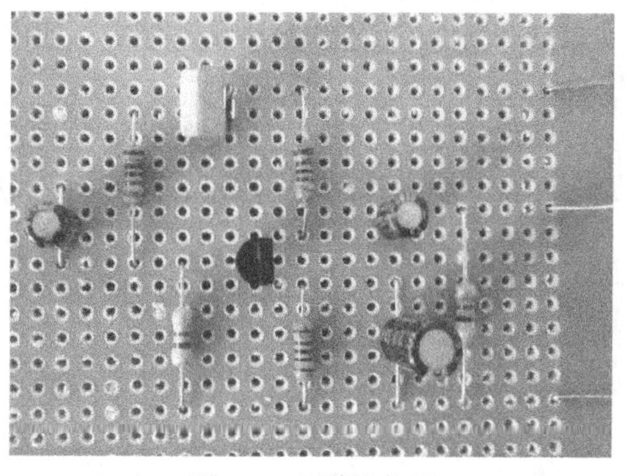

图 8-9　组装实物图

3）测电源正、负极是否短路

把万用表拨到×1 欧姆挡，短接调零后，用两只表笔分别去测电源引出线，如果有阻值，则说明电源间没有短路，如果阻值为 0，则说明电源间短路，不能通电试验，注意排查。测电源正、负极是否短路如图 8-10 所示。

图 8-10　测电源正、负极是否短路

任务三：单管放大电路检测

单管放大电路检测步骤如下。

（1）接上 +12V 直流电源。

（2）由函数信号发生器提供输入信号，将函数信号发生器波形输出开关置于“正弦波”，输出电压调至 5mV，信号频率调至 $f=1000\text{Hz}$。

（3）将双踪示波器的 Y1 端接在输入信号电压两端，测量输入信号电压波形。将双踪示波器的 Y2 端接在输出信号电阻器 RL 两端，测量输出信号电压波形。

（4）调节电位器 Rp，使静态工作点适中、输出波形不失真（用示波器观察）。

（5）测计算量。使用毫伏表或数字万用表分别测量输入电压数值与输出电压数值（有效值），由此可以计算出放大器的电压放大倍数。使用示波器对比输入电压波形和输出电压波形峰 - 峰值，也可以计算出放大器的放大倍数。

（6）注意事项如下。

① 在开始使用直流电源和信号源时，要将输出电压调至最小，待接好线后，再逐步将电压增大。

② 示波器探头的公共端与示波器机壳及插头的接地端是相通的。测量时容易发生事故，特别是在电子电力线路中，更危险。因此，示波器的插座应经隔离变压器供电。

③ 学会使用信号发生器和示波器，掌握各种开关和旋钮的作用，特别要注意示波器的 X、Y 轴位移旋钮，要准确地读取波形的刻度及扫描时间旋钮的刻度。

思考题

1. 如果去掉 Rp，电路输出波形是否会出现失真？
2. 如果去掉电容器 Ce，电路波形会出现怎样的变化？

项目评价反馈表

任务名称	配　分	评分要点	学生自评	小组互评	教师评价
项目总体评价					

相关知识

1. 分析工作原理

根据图8-2，该电路为分压式共发射极单管放大电路，三极管采用9013，其基极电位由Rb + Rp（串联）和Rb2分压决定，调节Rp，可以调节静态工作点。Re可稳定电路的静态工作点（减小温度变化的影响），再接上Ce，使发射极交流电压对地短路（消除Re对交流信号电压的影响）。C1和C2是隔直电容器，隔离直流电压对输入电压与输出电压的影响。Rc将电流信号转化成电压信号，RL为负载电阻器，为输出构成通路。

2. 共发射极放大电路

共发射极放大电路简称共射电路，输入端外接需要放大的信号源，输出端外接负载。发射极为输入信号和输出信号的公共端。公共端通常称为“地”（实际上并非真正接到大地），其电位为零，是电路中其他各点电位的参考点，用符号“⊥”表示。

1）电路的组成及各元件的作用

（1）三极管，具有放大功能，是放大电路的核心。

（2）直流电源 V_{CC} 使三极管工作在放大状态，V_{CC} 一般从几伏到几十伏。

（3）基极偏置电阻器Rb使发射结正向偏置，并向基极提供合适的基极电流。Rb一般从几十千欧至几百千欧。

（4）集电极负载电阻器Rc将集电极电流的变化转换成集-射极之间电压的变化，以实现电压放大。Rc的值一般从几千欧至几十千欧。

（5）耦合电容器C1、C2又称隔直电容器，起通交流、隔直流的作用。C1、C2一般为几微法至几十微法的电解电容器，在连接电路时，应注意电容器的极性，不能接错。

2）放大电路的静态分析

静态指放大电路没有交流输入信号（$u_i = 0$）时的直流工作状态。静态时，电路中只有直流电源 V_{CC} 作用，三极管各极电流和极间电压都是直流值，电容器C1、C2相当于开路，其等效电路称为直流通路。

对放大电路进行静态分析的目的是合理设置电路的静态工作点（用Q表示），即静态时电路中的基极电流 I_{bQ}、集电极电流 I_{cQ} 和集-射间电压 U_{ceQ} 的值，防止放大电路在放大交流输入信号时产生非线性失真。

三极管工作于放大状态时，发射结正偏，这时 U_{beQ} 基本不变，硅管约为0.7V，锗管约为0.3V。

项目九

光闪耀器的制作

【项目描述】通过两个 LED 灯的轮流闪烁，实现光闪耀器振荡电路的安装。理解原理图与多孔电路板实物图之间的区别，初步掌握实际元件在多孔电路板上的安装与布局。

【学习目标】

1. 知识目标：光闪耀器的原理。

2. 技能目标：常用元件的识别与测量；能绘制光闪耀器电路布线图并组装；学会调试光闪耀器的电路功能。

【项目实施】

任务一：光闪耀器电路元件检测

1. 检测元件

电阻器两个，R1、R2，阻值都是 56kΩ。电容器两个，C1、C2，均为电解电容器，分清正、负极，一般标注负极，或者是长引脚的一端是正极，容量都是 47μF。两个普通的发光二极管 LED1、LED2，分清正、负极，一般长引脚是正极。三极管两个，VT1、VT2，NPN 型的 9013，注意 e、b、c 三个极的区分，用万用表分别测量各个元件是否正常。

制作所需元件详细列表如表 9-1 所示。

表 9-1　所需元件列表

符　号	元件名称	型号参数	实物图
R1、R2	电阻器	56kΩ	
C1、C2	电容器	47μF	

续表

符　　号	元件名称	型号参数	实　物　图
LED1、LED2	发光二极管	普通	
VT1、VT2	三极管	9013 NPN	

2. 认识多孔电路板

根据电路原理图，在多孔电路板图上绘制电路实际布线图。

多孔电路板每一排的焊盘之间都是相通的，即左右相邻焊盘的阻值为零，而上下每一列焊盘之间是不相通的，即上下相邻焊盘的阻值为无穷大，如图 9-1 所示。

3. 简要分析电路原理

电路原理见本项目的相关知识，光闪耀器原理图如图 9-2 所示。

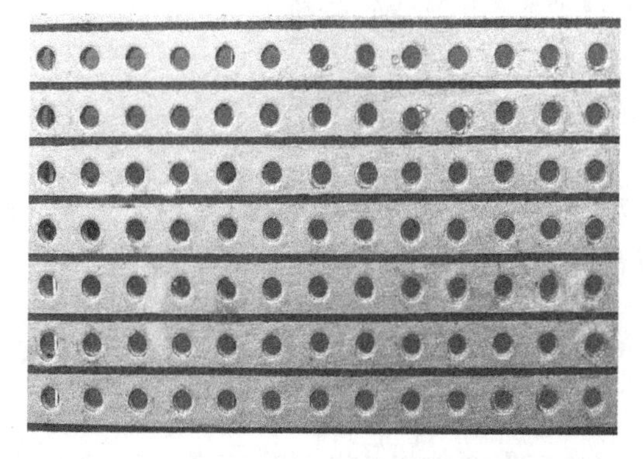

图 9-1　多孔电路板图

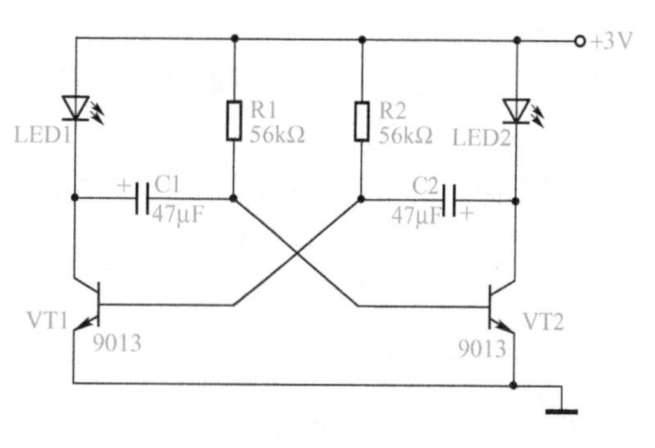

图 9-2　光闪耀器原理图

任务二：光闪耀器电路组装

1. 画布线图

根据电路原理图画出布线图，如图 9-3 所示。

对整个电路的元件进行布局，合理安排每个元件的位置，图 9-3 给出的布线图可作为制作时的参考。

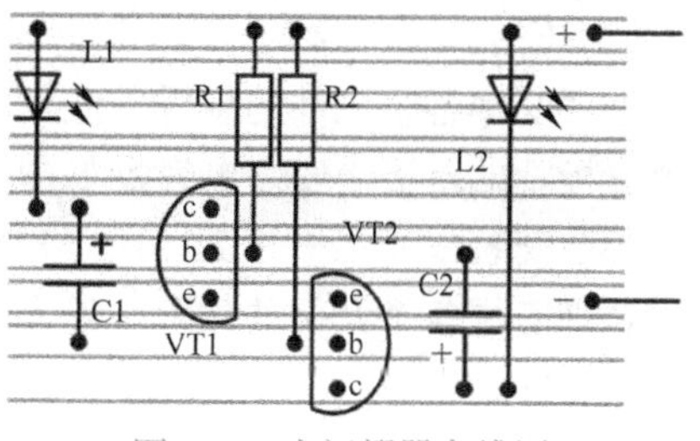

图 9-3　光闪耀器布线图

2. 拓展训练

想一想，你能否绘制出不同的布线图？

电路元件与多孔板组成的实物布线图没有标准、统一的答案，教师可根据教学实际情况，充分发挥学生的想象力，结合实际元器件的大小及元件引脚的长短，绘制出不同的布线图，比较布线图上元件位置的相对合理性，分层次教学。

原则：

(1) 尽量缩短所用连接导线，连线过长，不容易拉直，影响美观；

(2) 上下相邻需要连接的焊点，可用焊锡直接连接起来，不用导线连接；

(3) 画布线图时，要充分考虑实际元件引脚的长度；

(4) 减少元件间导线的连接，简化电路，减少焊点，减少焊接工艺上的问题；

(5) 元件和导线都垂直放置，不允许出现水平放置，否则影响安装工艺。

3. 元件焊接操作步骤

1) 焊接三极管

把两个晶体管 VT1、VT2 放在没有铜箔一面的中心位置，焊接位置参照绘制的布线图，引脚插到铜箔一面进行焊接。两个三极管的发射极要放置在同一条铜排上（第 7 排接地）。注意电源和地的安排，如图 9-4 所示。

注意：焊接时不要出现焊锡桥，主要是上下焊盘不能出现焊锡搭桥。

2) 安装其他元件

建议：按从上到下、从左到右的顺序安装元件。

(1) 安装 R1、R2。

合理安排各个元件的位置，R1、R2 都是从两个三极管的基极连接出来，到电源正极（第 1 排）的，注意两个电阻器不要距离太近，要留有一定的空隙，安装电阻器如图 9-5 所示。

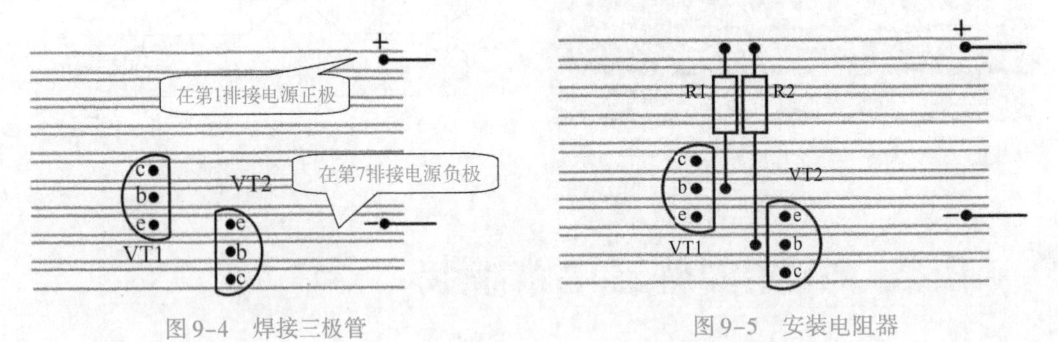

图 9-4 焊接三极管　　图 9-5 安装电阻器

(2) 安装 C1、C2。

合理安排各个元件的位置，注意电解电容器的极性，正极接三极管的集电极，负极接另一个三极管的基极，安装电容器如图 9-6 所示。

(3) 安装发光二极管 LED1、LED2。

合理安排各个元件的位置，发光二极管的正极接电源正极（第 1 排），负极分别连接两个三极管的集电极。注意极性不要接反，否则电路振荡以后二极管不会发光，安装发光二极管如图 9-7 所示。

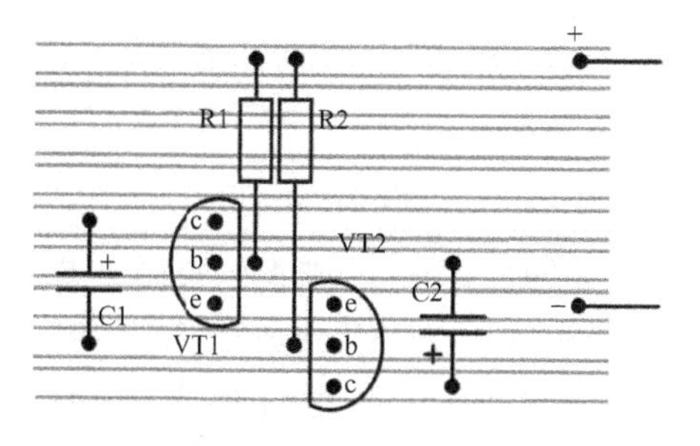

图 9-6　安装电容器

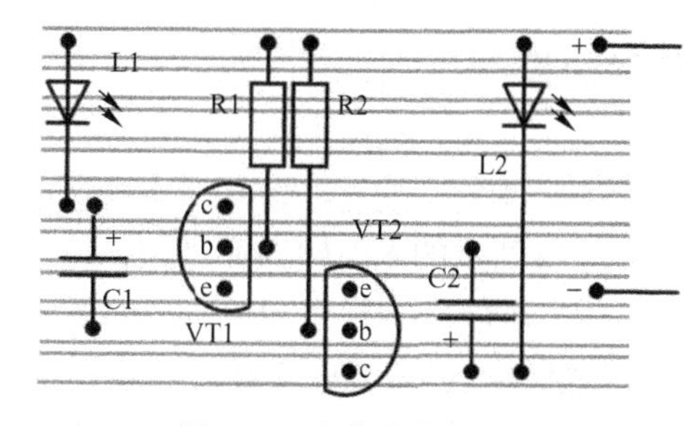

图 9-7　安装发光二极管

（4）最后焊接上连接电源正、负极的两根导线，外接电源正、负极。电路安装完毕，组装实物图如图 9-8 所示。

3）测电源正、负极是否短路

把万用表拨到 ×1 欧姆挡，短接调零后，两只表笔分别去测电源引出线，如果有阻值，则说明电源间没形成短路；如果阻值为 0，则说明电源间短路，不能通电试验，注意排查故障，如图 9-9 所示。

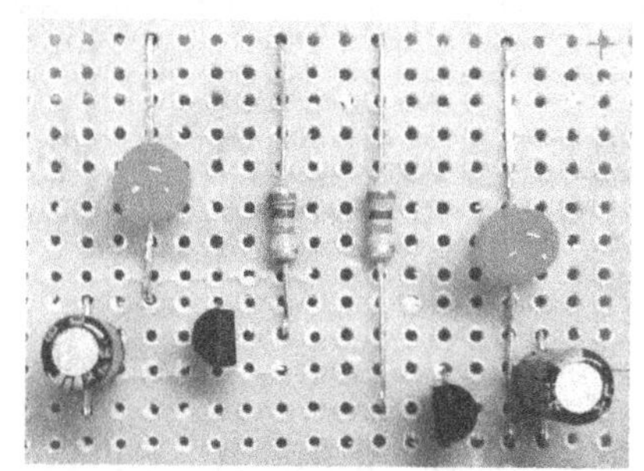
图 9-8　组装实物图

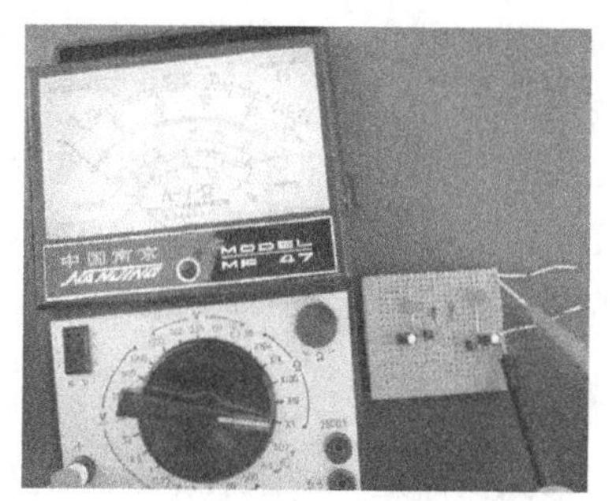

图 9-9　测电源正、负极是否短路

任务三：检查实验现象

检查实验现象的步骤如下。

（1）接上 +3V 直流电源，发光二极管会交替闪亮。

（2）用示波器观测三极管集电极的波形。

思考题

1. 改变电容器 C1、C2 的容量，电路现象会发生怎样的变化？
2. 电路正常工作时，用万用表电压挡测量三极管 b、e 间电压为多少？

项目评价反馈表

任务名称	配　分	评分要点	学生自评	小组互评	教师评价
项目总体评价					

相关知识

1. 分析工作原理

根据图 9-2 所示的光闪耀器原理图，该电路具有对称性，是一个典型的自激多谐振荡电路，C1、C2 是反馈电容器，VT1、VT2 组成自激多谐振荡器，在没有外加触发信号时，能自动、周期性地使两个三极管轮流导通和截止，所以也称为无稳态电路，产生连续的矩形波。

自激多谐振荡器产生振荡的过程：在电源刚接通时，由于两个三极管性能参数的不一致性，总有一个导通得快一些，假设 VT1 的集电极电流 IC1 大一点，就会引起一系列反馈变化：$I_{c1}\uparrow—V_{c1}\downarrow—V_{b2}\downarrow—I_{b2}\downarrow—I_{c2}\downarrow—V_{c2}\uparrow—V_{b1}\uparrow—I_{c1}\uparrow$，这一过程的结果，是 VT2 完全截止，VT1 继续导通，但这个结果并不稳定，当 VT1 导通后，一方面电源通过发光二极管 LED2、C2 和 VT1 的发射结向 C2 充电，逐渐使 V_{b1}下降，使 VT1 由导通转为截止；另一方面，C1 通过 VT1 的 c－e 结、电源、R1 放电，逐渐使 V_{b2}上升，当达到 0. 6V 时 VT2 由截止转为导通，另一系列的变化产生了：$V_{b1}\uparrow—I_{c2}\uparrow—V_{c2}\downarrow—V_{b1}\downarrow—I_{c1}\downarrow—V_{c1}\uparrow—V_{b2}\uparrow$，使 VT2 导通、VT1 截止，这种状态是暂时的，随着电容器的充放电，两个三极管就会周期性地交替转换下去。

发光二极管 LED1、LED2 分别是两个三极管的集电极负载，当 VT1 或 VT2 导通时，LED1、LED2 就会发光，由于 VT1、VT2 是交替导通的，LED1、LED2 就会交替发光，从而产生闪光效果。

2. 自激多谐振荡器

自激多谐振荡器是一种阻容耦合式的矩形波发生器，简称多谐振荡器。它因振荡波形中含有丰富的谐波而得名。在习惯上，人们只将阻容耦合式的矩形波发生器称为多谐振荡器，而把采用变压器耦合的强反馈振荡器称为间歇振荡器。

多谐振荡器无须外界触发即能直接产生矩形波，电路也较简单，所以在脉冲和数字系统中得到广泛的应用。这种振荡电路之所以能产生矩形波，主要是因为：

(1) 电路中有很强的正反馈，各级电压能快速变化，使晶体管进入截止或饱和状态；

(2) 电路中一般没有选择性很强的谐波滤除电路（或至少在输出端没有），输出信号中谐波成分十分丰富。

传统的多谐振荡器是由两级倒相放大器经电阻器、电容器耦合并连接成正反馈环路构成的。它的工作过程与单稳态触发器相似，所不同的是多谐振荡器的两个状态都是准稳态，因而不需要任何外加触发脉冲便能不停地产生矩形波。图 9-2 中的两组耦合元件 R1、C1 和 R2、C2 分别决定一个周期内两个矩形波的宽度。在集成电路出现后，也可用两个反相器来代替图 9-2 中的两级晶体管倒相放大器或用专用单片电路来构成。

多谐振荡器的主要缺点是频率稳定性很差，一种解决办法是引入石英晶体谐振器进行稳频；另外一个缺点是受晶体管饱和和寄生参量的影响，工作频率不高，较好的解决办法是采用电流型电路。

项目十

555振荡器的制作

【项目描述】通过应用555时基集成电路，实现振荡电路的组装、振荡信号的输出。能识别元件的图纸标注与实际标注的区别，掌握集成电路引脚在原理图与实际接线图上的对应关系。

【学习目标】

1. 知识目标：了解振荡器的工作原理；掌握555集成电路的引脚功能。

2. 技能目标：绘制555时基振荡器电路布线图并组装；学会调试555时基振荡器的电路功能。

【项目实施】

任务一：振荡器电路的布线与元件检测

1. 检测元件

电阻器两个：$R_1=6.8\text{k}\Omega$，$R_2=3.3\text{k}\Omega$，注意标称值与测量值的误差。电容器两个：C1图纸标注0.1μF，实际元件标注为104，是瓷片电容器，C2图纸标注0.01μF，实际元件标注为103，也是瓷片电容器。用万用表检测各元件参数是否正常。8脚集成座1个，用来插装集成电路IC555。

制作所需元件详细列表见表10-1所示。

表10-1　所需元件列表

符　号	元件名称	型号参数	实物图
IC1	集成电路	NE555	
IC管座	8脚集成座	8脚集成座	

续表

符　号	元件名称	型号参数	实物图
R1 R2	电阻器	3.3kΩ 6.8kΩ	
C1 C2	电容器	0.1μF 0.01μF	

2. 认识集成电路

8 脚集成电路 IC555：555 是 8 脚时基集成电路（模数混合），应用非常广泛，各引脚功能见表 10-2，555 集成电路实际引脚图见图 10-1，原理引脚图见图 10-2。

表 10-2　555 集成块各引脚功能说明

引　脚	名　称	功　能	引　脚	名　称	功　能
1	GND	接地	5	CVOLT	控制电压
2	TRIG	触发	6	THR	门限（阈值）
3	OUT	输出端	7	DISC	放电
4	RST	复位	8	VCC	电压

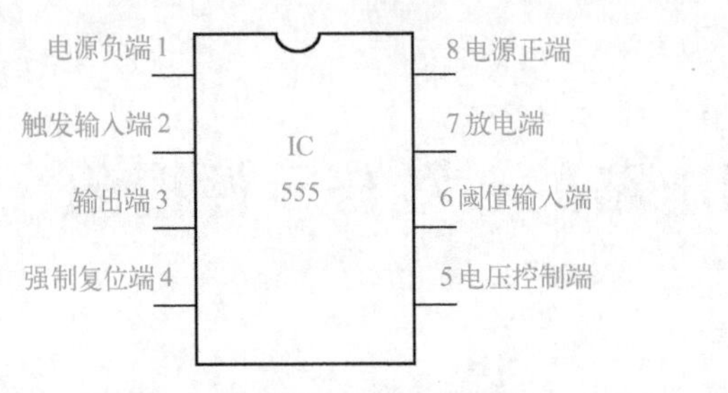

图 10-1　集成电路实际引脚图

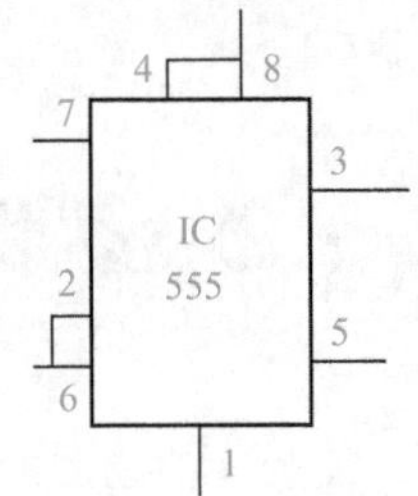

图 10-2　原理引脚图

3. 简要分析电路原理

电路原理见本项目的相关知识，原理图如图 10-3 所示。

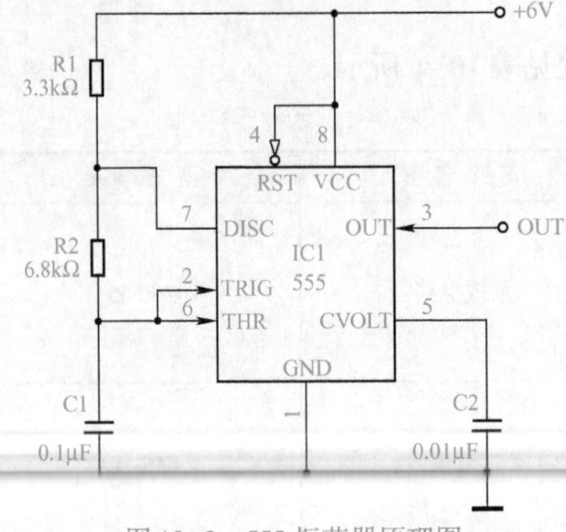

图 10-3　555 振荡器原理图

任务二：振荡器电路制作

1. 画布线图

根据电路原理图画出布线图，如图 10–4 所示。

对整个电路的元件进行布局，合理安排每个元件的位置，图 10–4 给出的布线图可作为制作时的参考。

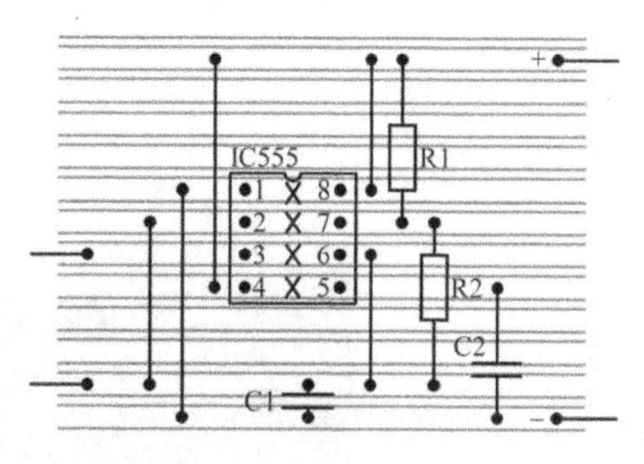

图 10–4　555 振荡器布线图

2. 拓展训练

想一想，你能绘制出什么样的布线图？

电路元件与多孔板组成的实物布线图没有标准、统一的答案，教师可根据教学实际情况，充分发挥学生的想象力，结合实际元器件的大小及元件引脚的长短，绘制出不同的布线图，比较布线图上元件位置的相对合理性，分层次教学。

原则：

（1）尽量缩短所用连接导线，连线过长，不容易拉直，影响美观；

（2）上下相邻需要连接的焊点，可用焊锡直接连接起来，不用导线连接；

（3）画布线图时，要充分考虑实际元件引脚的长度；

（4）减少元件间导线的连接，简化电路，减少焊点，减少焊接工艺上的问题；

（5）元件和导线都垂直放置，不允许出现水平放置，否则影响安装工艺。

3. 元件焊接操作步骤

1）焊接集成座

把集成座插放在覆铜板没有铜箔一面的位置上，引脚在铜箔一面进行焊接，在第 5 排放置集成座，注意集成座的标志向上，如图 10–5 所示。

2）割开集成座同一排焊点相连的铜箔

用美工刀把相连的引脚中间铜箔割断，使集成座的各引脚焊点分开，如图 10–6 所示。注意：割板时不要越出界限（可观看示范割板视频）。

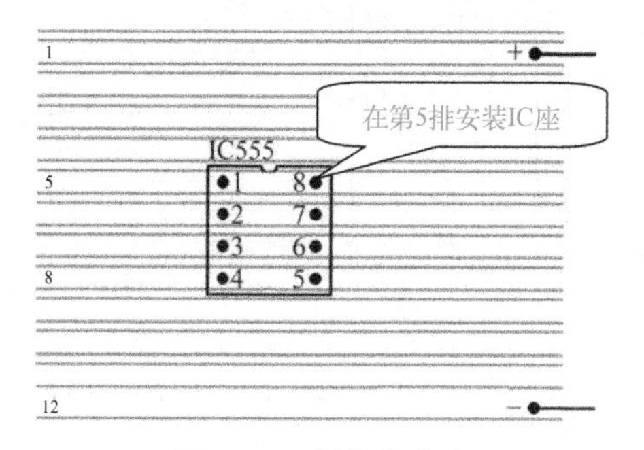

图 10–5　焊接集成座

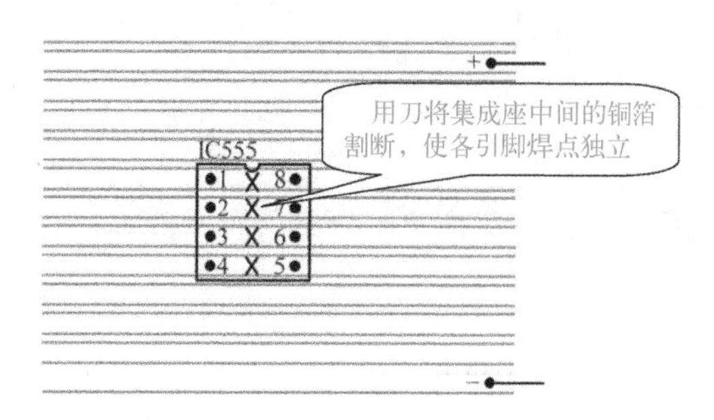

图 10–6　割开集成座同一排焊点相连的铜箔

3）用万用表测量铜箔是否割断

把万用表拨到 ×1 欧姆挡，短接调零后，两只表笔分别去测量已经割断的水平铜箔，指针应分别指在无穷大处。再分别测上下各引脚，指针仍分别指在无穷大处。确认铜箔割断，集成座引脚的焊点独立，如图 10–7 所示。

注意：指针如果不指在无穷大处，说明出现了焊锡桥，或者没有割断铜箔。

图 10–7 测量是否割断铜箔

4）连接集成电路的电源和地引脚

555 集成电路的 8 脚接电源正极（第 1 排），1 脚接电源负极（第 12 排）。所用连接线尽量不要太长，否则影响电路的美观性（导线最好拉直，不要弯曲，如图 10–8 所示）。

注意原理图引脚与实际引脚的区别。

5）连接集成电路自身相连的引脚

自身连接主要指的是集成电路自身引脚的连接，根据原理图 10–3，4 脚和 8 脚连在一起，2 脚和 6 脚连在一起，为防止安装疏漏，在安装元件之前，先将这些引脚用导线连接起来，如图 10–9 所示。

注意：4 脚直接连到第 1 排电源上，2 脚和 6 脚应找一条空置铜排连接（如第 11 排）。

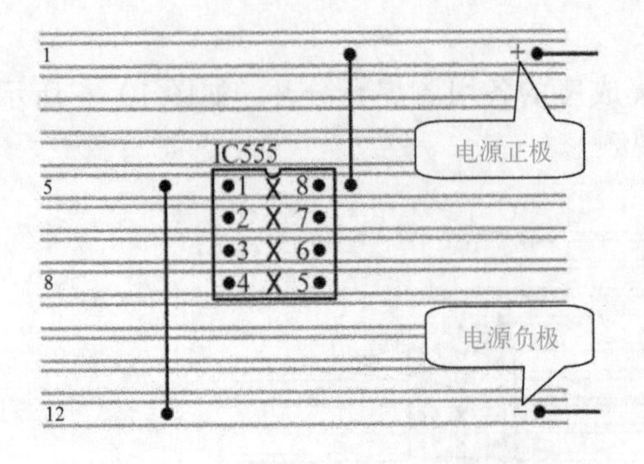

图 10–8 电源正、负极的连接

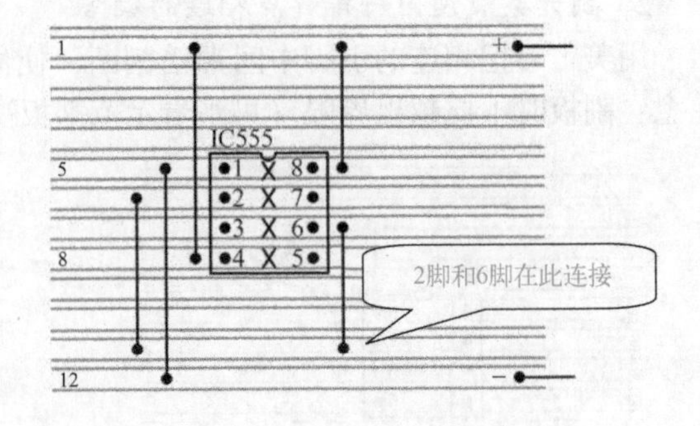

图 10–9 IC555 集成电路自身的连接

6）焊接硬脚元件

所谓硬脚元件，主要指元件引脚不能随意拉伸、弯曲的元件，只能焊接在相邻或固定的铜排焊盘上，如三极管、电位器、按钮开关等元件。

注意：本次制作中没有硬脚元件。

7）分步安装电阻器、电容器

建议：按照从上到下、从左到右的顺序安装元件。

（1）安装 R1、R2。

合理安排 R1、R2 的位置，R1 一端连接电源，另一端连接 7 脚；R2 一端连接 7 脚，另一端连接 2、6 脚，安装 R1、R2 如图 10-10 所示。

（2）安装 C1、C2。

合理安排 C1、C2 的位置，C1 一端连接 2 脚或 6 脚，另一端连接电源负极（第 12 排）。C2 一端连接 5 脚，另一端连接电源负极。安装 C1、C2 如图 10-11 所示。

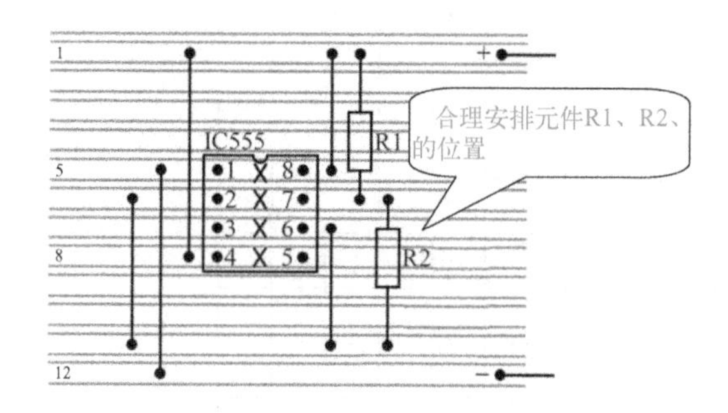

图 10-10　安装 R1、R2

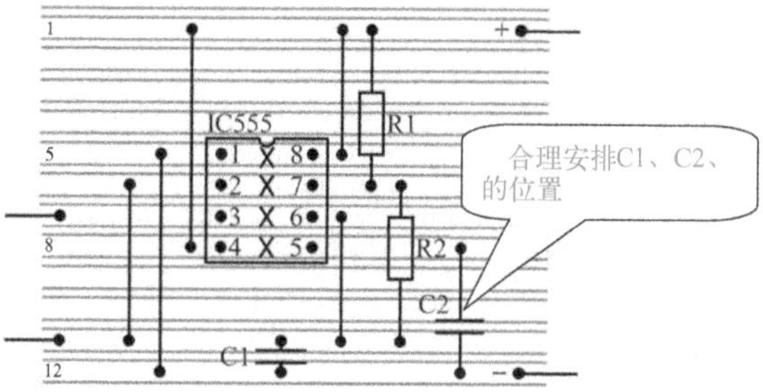

图 10-11　安装 C1、C2

（3）引出电源线及测试线。

在第 1 排和第 12 排分别引出电源正、负极线，在第 3 排和第 2 排引出测试端，考虑到第 2、3 排相邻太近，所以将第 2 排测试线放在 2 脚和 6 脚的公共排上，如图 10-11 所示。

电路安装完毕，组装实物图如图 10-12 所示。

8）测电源正、负极是否短路

把万用表拨到 ×1 欧姆挡，短接调零后，用两只表笔分别测电源引出线，如果有阻值，则说明电源间没有短路；如果阻值为 0，则说明电源短路，不能通电试验，注意排查。

测电源正、负极是否短路如图 10-13 所示。

图 10-12　组装实物图

图 10-13　测电源正、负极是否短路

任务三：振荡器电路检测

根据图 10-3 所示的原理图，完成以下测量、调试工作：

(1) 把装置好的线路连接于 +6V 电源上；

(2) 利用示波器测量测试 3 脚 (pin3) 及 2 脚 (pin2) 的波形；

(3) 按一定的比例画出示波器所显示的波形，记录其电压、频率、每分度电压 (volts/div) 及每分度的扫描时间 (sweep time/div)，将图形绘制在表 10-3、表 10-4 内。)

表 10-3 测试点 3 脚 (pin3)

每分度电压：__________V
每分度扫描时间：__________ms
频率：__________Hz
振幅：__________Vp - p

表 10-4 测试点 2 脚 (pin2)

每分度电压：__________V
每分度扫描时间：__________ms
频率：__________Hz
振幅：__________Vp - p

思考题

如果改变 R1、R2、C1 的数值，集成电路 2 脚和 3 脚的波形将会如何变化？

项目评价反馈表

任务名称	配分	评分要点	学生自评	小组互评	教师评价
项目总体评价					

相关知识

1. 555 非稳态电路工作原理

多谐振荡器又称无稳态触发器，它没有稳定的输出状态，只有两个暂稳态。在电路处于某一暂稳态后，经过一段时间可以自行触发翻转到另一暂稳态。两个暂稳态自行相互转换而输出一系列矩形波。多谐振荡器可用做方波发生器。

图 10-3 所示是由 555 定时器构成的多谐振荡器，R1、R2 和 C1、C2 是外接元件。

接通电源后，V_{CC}经 R1、R2 给电容器 C1 充电。由于电容器上电压不能突变，电源刚接通时 C1 电压不能突变，按指数规律慢慢上升，当 C1 电压上升到大于 $V_{CC}/3$ 时，RD = 1，SD = 1，基本 RS 触发器状况不变，即输出端 Q 仍为高电平，当 C1 电压上升到略大于 $2V_{CC}/3$ 时，RD = 0，SD = 1，基本 RS 触发器置 0，输出端 Q 为低电平。这时 Q = 1，使内部放电管饱和导通。于是电容器 C1 经 R2 和内部放电管放电，C1 电压按指数规律减小。

在实际应用中，除了单一品种的电路外，还可组合出很多不同的电路，如多个单稳、多个双稳、单稳和无稳、双稳和无稳的组合等。这样一来，电路变得更加复杂。

2. 555 工作特点及原理

NE555 时基电路封装形式有两种：一种是 DIP 双列直插 8 脚封装形式；另一种是 SOP-8 小型（SMD）封装形式。HA17555、LM555、CA555 分属不同公司生产的产品，内部结构和工作原理都相同。NE555 是采用 CMOS 工艺制造的，下面将对其进行介绍。

NE555 的外形如图 10-14 所示，内部功能原理图如图 10-15 所示。

图 10-14　NE555 的外形图

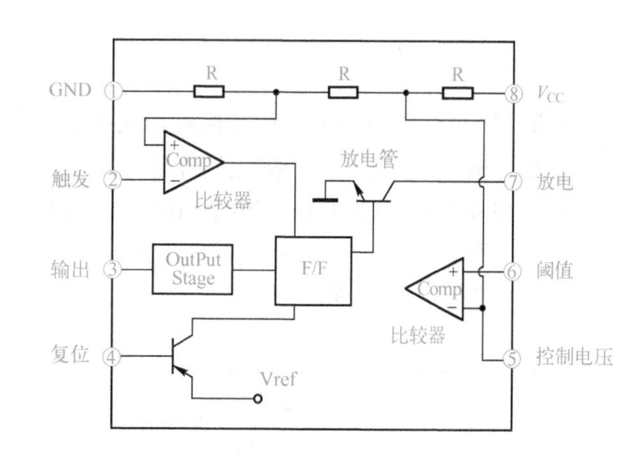

图 10-15　内部功能原理图

利用 NE555 可以组成相当多的应用电路，甚至多达数百种，在各类书刊中均有介绍，如家用电器控制装置、门铃、报警器、信号发生器、电路检测仪器、元器件测量仪、定时器、压频转换电路、电源应用电路、自动控制装置及其他应用电路中都有着广泛的应用，这是 NE555 巧妙地将模拟电路和数字电路结合在一起的缘故。

项目十一

386 功率放大器的制作

【项目描述】通过应用 386 集成功放组装电路，实现音频信号的放大输出。能识别元件的图纸标注与实际标注的区别，掌握集成电路引脚在原理图与实际接线图之间关系。

【学习目标】

1. 知识目标：了解功放电路的工作原理，掌握 386 集成电路的引脚功能。

2. 技能目标：能绘制 386 功率放大电路布线图并组装，学会调试 386 功率放大电路的电路功能。

【项目实施】

任务一：386 集成功放电路的布线与元件检测

1. 检测元件

电阻器 1 个：$R_1=10\Omega$，注意标称值与测量值的误差。电容器 4 个：C1、C3 是电解电容器，要分清正负极，C2 一般标注 473，图纸标注，47nF，而 C4 实际元件标注为 0.1，没有单位，即 0.1μF。电位器一般标注 103，即 10kΩ。用万用表检测各元件参数是否正常。8 脚集成座一个，用来插装集成电路 LM386。

制作所需元件详细列表见表 11-1。

表 11-1 所需元件列表

符　　号	元件名称	型号参数	实物图
IC	集成电路	LM386	
IC 集成座	8 脚集成座	—	
RP1	电位器	10kΩ	
R1	电阻器	10Ω	

续表

符　号	元件名称	型号参数	实物图
C1 C2 C3 C4	电容器	100μF 47nF 220μF 0. 1μF	
RL	扬声器	8Ω	

2. 认识集成电路

8 脚集成电路 LM386：LM386 音频功率放大器主要应用于低电压消费类音响产品中。为使外围元件最少，电压增益内置为 20。但是在 1 脚和 8 脚之间增加外接的电阻器和电容器各一个，便可将电压增益调为任意值，甚至 200。输入端以地为参考，同时输出端被自动偏置到电源电压的一半。在 6V 电源电压下，它的静态功耗仅为 24mW，使得 LM386 特别适合于电池供电的场合。LM386 集成电路实际引脚功能列表见表 11-2。LM386 集成电路实际引脚图见图 11-1。

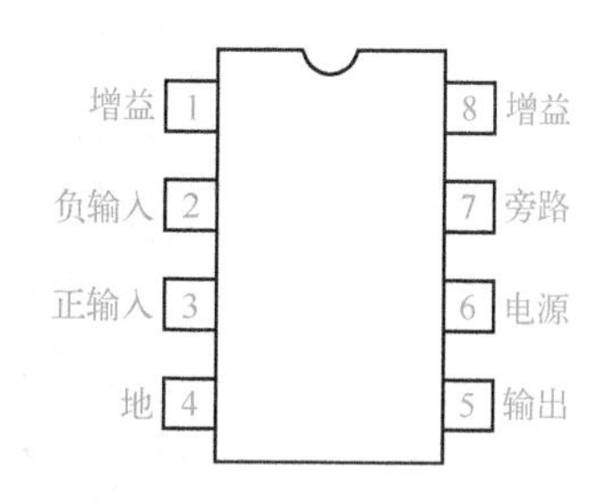

图 11-1　LM386 集成电路实际引脚图

表 11-2　386 集成电路引脚功能列表

引　脚	功　能	符　号	引　脚	功　能	符　号
1	增益	AV	5	输出	OUT
2	负输入	IN -	6	电源	VS
3	正输入	IN +	7	旁路	DET
4	地	GND	8	增益	AV

3. 简要分析电路原理图

电路原理见本项目的相关知识，电路原理如图 11-2 所示。

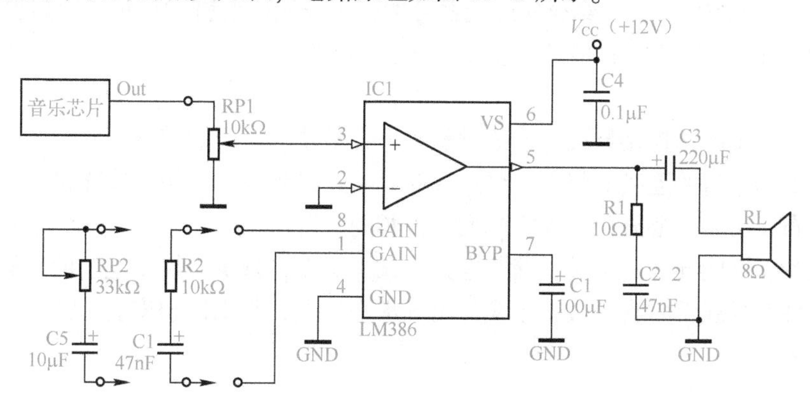

图 11-2　LM386 集成功放电路原理图

注：RP2、R2、C1、C5 本次制作没有连接，音乐芯片外接。

任务二：LM386 集成功放电路制作

1. 画出布线图

根据电路原理图画出布线图，如图 11–3 所示。

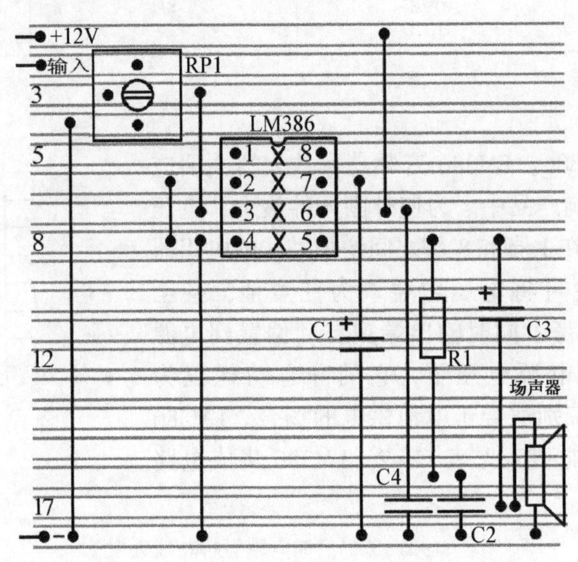

图 11–3　LM386 功率放大电路布线图

布线图中，可对整个电路的元件进行布局，合理安排每个元件的位置，图 11–3 给出的布线图可作为制作时的参考。

2. 拓展训练

想一想，你能绘制出什么样的布线图？

电路元件与多孔板组成的实物布线图，没有标准统一的答案，教师可根据教学实际情况，充分发挥学生的想象力，结合实际元器件的大小及元件引脚的长短，绘制出不同的布线图，比较布线图上元件位置的相对合理性，分层次教学。

原则：

（1）尽量缩短所用连接导线，连线过长，不容易拉直，影响美观；

（2）上下相邻需要连接的焊点，可用焊锡直接连接起来，不用导线连接；

（3）画布线图时，要充分考虑实际元件引脚的长度；

（4）减少元件间导线的连接，简化电路，减少焊点，减少焊接工艺上的问题；

（5）元件和导线都垂直放置，不允许出现水平放置，否则影响安装工艺。

3. 元件焊接操作步骤

1）焊接集成座

把集成座插放在板子没有铜箔的一面，引脚在铜箔一面进行焊接，在第 5 排放置集成座，注意集成座的标志向上，如图 11-4 所示。

2）割开连接集成座同一排引脚的铜箔

用美工刀把相连的引脚中间铜箔割断，使集成座的各引脚焊点分开，如图 11-5 所示。

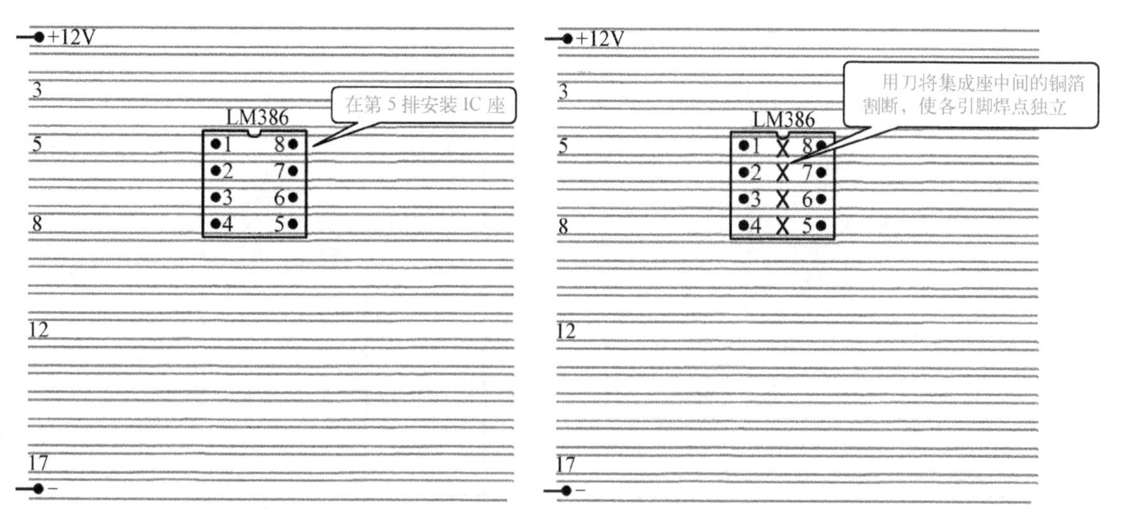

图 11-4　焊接集成座　　图 11-5　割开集成座同一排焊点相连的铜箔

注意：割板时不要越出界限（可观看示范割板视频）。

3）用万用表测量铜箔是否割断

把万用表拨到 ×1 欧姆挡，短接调零后，测量已经割断的水平铜箔，指针应分别指在无穷大处；再分别测上下引脚，指针仍分别指在无穷大处。确认铜箔割断，集成座引脚的焊点独立，如图 11-6 所示。

注意：指针如果不指在无穷大处，说明出现了焊锡桥，或者没有割断铜箔。

4）连接集成电路的电源和地引脚

LM386 集成电路的 6 脚接电源正极（多孔板第 1 排）；2 脚和 4 脚接电源负极（多孔板第 18 排）。所用连接线尽量不要太长，否则影响电路的美观性（导线最好拉直，不要弯曲），如图 11-7 所示。

图 11-6　测量是否割断铜箔

5）放置硬脚元件 RP1

所谓硬脚元件，主要指元件引脚不能随意拉伸、弯曲的元件，只能焊接在相邻或固定的铜排焊盘上，如三极管、电位器、按钮开关、集成座等。在本次制作中硬脚元件是电位器RP1，图 11-8 所示。

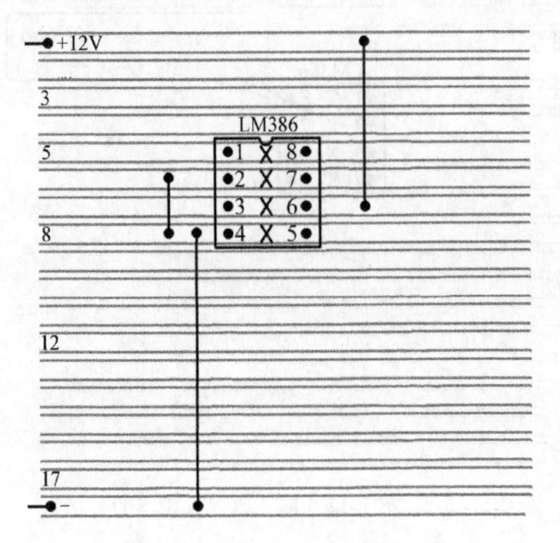

图 11-7　电源正、负极的连接

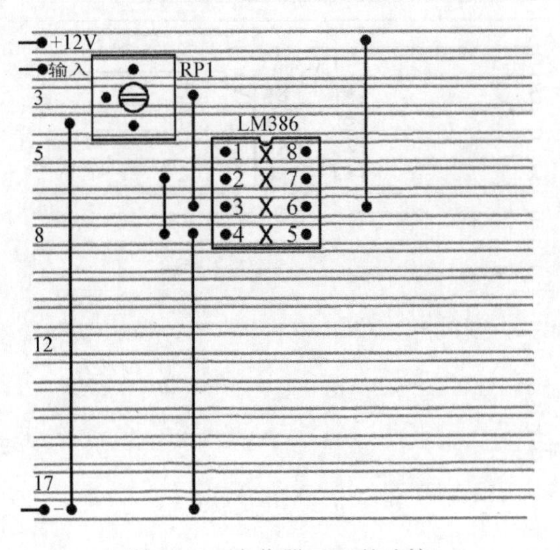

图 11-8　电位器 RP1 的连接

注意：RP1 中间引脚接 3 脚，下端引脚接地（第 18 排，也可以接 2 脚或 4 脚），上端引脚接音乐片的输出。

6）安装电阻器、电容器等元件

建议：按从上到下、从左到右的顺序安装元件。

（1）安装 C1、C4。

合理安排 C1、C4 各个元件的位置，C1 一端连接 7 脚，另一端接地；C4 一端连接 6 脚，另一端接地，安装元件如图 11-9 所示。

（2）安装 R1、C2、C3、RL（扬声器）。

合理安排 R1、C2、C3、RL 各个元件的位置，R1 和 C2 在电路中是串联关系，相串联的引脚连接在第 15 排，R1 另一端连接 5 脚，C2 另一端连接地。C3 从 IC 的 5 脚连接到第 17 排，来连接扬声器 RL 的正极，扬声器的负极连接第 18 排。安装元件见图 11-10 所示。

（3）引出电源线及测试线。

在第 1 排和第 18 排分别引出电源正、负极线，在第二排接音乐片输出线，如图 11-10 所示。

电路安装完毕，实物图如 11-11 所示。

7）测电源正、负极是否短路

把万用表拨到 ×1 欧姆挡，短接调零后，先测量电源引出线，如果有阻值，则说明电源间没形成短路，如果阻值为 0，则说明电源短路，不能通电试验，注意排查。测电源正负极是否短路如图 11-12 所示。

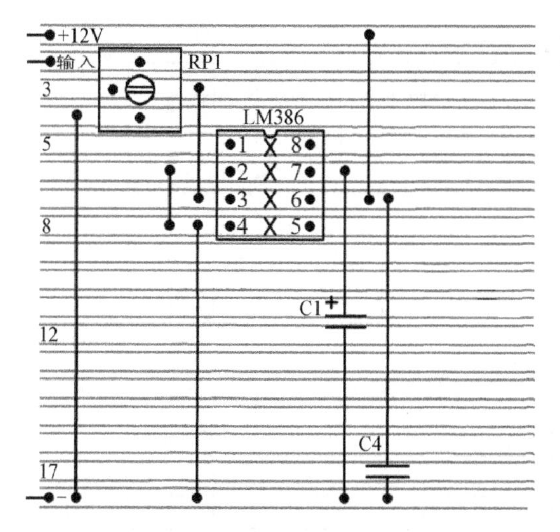

图 11-9　安装 C1、C4

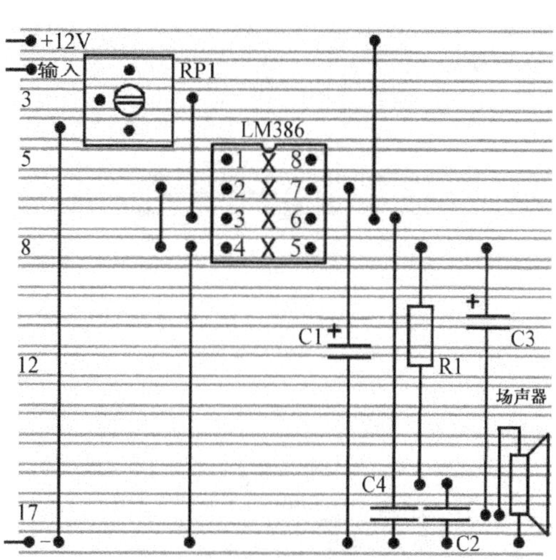

图 11-10　安装 R1、C2、C3、RL

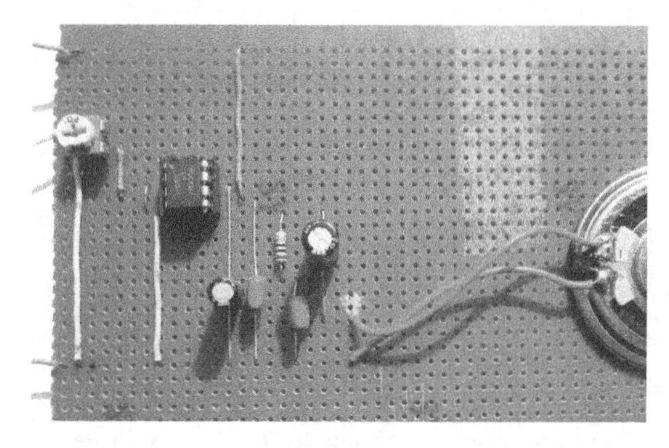

图 11-11　组装实物图

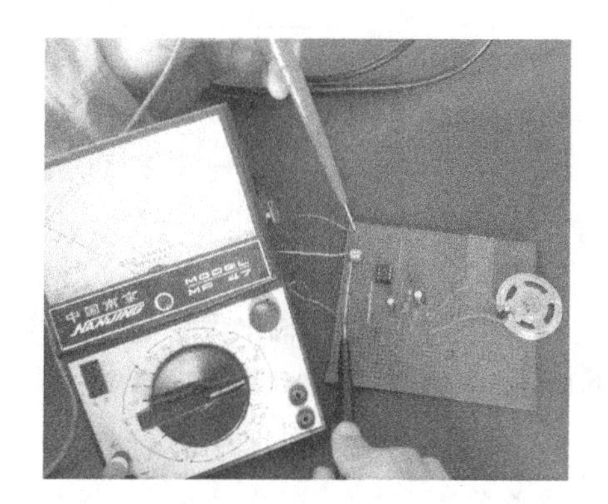

图 11-12　测电源正、负极是否短路

任务三：LM386 功放电路检测

根据图 11-2 所示的 LM386 电路原理图的原理分析，完成以下测量调试工作。

(1) 把装置好的线路连接在 +12V 的电源上。

(2) 从输入端输入正弦信号 (f=1000Hz)，用示波器观察输出电压波形。逐渐增大输入信号的幅度，使输出波形为最大不失真电压，记下输入电压和输出电压波形的峰 - 峰值，测量音响功放的电压放大倍数 A，输出功率 P_0。

电压放大倍数 $A = U_{0P-P}/U_{iP-P}$；

输出功率 $P_o = U_o^2/R_L$。

U_o为输出电压的有效值，$U_o = U_{0P-P}/2\sqrt{2}$，R_L为负载电阻。

(3) 按一定比例画出示波器所显示的波形，记录其电压、频率、每分度电压 (volts/div) 及每分度的扫描时间 (sweep time/div)，将图形绘制在表 11-3、表 11-4 内。

表 11-3 绘制图形一

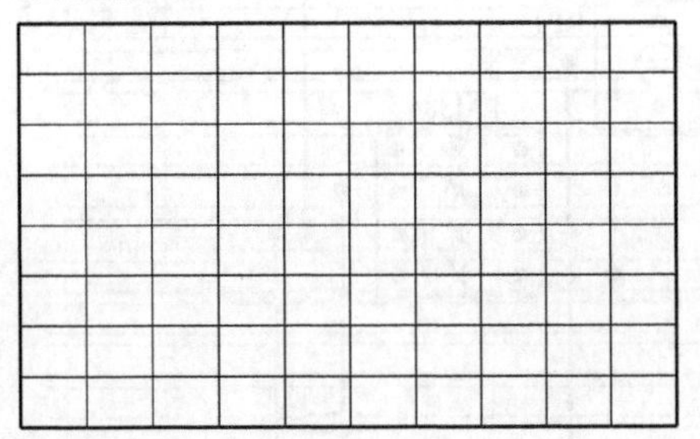

输入电压波形：________
每分度电压：________V
每分度扫描时间：________ms
频率：________Hz
振幅：________Vp－p

表 11-4 绘制图形二

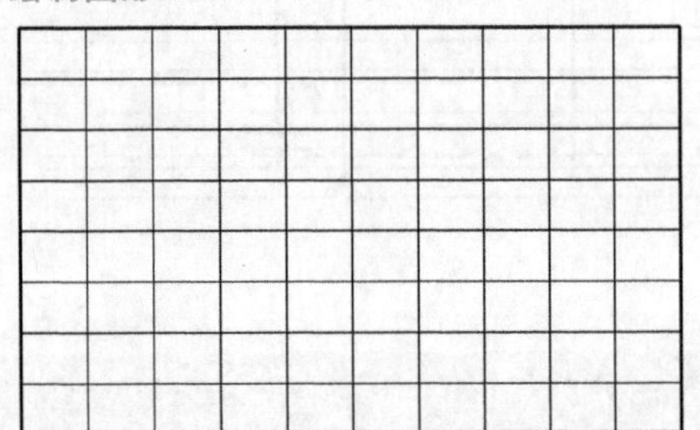

输出电压波形形：________
每分度电压：________V
每分度扫描时间：________ms
频率：________Hz
振幅：________Vp－p

思考题

（1）如果去掉元件 R1 和 C2，对音质有什么影响？

（2）以音乐片的输出代替函数信号发生器的信号，检听扬声器的品质。调节音量调节器的旋钮，检听对音质有什么影响？

项目评价反馈表

任务名称	配分	评分要点	学生自评	小组互评	教师评价
		项目总体评价			

相关知识

1. LM386 集成功放电路工作原理

（1）集成功率放大器是将功率放大电路中的各个元件及其连线制作在一块半导体芯片上的器件。它具有体积小、质量轻、可靠性高、使用方便等优点，因此在收录机、电视机及伺服放大电路中获得了广泛应用。集成功放的种类很多，如 LM386 、CD4140 等。

本项目使用的是 LM386 低电压音频功率放大器，图 11-13 为 LM386 集成音响功放电路的内部电路，由图 11-13 可知，其输入级是复合管差分放大电路，有同相和反相两个输入端，它的单端输出信号传送到中间共发射极放大级，以提高电压放大倍数。输出级是 OTL 互补对称放大电路。

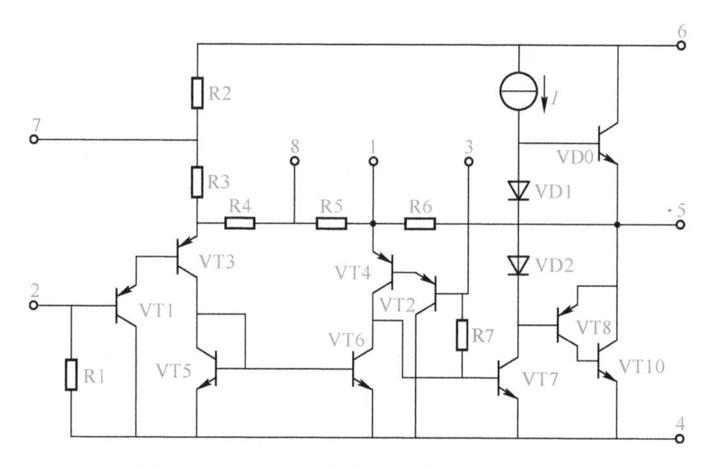

图 11-13　LM386 集成功放放大器内部电路

（2）典型应用。图 11-2 是 LM386 集成功放的典型应用电路。图中 1 脚与 8 脚可以开路，这时整个电路的放大倍数约为 20 倍。如果在 1 脚与 8 脚间外接旁路电容器与电阻器（如 R2、C1），则可提高放大倍数。也可以在 1 脚与 8 脚之间接电位器与电容器（RP2、C5），则其放大倍数可以调节 20 ～ 200 倍。图中 RP1 调节输入的音频电压大小，用来调节输出音量。

2. 注意事项

（1）不要使扬声器发生短路，否则会烧坏集成功放的芯片。

（2）对 LM386 芯片内部结构的构造和工作过程，可不必探究。应专注于集成电路的功能、引脚的接线和使用注意事项。

3. 功率放大电路

1）功率放大电路的任务和作用

功率放大电路的任务是输出足够的功率，推动负载工作，如扬声器发声、继电器动作、电动机旋转等。功率放大电路和电压放大电路都利用三极管的放大作用将信号放大，不同的是功率放大电路以输出足够的功率为目的，工作在大信号状态；而电压放大电路的目的是输出足够大的电压，工作在小信号状态。

2）功率放大电路应满足的要求

（1）输出功率足够大是为了获得较大的输出信号电压和电流，往往要求三极管工作在极限状态。实际应用时，应考虑到三极管的极限参数 P_{CM}、I_{CM} 和 $U_{(BR)CEO}$。

（2）效率高。所谓效率是指功率放大电路向负载输出的信号功率与直流电源提供的功率之比。功率放大电路在输出信号功率的同时，晶体管本身也发热损耗功率，称为管耗。显然，为了提高效率，应尽量减小管子的功耗。

（3）非线性失真小功率放大电路在大信号的工作状态下，很容易产生非线性失真，因此需要采取措施，减小非线性失真。

项目十二

555 音响门铃的制作

【项目描述】通过应用 555 时基电路实现振荡电路信号的输出，输出信号放大后驱动扬声器发出“叮咚”的门铃声。要求能用示波器测出 2 脚和 3 脚的输出信号波形。

【学习目标】

1. 知识目标：了解 555 音响门铃的工作原理，掌握 555 集成电路引脚功能。

2. 技能目标：熟练绘制 555 音响门铃电路布线图并组装，学会调试 555 音响门铃的电路。

【项目实施】

任务一：555 音响门铃的元件检测与实际布线

1. 检测元件

电阻器 6 个：R1、R2、R3、R4 的阻值均为 3.3kΩ，R5 为 1.5kΩ，R6 为 27Ω，注意标称值与测量值的误差。电容器 3 个：C1 的容量为 4.7μF，为电解电容器，注意正、负极的区分，C2 图纸标注 0.02μF，实际元件标注为 223，C3 图纸标注 0.01μF，实际元件标注为 103，是瓷片电容器。二极管 2 个：VD1、VD2，为 1N4148 橙色玻璃状，带黑标的一端为负极。三极管 1 个：VT1 为 9012，是 PNP 三极管。8Ω 扬声器 1 个，注意分清正、负极。按键开关 1 个，如果是四引脚的，焊接时使用对角两条引脚即可。用万用表检测各元件参数是否正常。8 脚集成座 1 个，用来插装集成电路 IC555。

制作所需元件详细列表见表 12-1。

表 12-1 所需元件列表

符　号	元件名称	型号参数	实　物　图
IC1	集成电路	IC555	

续表

符　　号	元件名称	型号参数	实　物　图
IC 集成座	8 脚集成座	—	
R1、R2、R3、R4 R5 R6	电阻器	33kΩ ×4 1.5kΩ 27Ω	
C1 C2 C3	电容器	4.7μF 0.02μF 0.01μF	
VD1、VD2	二极管	1N4148	
VT1	三极管	9012	
Speaker	扬声器	8Ω	
SW	按键开关	—	

2. 认识集成电路

8 脚集成电路 IC555：555 是 8 脚时基集成电路（模数混合），应用非常广泛，555 集成电路实际引脚图如图 12-1 所示，原理引脚图如图 12-2 所示。

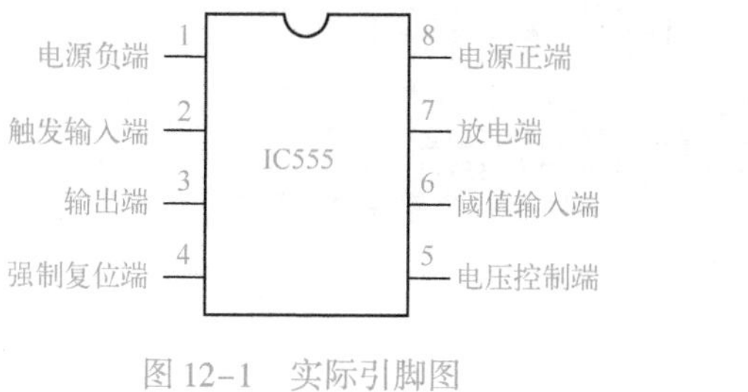

图 12-1　实际引脚图

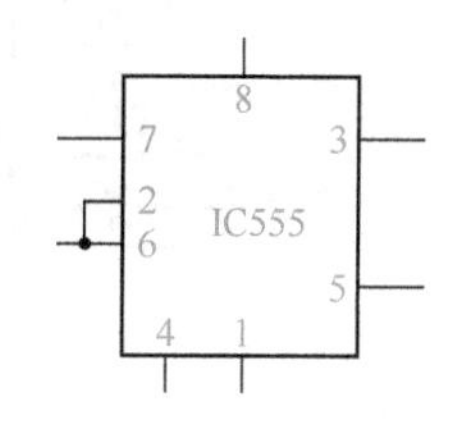

图 12-2　原理引脚图

3. 简要分析电路原理

电路原理见本项目的相关知识，电路如图 12-3 所示。

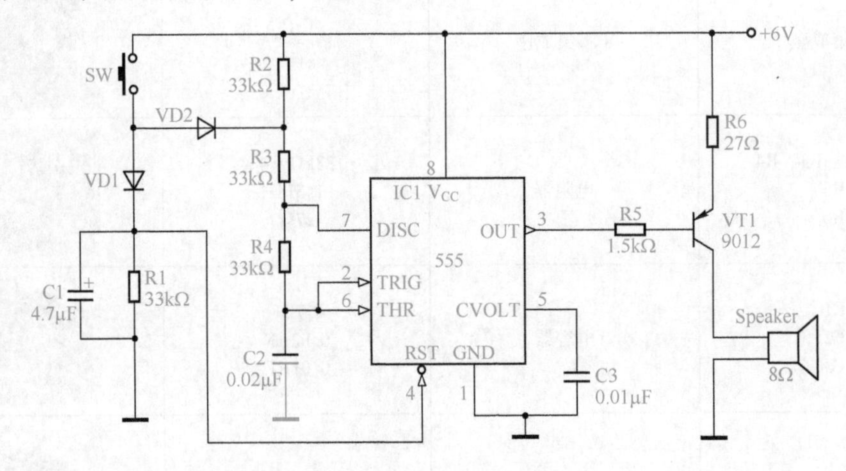

图 12-3 555 音响门铃原理图

任务二：555 音响门铃电路制作

1. 画布线图

根据电路原理图画出布线图，如图 12-4 所示。

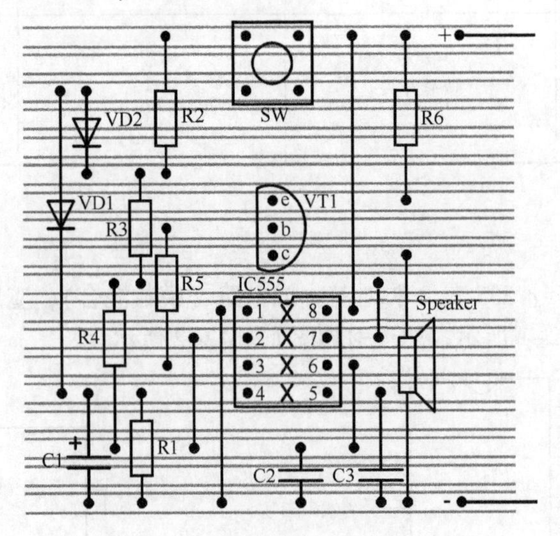

图 12-4 555 音响门铃电路布线图

可根据自己对整个电路元件的布局，合理安排每个元件的位置，这里给出的布线图可作为制作时的参考。

2. 拓展训练

想一想，你能绘制出什么样的布线图？

电路元件与多孔板组成的实物布线图没有标准、统一的答案，教师可根据教学实际情况，充分发挥学生的想象力，结合实际元器件的大小及元件引脚的长短，绘制出不同的布线图，比较布线图上元件位置的相对合理性，分层次教学。

原则：

（1）尽量缩短所用连接导线，连线过长，不容易拉直，影响美观；

（2）上下相邻需要连接的焊点，可用焊锡直接连接起来，不用导线连接；

（3）画布线图时，要充分考虑实际元件引脚的长度；

（4）减少元件间导线的连接，简化电路，减少焊点，减少焊接工艺上的问题；

（5）元件和导线都垂直放置，不允许出现水平放置，否则影响安装工艺。

3. 元件焊接操作步骤

1）焊接集成座

把集成座插放在覆铜板没有铜箔的一面，引脚在铜箔一面进行焊接，在第 11 排到第 14 排放置集成座，集成座的标志向上，电源的正极定在第 1 排，电源负极定在第 18 排，如图 12-5 所示。

注意：焊接时不要出现焊锡桥。

2）割开连接集成座同一排引脚的铜箔

用美工刀把集成座中间的铜箔割断，使集成座的各引脚焊点独立，如图 12-6 所示。

注意：割板子时不要越出界限（可观看示范割板视频）。

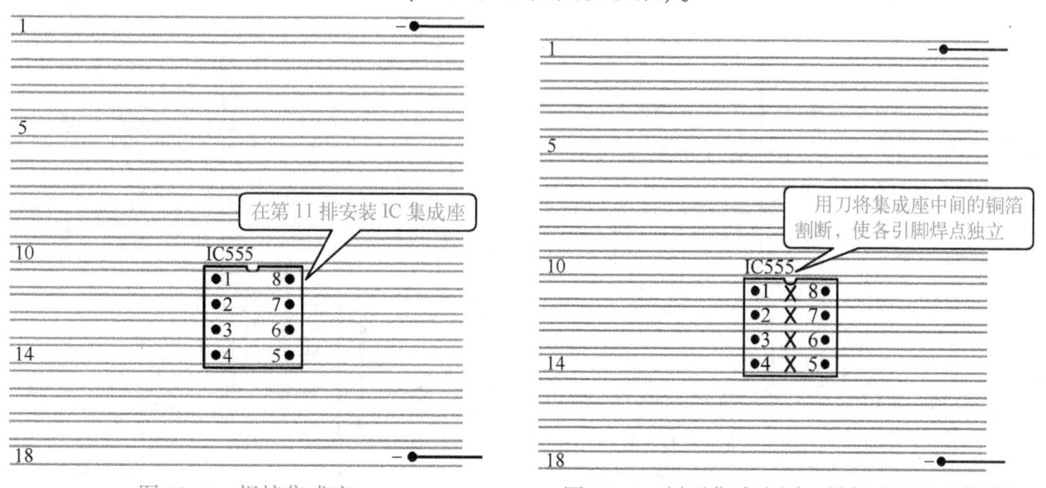

图 12-5　焊接集成座　　图 12-6　割开集成座同一排焊点相连的铜箔

3）用万用表测量铜箔是否割断

把万用表拨到 ×1 欧姆挡，短接调零后，测量已经割断的水平铜箔，指针应分别指在无穷大处；再分别测上下引脚，指针仍分别指在无穷大处。确认铜箔割断，集成座引脚的焊点独立，如图 12-7 所示。

注意：指针如果不指在无穷大处，说明出现了焊锡桥，或者没有割断铜箔。

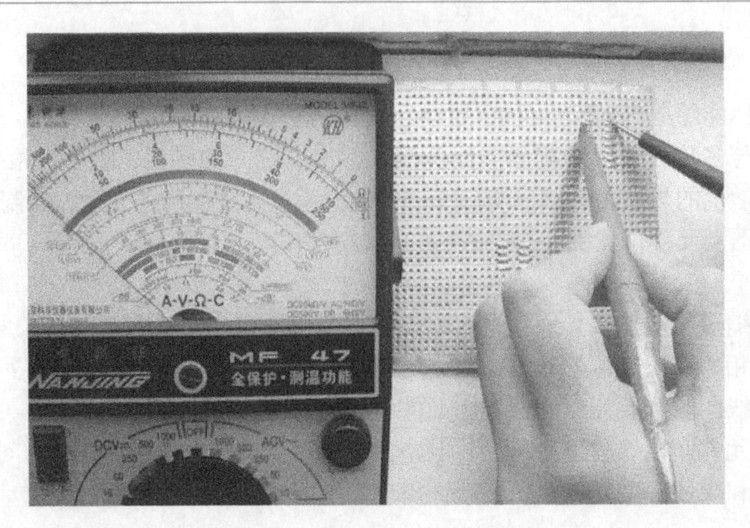

图 12-7　测量割断铜箔的焊点

4）连接集成电路的电源和地引脚

555 集成电路的 8 脚接电源正极（第 1 排）；1 脚接电源负极（第 18 排）。

所用连接线尽量不要太长，否则影响电路美观（导线最好拉直，不要弯曲），如图 12-8 所示。

5）连接集成电路自身相连的引脚

根据原理图 12-3，集成电路 IC 的 2 脚和 6 脚连在一起，为防止安装疏漏，在安装元件之前，先将这些引脚用导线连接起来，如图 12-9 所示。

注意：关于 2 脚和 6 脚的连接，应找一条空置铜排连接（第 16 排）。

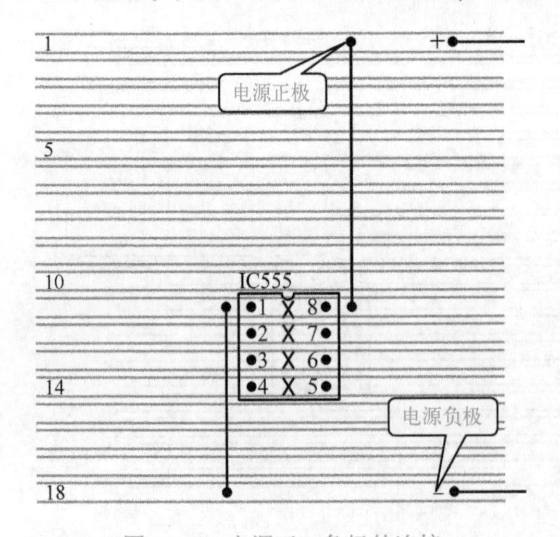

图 12-8　电源正、负极的连接

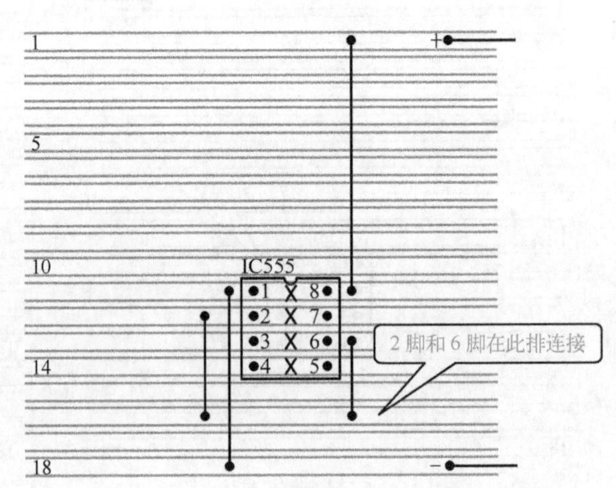

图 12-9　IC 自身引脚的连接

6）焊接硬脚元件

所谓硬脚元件，主要指引脚不能随意拉伸、弯曲的元件，只能焊接在相邻或固定的铜排焊盘上，本次制作中的硬脚元件有二极管 VT1 和按钮开关 SW。根据原理图 12-3，合理放置硬脚元件，如图 12-10 所示。

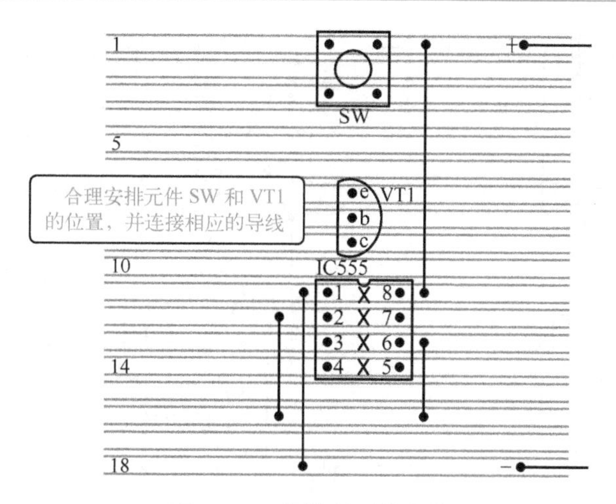

图 12-10　硬脚的元件安装

7）分步安装电阻器、电容器、二极管

建议：按照原理图从上到下，从左到右的顺序安装元件。

(1) 安装 VD1、VD2。

注意区分 VD1、VD2 的正、负极。VD1、VD2 的正极共同连接在开关下端（第 3 排），VD1 的负极连接到 IC 的 4 脚（第 14 排），VD2 负极找空置铜排（第 6 排）连接。

合理安排各个元件的位置，安装元件如图 12-11 所示。

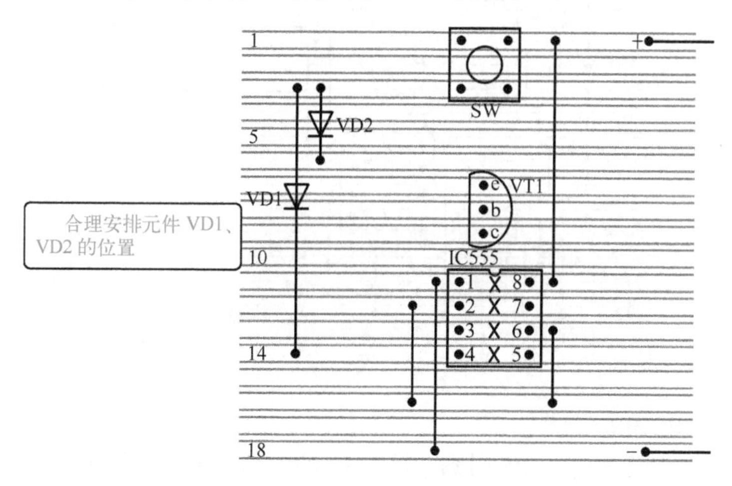

图 12-11　安装 VD1、VD2

(2) 安装 C1、R1。

合理安排各个元件的位置，C1 是电解电容器，正极接 IC 的 4 脚（第 14 排），负极接地。R1 与 C1 是并联关系，接在相同的排上，如图 12-12 所示。

(3) 安装 R2、R3、R4。

合理安排各个元件的位置，R2 一端连接电源，另一端连接 VD2 的负极（第 6 排）；R3 一端连接 VD2 的负极，一端与 R4 相连（第 10 排），R4 另一端连接 2 脚或 6 脚，但是在这里如果连接 2 脚，元件摆放不开；如果连接 6 脚，需要多加导线，所以连接在第 16 排上，如图 12-13 所示。

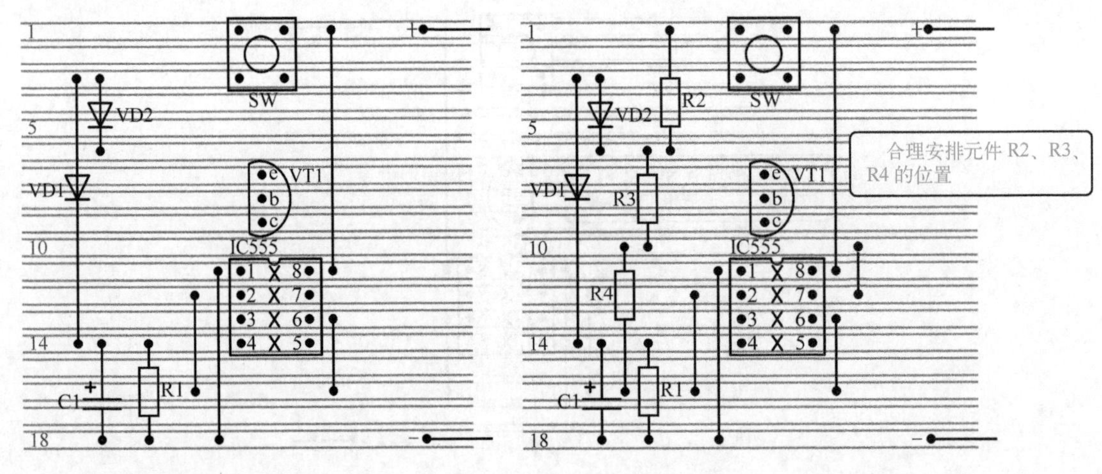

图 12-12 安装 C1、R1　　图 12-13 安装 R2、R3、R4

(4) 安装 C2 、C3。

合理安排各个元件的位置，C2 引脚一端接 2 脚或 6 脚（第 16 排），另一端接地。C3 引脚一端引脚接 IC 的 5 脚，另一端接地，如图 12-14 所示。

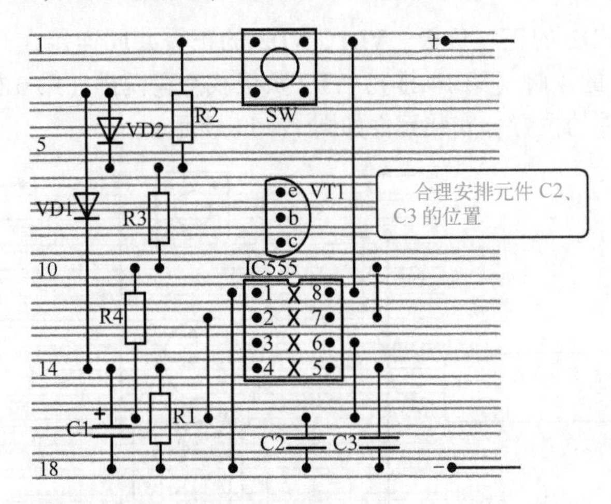

图 12-14 安装 C2、C3

(5) 安装 R5、R6 和扬声器。

合理安排各个元件的位置，R5 引脚一端接 IC 的 3 脚，另一端接三极管 VT1 的基极（第 8 排）。R6 引脚一端接电源正极，另一端接三极管 VT1 的发射极（第 7 排）。扬声器也要区分正、负极，正极接三极管 VT1 的集电极（第 9 排），负极接地，如图 12-15 所示。

(6) 引出电源线及测试线。

在第 1 排和第 18 排分别引出电源正、负极引线。

电路安装完毕，实物图如图 12-16 所示。

8) 测电源正、负极是否短路

把万用表拨到 ×1 欧姆挡，短接调零后，测电源引出线，如果有阻值，则说明电源间没有短路，如果阻值为 0，则说明电源间短路，不能通电试验，注意排查。

测电源正、负极是否短路如图 12-17 所示。

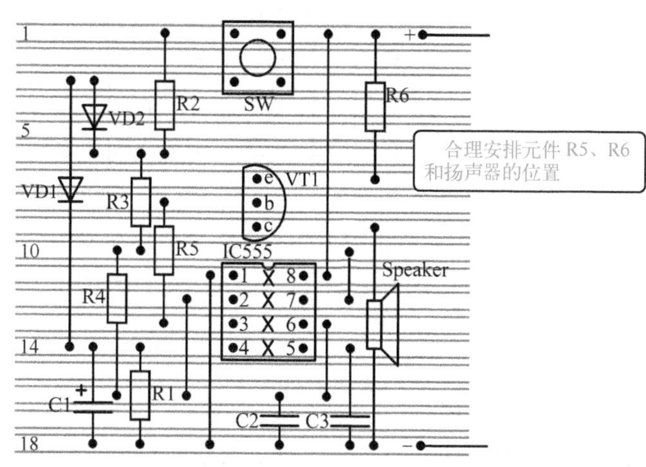

图 12-15　安装 R5、R6 和扬声器

图 12-16　组装实物图

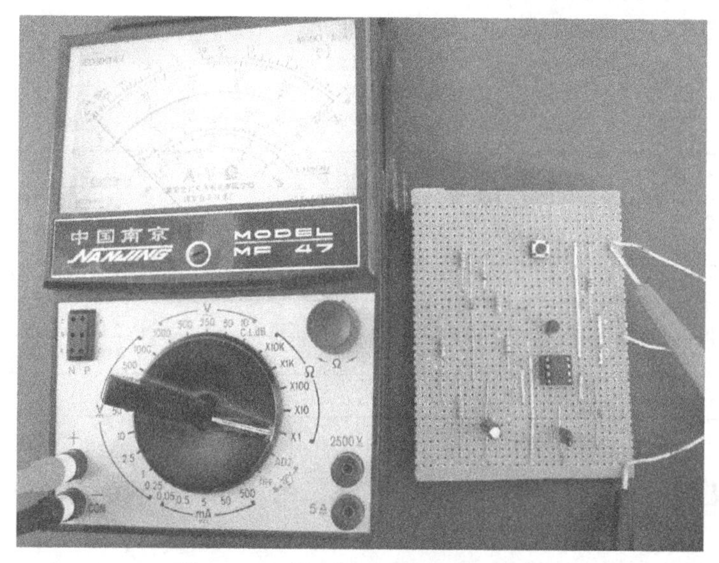

图 12-17　测电源正、负极是否短路

任务三：555 音响门铃电路检测

根据图 12-3 的原理分析，完成以下测量调试工作。

（1）接上 6V 电源，并连接扬声器。在 SW 开关被按下时，会产生双音调的响声。

（2）在 SW 被按下时，测试 IC555 的各脚电压并记录于表格 12-2 中。

表 12-2　测试电压

IC555	1	2	3	4	7	8
电压						

（3）在 SW 被按下时，用示波器测出第 3 脚、第 6 脚的波形，绘制于表 12-3 和表 12-4 上。

表 12-3　第 3 脚波形

表 12-4　第 6 脚波形

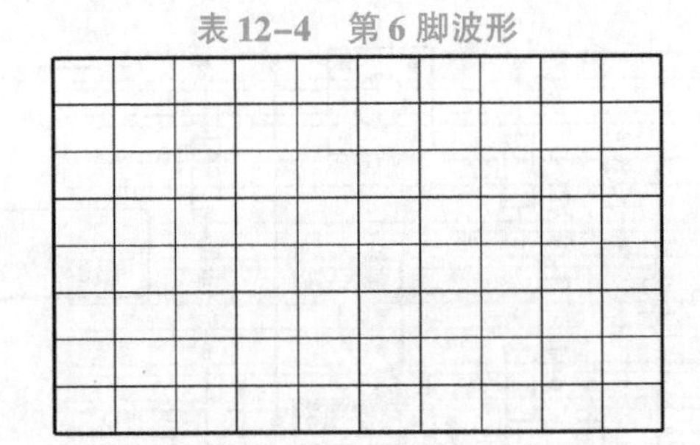

思考题

1. 电路中 SW 被按下时，操作属于哪一种电路原理？
2. 若要改变门铃的输出音调，哪些元件参数要更改？
3. 哪一个元件可延长音调的输出时间？
4. IC555 的标准电压是多少？对音调有没有影响？
5. 计算以上制作的输出频率 $f=$ ________。

项目评价反馈表

任务名称	配　分	评分要点	学生自评	小组互评	教师评价
项目总体评价					

相关知识

1. 根据 555 音响门铃电路原理图分析工作原理

根据图 12-3，555 叮咚音响电子门铃电路是以一块 555 时基电路为核心的双音门铃。

IC555 和 R1、R2、R3、VD1、VD2、VD3 等组成一个多谐振荡器。SW 为门上的按钮开关，平时处于断开状态。在 SW 关断的情况下，IC555 的 4 脚呈低电位，使 IC555 处于强制复位状态，3 脚输出呈低电位。当按压 SW 后，电源 V_{DD} 通过 SW、VD1 对 C1 快速充电至 V_{DD}，IC555 的 4 脚为高电位，IC555 振荡器启振。此时的振荡频率为 $f=1.44/(R_d+2R_2)C_2$，式中，R_d 为 VD1 和 VD2 的直流电阻，约 500Ω 左右。此时该振荡器的充电回路为 V_{CC}—VD1—VD2—R3—C2；其放电回路为 C2—R3—芯片内部放电管，这时的振荡频率约为 1230Hz。

按过门铃按钮 SW 后，由于 C1 上已充满电荷，即 IC555 的 4 脚呈高电平，IC555 仍会继续振荡，此时的充电回路为 V_{DD}—R2—R3—C2，充电时间常数加大，放电时间常数不变。此时有 $f_{C2}=1.44/(R_2+2R_3)C_2$。随着 C1 通过 R1 的放电，C1 上的电压逐渐降低，当降至 0.4V 以下后，555 便处于强制复位状态，随即停振。这样，该门铃先发高音“叮”声，后发“咚”声，即“叮咚”音响。

IC555 的输出经 R4 限流，VT1 功率管放大后，驱动扬声器发出优美悦耳的叮咚声响。

2. 扬声器

扬声器俗称“喇叭”，是一种可以将电信号转换为声音信号的器件。在日常生活中，扬声器发挥着重要的作用，如在电影院、歌舞厅等场合，以及收音机、电视机、录放机等电器中都离不开扬声器。

（1）扬声器的分类。

按换能方式：扬声器可分为动圈式扬声器、电磁式扬声器、压电式扬声器和电容式（静电式）扬声器等。

按结构形式：扬声器可分为单纸盆扬声器、复合纸盆扬声器、号筒扬声器、复合号筒扬声器、同轴扬声器等。

按振膜的形式：可分为锥形扬声器、平板形扬声器、带形扬声器、球顶形扬声器、平膜形扬声器等。

按其工作频段：可分为低频扬声器、中频扬声器、高频扬声器和全频段扬声器。

按其使用的场合：可分为高保真用扬声器、扩音用扬声器、监听用扬声器、乐器用扬声器、彩电用扬声器、汽车用扬声器、建筑厂房吸顶用扬声器及防水、防火、防爆等用途的扬声器等。

按外形分：圆形扬声器、椭圆形扬声器、薄形扬声器、球形扬声器等。

按振膜的材料分：用不同振膜材料构成的扬声器有纸盆式扬声器、碳纤维扬声器、PP盆扬声器、钛膜扬声器、玻纤扬声器等。

（2）动圈式扬声器的内部结构和工作原理。

动圈式扬声器由三部分组成：磁路系统、振动系统和支撑及辅助件。

① 磁路系统。扬声器的性能与磁路系统有密切的关系，设计合理的磁路可得到较高效率的能量转换，在环形磁隙中应有足够大和均匀的磁通密度，这些与导磁材料的选择、磁铁的质量和磁路形式的选择等有关。磁路系统包括永磁体、极靴和工作气隙。永磁体在气隙中提供的磁能被音圈利用。

② 振动系统。扬声器的振动系统包括策动元件音圈、辐射元件振膜和保证音圈在磁隙中处于正确位置的定心支片。这是纸盆扬声器的关键零部件。

③ 支撑及辅助件。它包括盆架、压边、防尘罩、引出线等，是扬声器必不可少的辅助件。

扬声器的音圈与纸盆连成一体，当音圈中输入由放大器输出的电流时，音圈和磁铁之间产生磁场，随着音圈中流过的电流大小不同，音圈带动扬声器的振膜在磁场中做垂直方向的运动，这样就会使扬声器发出声音。

（3）压电式扬声器的内部结构和工作原理。

压电式扬声器中两片圆形的陶瓷片压在一起，两瓷片中间再夹一片金属片，构成双压电片，双压电片经耦合元件与纸盆相连。

压电式扬声器是利用压电陶瓷材料做成的陶瓷片的压电效应做成的。在陶瓷片表面加音频电压，陶瓷片就会产生与音频电压相应的机械振动，然后此振动转为纸盆的振动，使周围的空气发生振动，从而产生声音。

该种扬声器的优点是结构简单、轻薄小巧、价格低廉，缺点是频率特性较差、音质不太好。

项目十三 定时开关的制作

【项目描述】通过控制一个LED灯延时点亮，实现定时开关电路的安装，要求LED灯的延时时间可以调节。

【学习目标】

1. 知识目标：了解定时开关的工作原理。
2. 技能目标：熟练绘制定时开关电路布线图并组装；学会调试定时开关的电路功能。

【项目实施】

任务一：定时开关的元件检测

1. 检测元件

电阻12个：R1和R5、R4和R7、R6和R12阻值相同，注意R10和R11色环颜色近似，区别为阻值分别为4.7kΩ和470Ω，VR2是三端可变电阻器，不要用三端微调电阻器，否则调试困难。三极管4个：VT1、VT2、VT3为9013，VT4为9012，注意区别NPN型和PNP型。100μF电解电容器1个。发光二极管LED 1个，安装时注意正、负极性的区别。

制作所需元件详细列表见表13-1。

表13-1　所需元件列表

符　号	元件名称	型号参数	实物图
R1、R5 R3 R4、R7 R6、R12 R8 R9 R10 R11	电阻器	5.6kΩ 6.8kΩ 3.3kΩ 1.2kΩ 22kΩ 10kΩ 4.7kΩ 470Ω	

续表

符　　号	元件名称	型号参数	实　物　图
VT1、VT2、VT3 VT4	三极管	9013×3 9012	
VR2	电位器	100kΩ	
C1	电解电容器	100μF	
L1	发光二极管	LED	

2. 简要分析电路原理

电路原理见本项目的相关知识，电路原理图如图 13-1 所示。

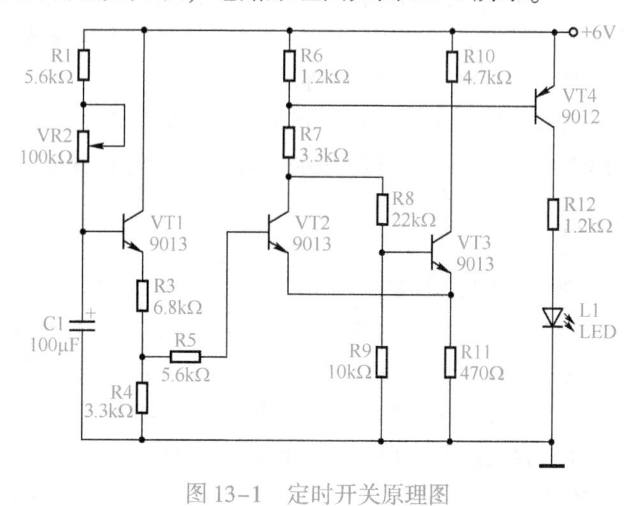

图 13-1　定时开关原理图

任务二：定时开关的电路组装

1. 画布线图

根据电路原理图画出布线图，如图 13-2 所示。

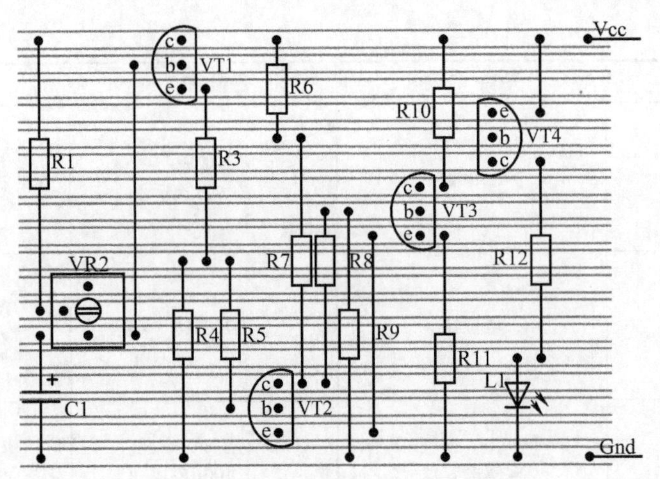

图 13-2　定时开关布线图

2. 拓展训练

想一想，你能绘制出什么样的布线图？

电路元件与多孔板组成的实物布线图，没有标准、统一的答案，教师可根据教学实际情况，充分发挥学生的想象力，结合实际元器件的大小及元件引脚的长短，绘制出不同的布线图，比较布线图上元件位置的相对合理性，分层次教学。

原则：

（1）尽量缩短所用连接导线，连线过长，不容易拉直，影响美观；

（2）上下相邻需要连接的焊点，可用焊锡直接连接起来，不用导线连接；

（3）画布线图时，要充分考虑实际元件引脚的长度；

（4）减少元件间导线的连接，简化电路，减少焊点，减少焊接工艺上的问题；

（5）元件和导线都垂直放置，不允许出现水平放置，否则影响安装工艺。

3. 元件焊接操作步骤

1）放置硬脚元件三极管和可变电阻器

（1）首先放置 VT1、VT2、VT3、VT4 和 VR2，因为这 5 个元件的引脚是固定的，不能随意拉伸。在多孔电路板上，找到合适的位置，放置并焊接元件。在焊接的同时，注意 VT1 和 VR2 之间的连接导线、VT2 和 VT3 之间的连接导线、VT4 和电源正极 V_{CC}之间的连接导线，这 3 根导线的连接经常容易疏忽，所以要提前完成焊接，如图 13-3 所示。

VR2 使用技巧：在本项目中，根据原理图，VR2 可以只用两个引脚，中间引脚和与 VT1 的 e 极相连的引脚，所以在焊接时，只焊接这两个引脚即可。

电源正极安排在第 1 排，电源负极安排在第 19 排。

2）安装其他元件

建议：按从上到下、从左到右的顺序安装元件。

（1）安装 R1、C1。

合理安排各个元件的位置，注意 C1 的正极要与 VR2 相连，负极接电源负极。R1 一端接电源第 1 排，另一端接电位器的中间引脚（第 13 排），安装元件如图 13-4 所示。

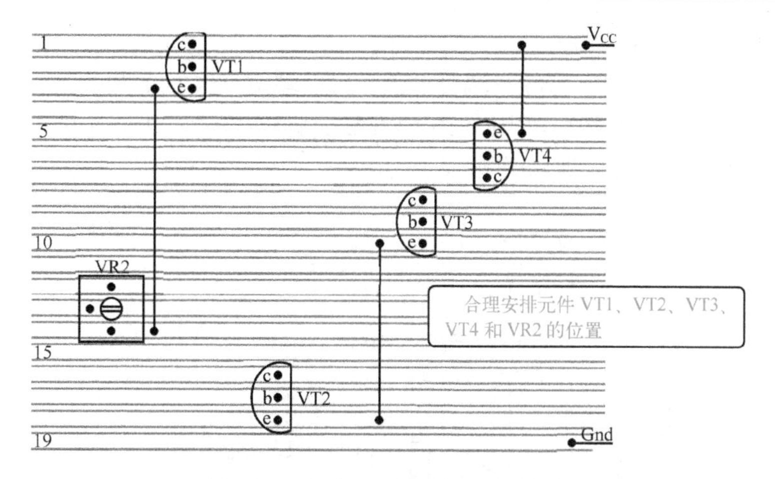

图 13-3 安装三极管和可变电阻器

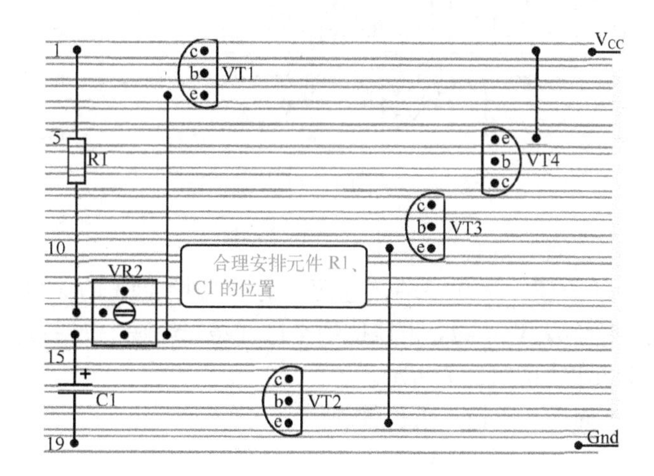

图 13-4 安装 R1、C1

（2）安装 R3、R4、R5。

合理安排各个元件的位置，R3 一端连接 VT1 的 e 极引脚，另一端找空排（第 11 排）准备连接 R4 和 R5，R4 另一端接地，R5 另一端接 VT2 的 b 极引脚，安装元件如图 13-5 所示。

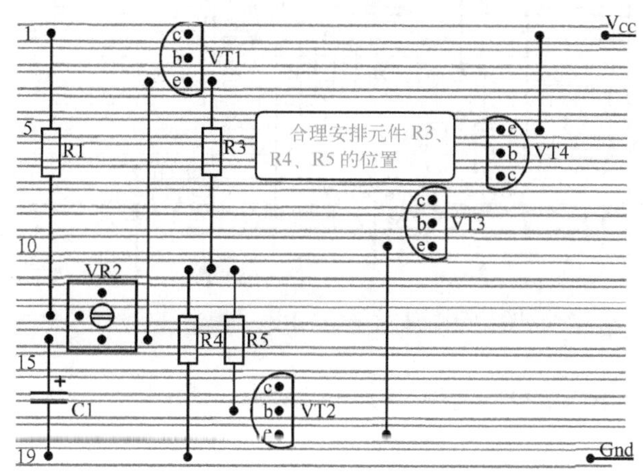

图 13-5 安装 R3、R4、R5

(3) 安装 R6、R7、R8、R9。

合理安排各个元件的位置，R6 一端接电源，另一端接 VT4 的 b 极引脚。R7 从 VT4 的 b 极引脚连接到 VT2 的 c 极引脚。R8 从 VT3 的 b 极引脚连接到 VT2 的 c 极引脚。R9 从 VT3 的 b 极引脚连接到地，安装元件如图 13-6 所示。

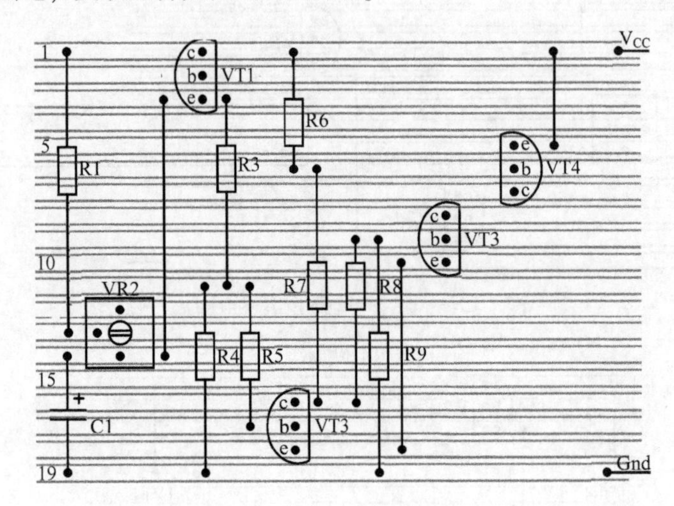

图 13-6　安装 R6、R7、R8、R9

(4) 安装 R10、R11、R12、L1。

合理安排各个元件的位置，R10 一端接电源，另一端接 VT3 的 c 极。R11 一端接 VT3 的 e 极，另一端接地。R12 从 VT4 的 c 极连接到空排（第 15 排），准备连接 L1 的正极，L1 的负极连接到地，安装元件如图 13-7 所示。

注意发光二极管 L1 的正、负极，负极接地。

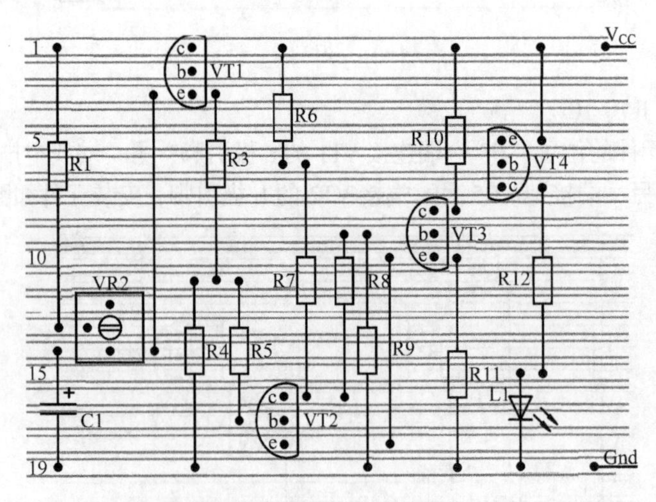

图 13-7　安装 R10、R11、R12、L1

最后焊接连接电源正、负极的两根导线。

电路安装完毕，定时开关组装实物图如图 13-8 所示。

图 13-8　定时开关组装实物图

3）测电源正、负极是否短路

把万用表拨到 ×1 欧姆挡，短接调零后，两只表笔分别测量电源引出线，如果有阻值，则说明电源间没有形成短路；如果阻值为 0，则说明电源间短路，不能通电测试，注意排查，如图 13-9 所示。

图 13-9　测电源正、负极是否短路

任务三：定时开关检测

根据对图 13-1 定时开关原理图的原理分析，完成以下测量调试工作：

（1）把装置的电路连接于 6V 的直流电源上；

（2）经过一段时间，L1 就会亮起来；

（3）当 L1 亮起时，利用力用表测试各点上的电压，测试点见表 13-2，把所测试的电压记录于表内。

表 13-2 测试点的电压

测 试 点	电 压
电源电压	
横过 L1 的两端	
VT3 的发射极	
VT2 的集电极	
VT3 的基极	

思考题

1. 根据图 13-1 所示的原理图，哪一个元件决定电路的延迟时间？
2. 元件 L1 是否可以用其他元件来取代？若可以，用什么元件？若不可以，为什么？
3. 增加电路上的延迟时间，哪一个元件的数值需要增加或减少？

项目评价反馈表

任务名称	配 分	评分要点	学生自评	小组互评	教师评价
项目总体评价					

相关知识

1. 根据图 13-1 定时开关原理图分析工作原理

利用电容器的充放电和三极管的开关状态实现。当合上电源开关的时候，电源电压通过 R1 和电位器 VR2 给电容器 C1 充电，由于电容器两端的电压不能突变，所以，电容器的电压会慢慢上升，上升速度和充电电流成正比，即和 VR2 电阻器成反比。在充电没有达到 VT1 基极开通电压时，VT1 处于截止状态，R3、R4 电压极小，VT2 基极通过 R5、R4 接地，也处于截止状态，R8、R9 上的电压没有被 VT2 导通接地，这样，R9 上的电压通过 R6、R7、R8 分压，能达到 VT3 的开通电压，VT3 导通，R11 上有电压，VT2 基极电压被抬高，随着电容器的充电，VT2 基极电压逐渐升高，VT2 逐渐导通，VT3 逐渐截止，R11 电压也逐渐变低，VT2 基极被抬高的电位也逐渐变低。当电容器上电压升高到使 VT2 完全导通时，VT3 也完全截止。VT2 截止时，R6、R7、R8、R9 组成串联分压电路。此时，R7、R8、R9 上电压较高，VT4 处于截止状态，LED 不亮，当 VT2 导通的时候，VT4 基极所接 R7 相当于接地，R6 电压要高于 R7 电压，VT4 导通，LED 点亮。

2. 定时开关

定时开关，指装有时段或时刻控制机构的开关装置。定时开关中装配有定时装置，将定时功能加入到开关中并根据人们的需要设定时间。连接的定时装置有一个频率稳定的振荡源，通过齿轮传动或集成电路分频计数。当将时间累加到预置数值时，或指示到预置的时刻处时，定时器即发送信号控制执行机构。开关可以根据指令自动断电，以达到节能、安全的目的。定时开关主要应用在有集成电路的电子产品中，只要是有电路板的电子产品，都可以根据需要设定，如电子闹钟、计算机等。

定时开关在人们的生活中扮演着重要的角色，给人们的生活带来了极大的便利。定时开关的历史十分悠久，用途也很广泛。从古代的某些建筑、计时器（如滴水计时，当水滴到一定量时会引发机关进行报时）到近代的定时炸弹，以及今日的计算机定时开关机等，都采用了定时开关。

例如，学校的上下课铃就是采用定时器进行定时的，当条件满足（即到设定时间点）时，电源就会接通，使电铃打开，从而达到发出铃声的目的。

项目十四

两位二进制计数器的制作

【项目描述】通过使用集成电路7476来控制两个发光二极管的亮灭，完成两位二进制计数电路的安装，要求两个LED能表示出四种状态。

【学习目标】

1. 知识目标：了解两位二进制计数器的工作原理；掌握集成电路IC7476的引脚与功能。

2. 技能目标：熟练绘制两位二进制计数电路的布线图并完成焊接组装；学会调试两位二进制计数器电路的功能。

【项目实施】

任务一：两位二进制计数器的元件检测

1. 检测元件

电阻器6个：R2、R4阻值相同，R3、R5阻值相同，色环相似，要注意区别阻值是2.7kΩ还是270Ω。三极管2个：BC547，生产厂家不同，注意其e、b、c极位置不同，用万用表测量时注意区别。发光二极管2个：注意正、负极的区别。按键开关两个：如果是4个引脚的，焊接时使用对角的两个引脚即可。用万用表检测各元件参数是否正常。16脚集成座一个，用来插装集成电路IC7476。制作所需元件详细列表见表14-1。

表14-1 所需元件列表

符 号	元件名称	型号参数	实物图
IC1	集成电路	IC7476	
R1 R2、R4 R3、R5 R6	电阻器	4.7kΩ 2.7kΩ 270Ω 10kΩ	

续表

符　　号	元件名称	型号参数	实　物　图
VT1、VT2	三极管	BC547	
集成座	16 脚集成座	—	
L1、L2	发光二极管	LED	
按键开关	按键开关	—	

2. 认识集成电路

74LS76 是有预置和清零功能的双 JK 触发器，实物引脚图如图 14-1 所示，内部分解引脚图如图 14-2 所示，共有 16 只引脚，功能表见表 14-2，74LS76 是下降沿触发的。

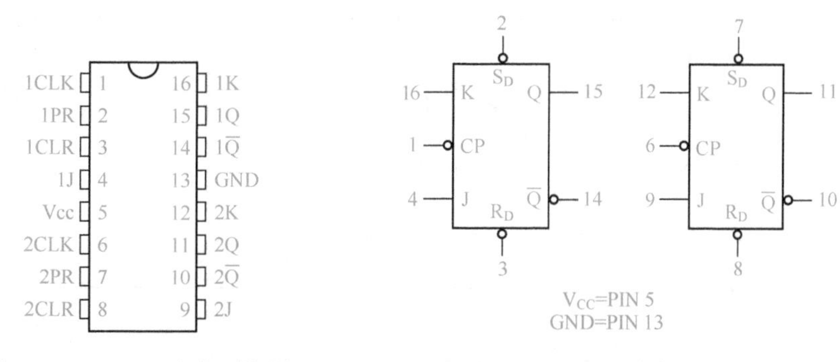

图 14-1　74LS76 实物引脚图　　图 14-2　74LS76 内部分解引脚图

表 14-2　功　能　表

输　入					输　出	
$\overline{R}_D$	$\overline{S}_D$	CP	J	K	Q^{n+1}	$\overline{Q^{n+1}}$
1	0	×	×	×	1	0
0	1	×	×	×	0	1
0	0	×	×	×	1*	1*
1	1	↓	0	0	Q^n	$\overline{Q^n}$
1	1	↓	1	0	1	0
1	1	↓	0	1	0	1
1	1	↓	1	1	$\overline{Q^n}$	Q^n
1	1	1	×	×	Q^n	$\overline{Q^n}$

根据 74LS76 的功能表可得如下结论。

(1) 当 $R_D=0$，$S_D=1$ 时，无论 CP、J、K 如何变化，触发器的输出均为零，即触发器为 0 态，由于清零与 CP 脉冲无关，所以称为异步清零。

(2) 当 $R_D=1$，$S_D=0$ 时，无论 CP、J、K 如何变化，触发器可实现异步置数，即触发器处于“1”态。

(3) 当 $R_D=1$，$S_D=1$ 时，只有在 CP 脉冲下降沿到来时，根据 J、K 端的取值决定触发器的状态，若无 CP 脉冲下降沿到来，无论有无输入数据信号，触发器保持原状态不变。

注意：在图 14-3 所示电路原理图中，集成电路 IC74LS76 并没有绘制出电源 V_{CC} 第 5 引脚和接地 GND 第 13 引脚，但是在实际连接中一定要接上。

3. 简要分析电路原理

电路原理见本项目的相关知识，电路如图 14-3 所示。

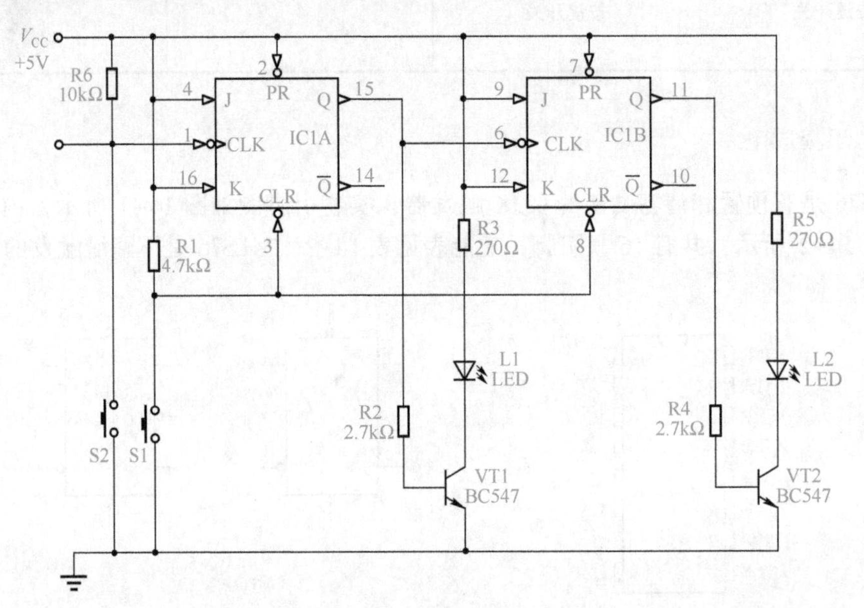

图 14-3 两位二进制计数器原理图

任务二：两位二进制计数器的电路组装

1. 画布线图

根据电路原理图画出布线图，如图 14-4 所示。

对整个电路的元件进行布局，合理安排每个元件的位置，图 14-4 给出的布线图可作为制作时的参考。

2. 拓展训练

想一想，你还能绘制出怎样的不一样的布线图？

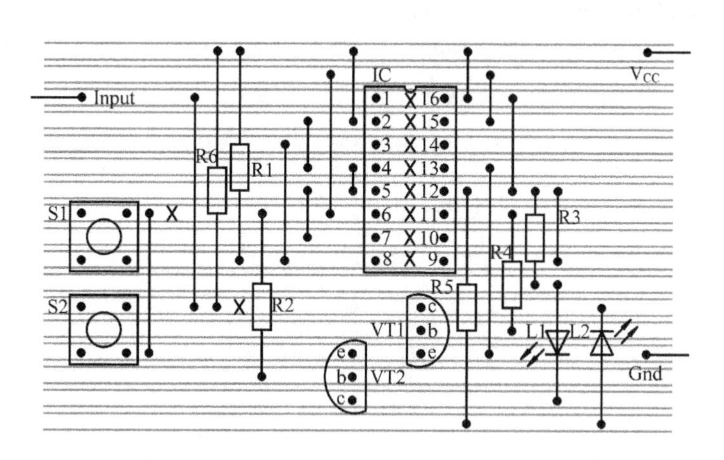

图 14-4　两位二进制计数器布线图

电路元件与多孔板组成的实物布线图没有标准、统一的答案，教师可根据教学实际情况，充分发挥学生的想象力，结合实际元器件的大小及元件引脚的长短，绘制出不同的布线图，比较布线图上元件位置的相对合理性，分层次教学。

原则：

（1）尽量缩短所用连接导线。连线过长，不容易拉直，影响美观；

（2）上下相邻需要连接的焊点，可用焊锡直接连接起来，不用导线连接；

（3）画布线图时，要充分考虑实际元件引脚的长度；

（4）减少元件间导线的连接，简化电路，减少焊点，减少焊接工艺上的问题；

（5）元件和导线都垂直放置，不允许出现水平放置，否则影响安装工艺。

3. 元件焊接操作步骤

1）焊接集成座

把集成座插放在覆铜板没有铜箔一面的位置，引脚在铜箔一面进行焊接，在第 3 排到第 10 排放置集成座。电源正极定在第 1 排，电源负极定在 14 排，如图 14-5 所示。

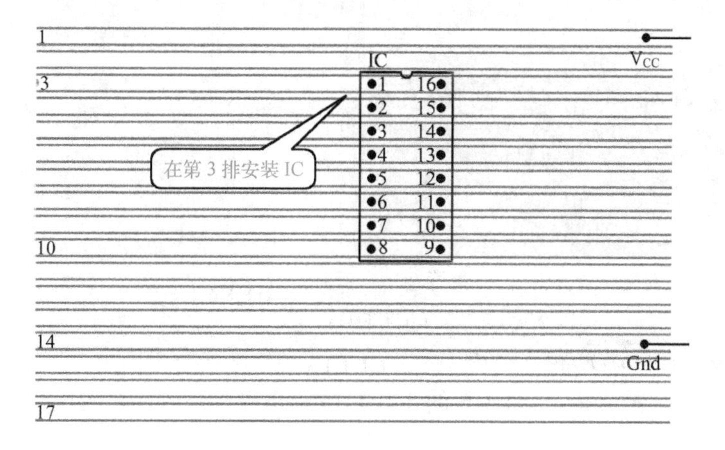

图 14-5　焊接集成座

2）割开连接集成座同一排引脚的铜箔

用美工刀把相连的引脚中间铜箔割断，使集成座的各引脚焊点独立，如图 14–6 所示。

注意：割板时不要越出界限（可观看示范割板视频）。

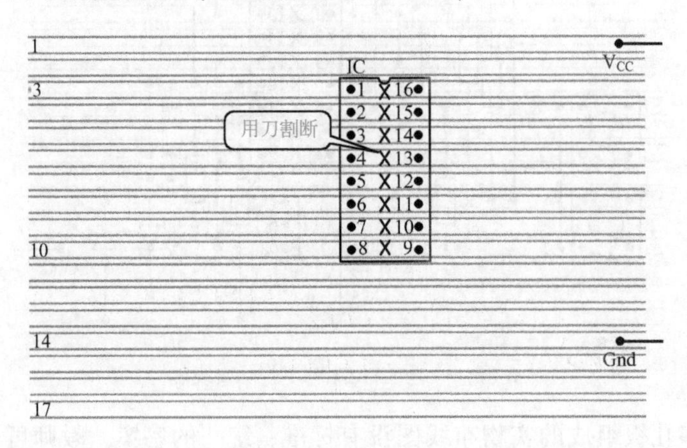

图 14–6　割板

3）万用表测量铜箔是否割断

把万用表拨到 ×1 欧姆挡，短接调零后，测已经割断的水平铜箔，指针应分别指在无穷大处；再分别测上下各引脚，指针仍分别指在无穷大处。确认铜箔割断，集成座引脚的焊点独立，如图 14–7 所示。

注意：指针如果不指在无穷大处，说明出现了焊锡桥，或者没有割断铜箔。

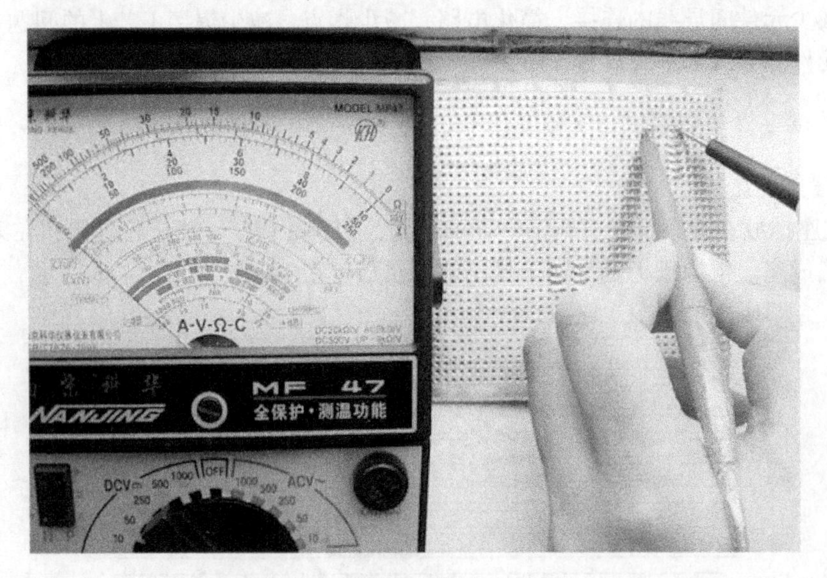

图 14–7　测量割断铜箔的焊点

4）连接集成电路的电源和地引脚

根据原理图 14–3 的分析，74LS76 的 5 脚接电源正极，2、7、4、16、9、12 脚都接到电源正极上，所以将以上各脚用导线连接后，用一根导线连接电源正极即可，这样可以简化电路，提高焊接工艺质量。13 脚接电源负极，如图 14–8 所示。

注意：74LS76 集成电路在原理图中没有画出其电源正、负极的连接，但是在实际连接电路过程中，一定要连接。

5）连接集成电路自身相连的引脚

根据原理图 14-3，集成电路 74LS76 的 3、8 引脚连接在一起，6 和 15 引脚连接在一起。为防止安装疏漏，在安装元件之前，先将这些引脚连接，如图 14-9 所示。

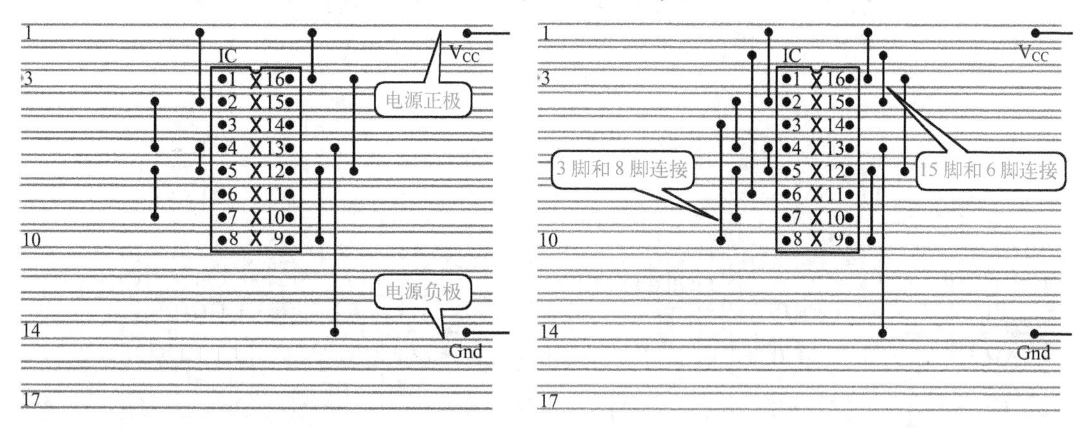

图 14-8　电源和接地引脚　　　图 14-9　74LS76 自身引脚的连接

注意：6 脚和 15 脚的连接，应找一条空置铜排连接（如第 2 排）。

6）焊接硬脚件

根据原理图 14-3，本次制作中的硬脚元件有：S1、S2、VT1、VT2，合理放置硬脚元件，如图 14-10 所示。

注意：S1 因为与 IC 的 6 脚共用一排，所以要将这排铜箔割断。VT2 的 c 极与 S2 也共用一排，所以也要割断。注意图 14-10 中的“×”，即在此位置将铜箔割断。S1、S2 有一端要共同接地，注意连接。

7）分步安装电阻器、二极管

建议：按从上到下、从左到右的顺序安装元件。

（1）安装 R1、R2、R6。

合理安排各个元件的位置，R1 一端接电源正极，一端接 8 脚。R2 一端接 6 脚，另一端接 VT1 的 b 极。R6 一端接电源正极，一端接 S2 的非接地端，安装元件如图 14-11 所示。

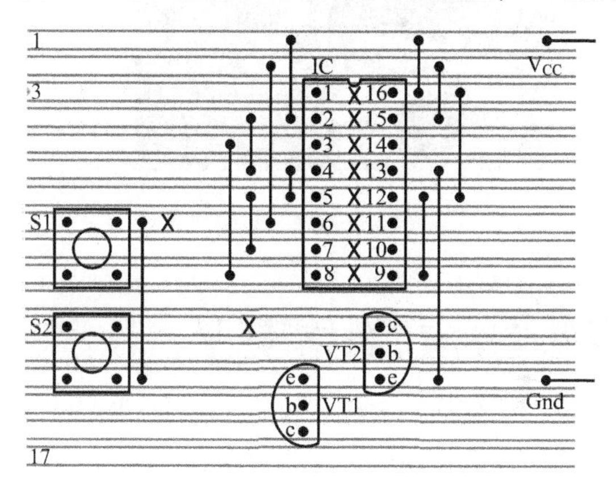

图 14-10　硬脚元件的安装

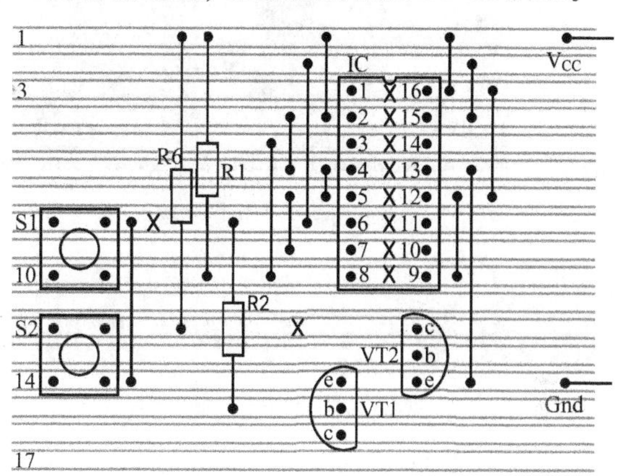

图 14-11　安装 R1、R2、R6

(2) 安装R3、R4、R5。

合理安排各个元件的位置，R3从IC的12脚引出到第11排。R4从IC的11脚引出到VT2的b极（第13排）。R5从IC的12脚引出到第17排，安装元件如图14-12所示。

(3) 安装发光二极管L1、L2。

合理安排各个元件的位置，L1的正极连接在第11排，其负极接VT1的c极（第16排）。L2的正极连接在第17排，负极接VT2的c极（第12排），如图14-13所示。

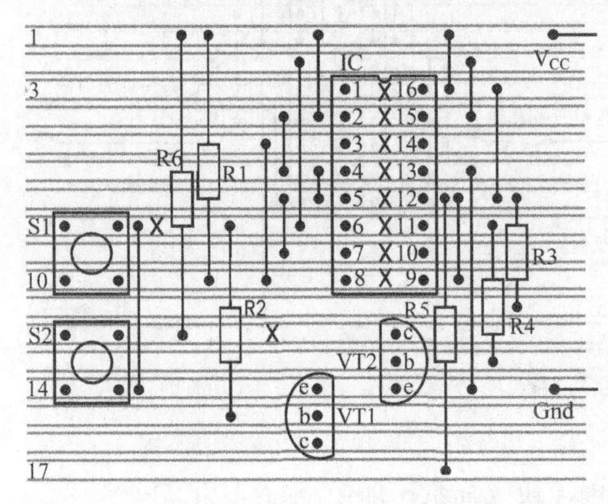

图14-12　安装R3、R4、R5

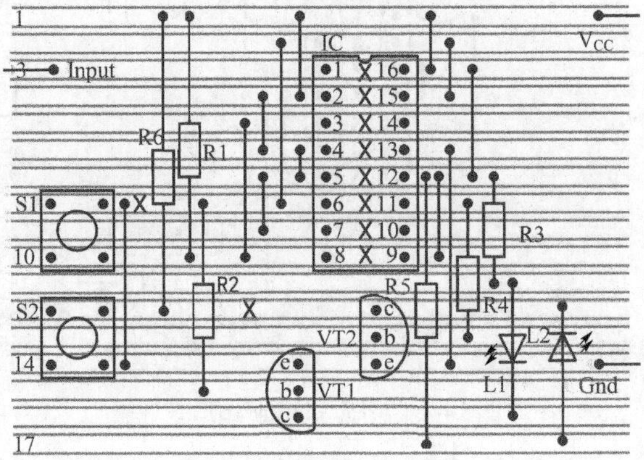

图14-13　安装发光二极管L1、L2

(4) 引出电源线及测试线。

在第1排和第14排分别引出电源正、负极引线，在第3排接上1脚的输入导线Input。电路安装完毕，组装实物图如图14-14所示。

8）测电源正、负极是否短路

把万用表拨到×1欧姆挡，短接调零后，先测电源引出线，如果有阻值，则说明电源间没有短路；如果阻值为0，则说明电源间短路，不能通电试验，注意排查，测试如图14-15所示。

图14-14　组装实物图

图14-15　测电源正、负极是否短路

任务三：两位二进制计数器的电路检测

根据对图14-3所示的两位二进制计数器原理图的分析，完成以下测量调试工作。

(1) 接+5V直流电源到焊好的电路板上；

（2）按下 S1，两个 LED 都不亮；

（3）放开 S1，按下 S2 后放手，LED1 亮，LED2 不亮，也就是等于输出二进制“01”，LED1 是最低位；

（4）重复第（3）步骤，输出应该是“10”，然后是“00”，最后是“11”；

（5）按 S2 至输出等于“10”（LED1 不亮，LED2 亮），将测试点的直流电压填入表 14–3 内。

（6）不按 S2，输出一个 100Hz、$5V_{P-P}$的方波在电路的输入点（IC1A 的 CLK 输入）；

（7）然后测量 IC1A 的 Q 输出与 IC1B 的 Q 输出的波形，把测量的数值记录在表 14–4 中。

表 14–3　测试点的电压

S/N	测试点	电压值
1	IC1A －CK	
2	IC1A －Q	
3	IC1B－Q	
4	Q1－B	
5	Q1－C	
6	Q2－B	
7	Q2－C	

表 14–4　Q 输出波形

IC1A－Q 输出波形	IC1B－Q 输出波形
波幅＿＿＿＿ 周期＿＿＿＿ 频率＿＿＿＿	波幅＿＿＿＿ 周期＿＿＿＿ 频率＿＿＿＿

思考题

1. S1 有什么用途？
2. R2 有什么用途？
3. R3 有什么用途？
4. 当 VT1 的 b 极等于 0.7V 时，VT1 是导通还是关闭的状态？
5. 此电路的模数值是多少？

项目评价反馈表

任务名称	配　分	评分要点	学生自评	小组互评	教师评价
项目总体评价					

相关知识

1. 工作原理

根据图 14–3 所示的两位二进制计数器原理图分析工作原理。

JK 触发器 JK 输入端并联接成 T 触发器，T 为 1 时，CLK 有下降脉冲，输出 Q 就会翻转一次。IC1A、IC1B、输入端 J、K 接电源，即 T 端为 1。当按动 S2 时，由于上拉电阻器 R6 的存在，CLK 时钟端就会形成一个由高变低的时钟脉冲。

第一次按动按钮，IC1A 的 CLK 得到一个完整时钟，输出 Q 第一次翻转，Q 为 1，三极管 VT1 导通，LED1 发光。IC1B 的 CLK 端为 1，IC1B 的 Q 端为 0，处于翻转等待阶段。

第二次按动按钮，IC1A 输出 Q 再次翻转为 0。三极管 VT1 截止，LED1 熄灭。IC1B 的 CLK 为 0，完整时钟形成，Q 端翻转为 1。VT2 导通，LED2 发光。

第三次按动按钮，IC1A 的 Q 翻转为 1，三极管 VT1 导通，LED1 发光。S1 按钮接两个触发器清零端，按下时，触发器输出 Q 被清零。

2. 触发器

1）触发器的分类

按其逻辑功能，触发器分为 RS 触发器、JK 触发器、D 触发器和 T 触发器等；按输入端是否有时钟脉冲 CP，触发器分为有时钟输入的时钟触发器和无时钟输入的基本触发器；按触发方式，触发器分为电平触发器和边沿触发器；按器件导电类型，触发器分为 TTL 触发器和 CMOS 触发器等。

2）主从 JK 触发器

同步 RS 触发器中，由于 R、S 输入同时为 1 时，输出状态不确定，因此这种情况禁止出现。为了提高触发器工作的稳定性，希望在每一个时钟周期内输出端的状态只改变一次，因此，在同步 RS 触发器的基础上设计了主从结构触发器。

图 14-16（a）是主从 JK 触发器的逻辑电路。它由两个同步 RS 触发器组成，这两个同步 RS 触发器分别称为主触发器和从触发器。此外，还要通过一个“非”门将两个触发器的时钟脉冲端连接起来，这就是触发器的主从结构。在集成触发器中，K 及 J 往往有多个，在电路内构成“与”的关系，即 $J = J_1J_2J_3\cdots$，$K = K_1K_2K_3\cdots$。图 14-16（b）是它的逻辑符号。图中 RD 及 SD 是直接置 0 端和置 1 端（也称异步置 0 端和置 1 端），这两端的小圈表示低电平置 0 及置 1。所谓直接置 0、置 1，是指这两端的信号对输出 Q 及 Q 的作用不受时钟端 CP 的限制，它对输出 Q 可以直接置 0 或置 1。

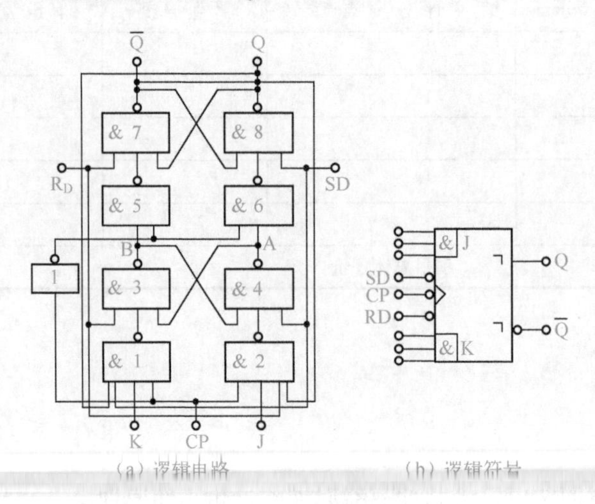

（a）逻辑电路　　（b）逻辑符号

图 14-16　JK 触发器

（1）$J=0$、$K=0$ 时，$Q_{n+1}=Q_n$。

这时 G1、G2 被封锁，时钟脉冲到来时，触发器状态并不改变，即 $Q_{n+1}=Q_n$，输出保持不变。

（2）$J=0$、$K=1$ 时，$Q_{n+1}=0$。

无论触发器原来的状态如何，当时钟脉冲到达后，触发器置 0，即 $Q_{n+1}=0$。

（3）$J=1$、$K=0$ 时，$Q_{n+1}=1$。

无论触发器原来的状态如何，当时钟脉冲到达后，触发器置 1，即 $Q_{n+1}=1$。

（4）$J=1$、$K=1$ 时，$Q_{n+1}=\overline{Q_n}$。

这时触发器的输入端均为高电平，当时钟信号到达后，触发器的状态发生翻转，可以实现计数功能。

项目十五

TTL逻辑探针的制作

【项目描述】通过应用集成电路SN7400，实现一定的逻辑功能，控制3个发光二极管的亮与灭，来完成表示逻辑探针的三种状态。

【学习目标】

1. 知识目标：了解逻辑探针电路的工作原理；掌握集成电路SN7400的引脚与功能。

2. 技能目标：熟练绘制逻辑探针电路的布线图并完成焊接组装；学会调试逻辑探针电路的功能。

【项目实施】

任务一：TTL逻辑探针的布线与元件检测

1. 检测元件

电阻器5个：其中R3、R4、R5阻值相同，注意标称值与测量值的误差。整流二极管4个，注意正、负极。发光二极管3个，注意正、负极的区分。14脚IC集成座1个，用来插装集成电路SN7400，元件列表如表15-1所示。

表15-1　元件列表

符　号	元件名称	型号参数	实物图
IC1	集成电路	SN7400	
R1 R2 R3、R4、R5	电阻器	15kΩ 1kΩ 150Ω×3	
VD1 ～ VD4	二极管	二极管	

续表

符　号	元件名称	型号参数	实物图
集成座	14 脚集成座	14 脚集成座	
L1 ～ L3	发光二极管	LED	

2. 认识集成电路

14 脚集成电路 SN7400 是四组 2 输入端与非门逻辑电路，应用广泛，SN7400 的逻辑引脚如图 15-1 所示，与非门真值表如图 15-2 所示。

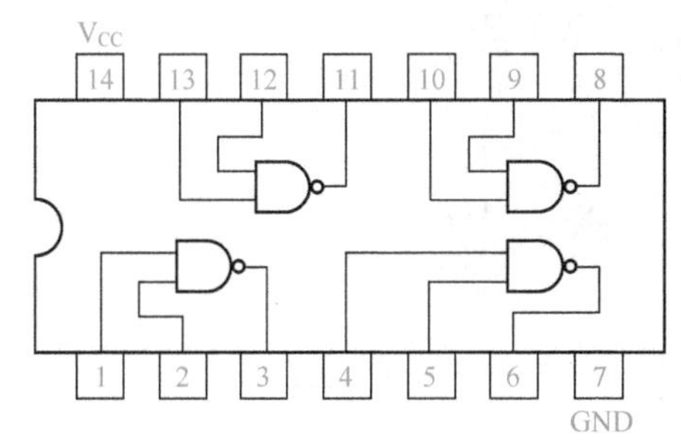

图 15-1　SN7400 逻辑引脚图

$Y=\overline{AB}$

Inputs		Output
A	B	Y
L	L	H
L	H	H
H	L	H
H	H	L

H=HIGH Logic Level
L=LOW Logic Level

图 15-2　与非门真值表

3. 简要分析电路原理

电路原理见本项目的相关知识，电路如图 15-3 所示。

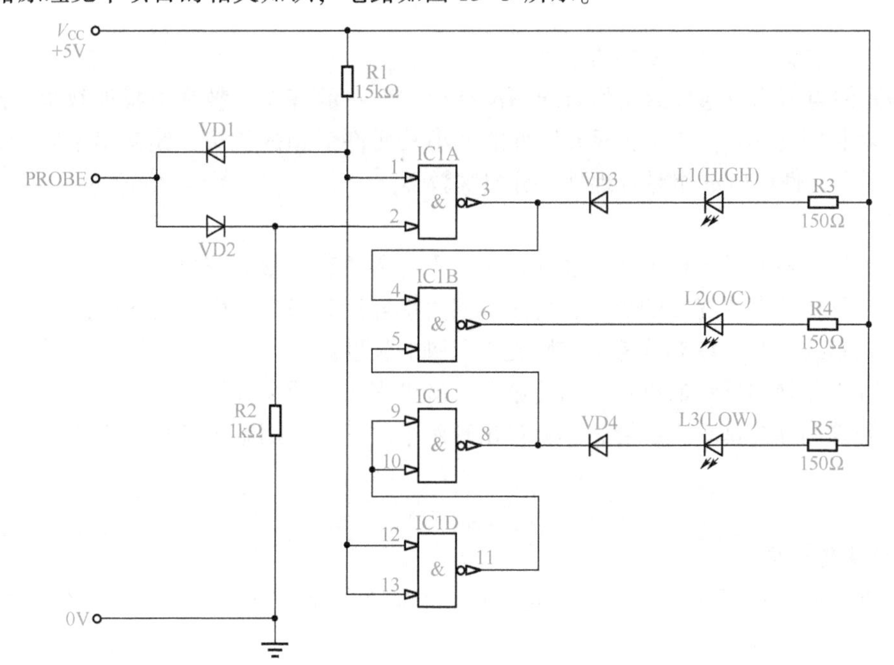

图 15-3　TTL 逻辑探针原理图

任务二：TTL 逻辑探针电路组装

1. 画布线图

根据电路原理图画出布线图，如图 15-4 所示。

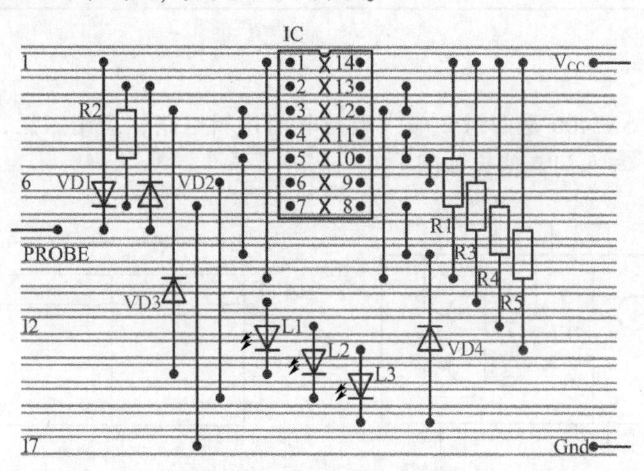

图 15-4　TTL 逻辑探针布线图

对整个电路的元件进行布局，合理安排每个元件的位置，本制作给出的布线图可作为制作时的参考。

2. 拓展训练

想一想，你能绘制出什么样的布线图？

电路元件与多孔板组成的实物布线图没有标准统一的答案，教师可根据教学实际情况，充分发挥学生的想象力，结合实际元器件的大小及元件引脚的长短，绘制出不同的布线图，比较布线图上元件位置的相对合理性，分层次教学。

原则：

（1）尽量缩短所用连接导线，连线过长，不容易拉直，影响美观；

（2）上下相邻需要连接的焊点，可用焊锡直接连接起来，不用导线连接；

（3）画布线图时，要充分考虑实际元件引脚的长度；

（4）减少元件间导线的连接，简化电路，减少焊点，减少焊接工艺上的问题；

（5）元件和导线都垂直放置，不允许出现水平放置，否则影响安装工艺。

3. 元件焊接操作步骤

1）焊接集成座

把集成座插放在覆铜板没有铜箔的一面，引脚在铜箔一面进行焊接，在第 1 排到第 7 排放置集成座，集成座的标志向上，电源的正极连在第 1 排，电源负极连在第 17 排，如图 15-5 所示。

注意：焊接时不要出现焊锡桥。

2）割开连接集成座同一排引脚的铜箔

用美工刀把相连的引脚中间的铜箔割断，使集成座的各引脚焊点分开，如图 15-6 所示。

注意：割板子时不要越出界限（可观看示范割板视频）。

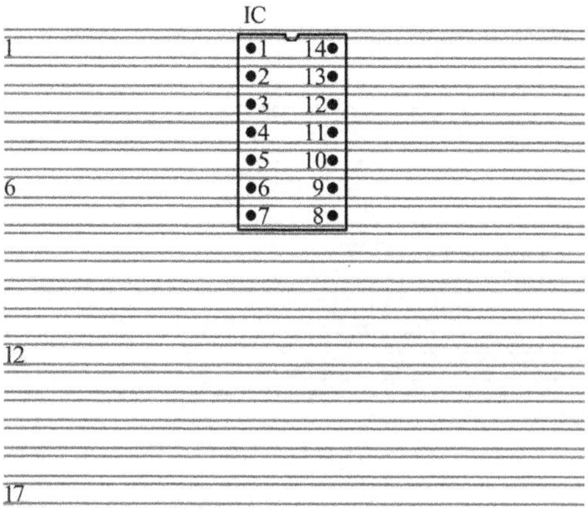

图 15-5　焊接集成座

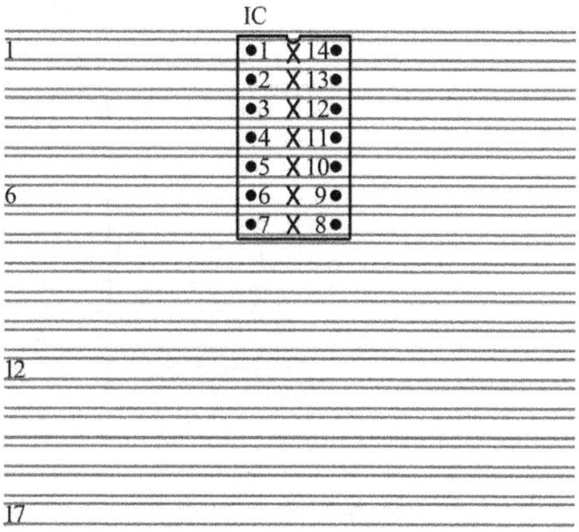

图 15-6　割开集成座同一排焊点相连的铜箔

3）用万用表测量铜箔是否割断

把万用表拨到 ×1 欧姆挡，短接调零后，测量已经割断的水平铜箔，指针应分别指在无穷大处；再分别测上下各引脚，指针仍分别指在无穷大处。确认铜箔割断，集成座引脚的焊点独立，如图 15-7 所示。

注意：指针如果不指在无穷大处，说明出现了焊锡桥，或者没有割断铜箔。

4）接电源和接地引脚

IC 的 14 脚接电源正极（第 1 排），7 脚接地（第 17 排），如图 15-8 所示。

图 15-7　测量割断铜箔的焊点

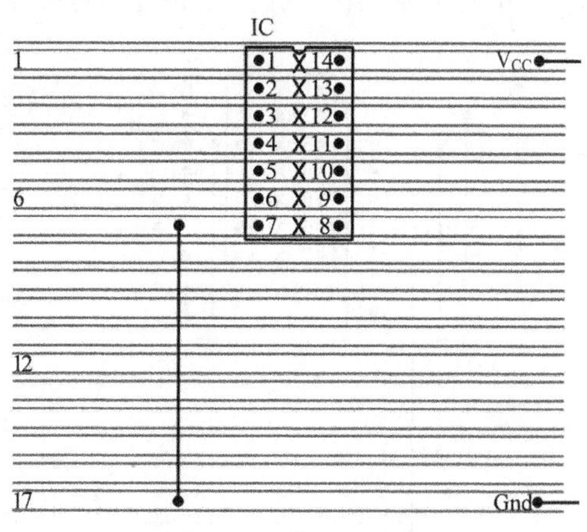

图 15-8　接电源和地

5）连接集成电路自身相连的引脚

从原理图中可看出，IC 的 3 脚和 4 脚连在一起，可用焊锡直接将相邻引脚连接。5 脚和 8 脚连接在一起，由于 5 脚和 8 脚分别在 IC 两侧，所以用两根导线分别连接同一条铜排。9 脚和 10 脚、11 脚连接在一起，可直接用焊锡将相邻的 3 条铜排连接在一起。1 脚和 12 脚、

13 脚连在一起，12、13 脚用焊锡连接后，再用一根导线（找空排，如第 10 排）连接到 1 脚，如图 15-9 所示。

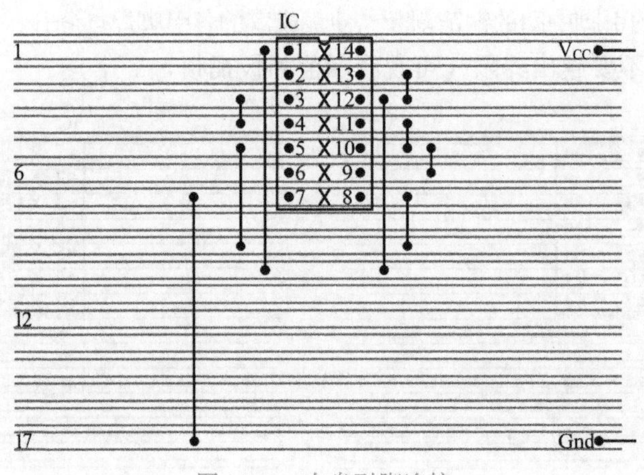

图 15-9　自身引脚连接

6）分步安装电阻器、二极管

建议：按从上到下、从左到右的顺序安装。

（1）安装 VD1、VD2、VD3。

合理安排各个元件的位置，VD1 的正极与 IC 的 1 脚相连，负极连接 VD2 的正极（第 8 排），VD2 的负极与 IC 的 2 脚相连。VD3 的正极连接在第 14 排，负极与 IC 的 3 脚相连，安装元件如图 15-10 所示。

（2）安装 R2、L1、L2、L3。

合理安排各个元件的位置，R2 两端分别接 IC 的 2 脚和 7 脚。L1 的负极接 VD3 的正极（第 14 排），其正极连接在第 11 排。L2 的负极接 IC 的 6 脚，这里为了美观，用一根导线连接到 IC 的 6 脚，其正极连接在第 12 排。L3 的正极连接在第 13 排，负极连接在第 16 排，如图 15-11 所示。

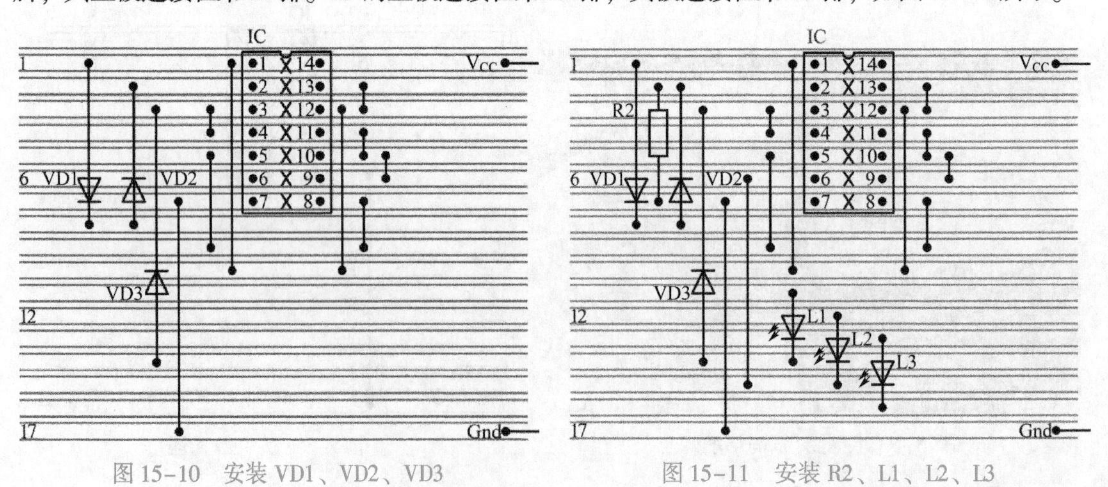

图 15-10　安装 VD1、VD2、VD3　　图 15-11　安装 R2、L1、L2、L3

（3）安装 VD4、R1、R3、R4、R5。

合理安排各个元件的位置，VD4 的正极连接 L3 的负极（第 16 排），其负极连接 IC 的 5 脚或 8 脚（第 9 排）。R1 从第一排连接到 IC 的 12 脚或 1 脚，在这里连接到第 10 排。R3 从第 1 排连接到第 11 排（L1 的正极）。R4 从第 1 排连接到第 12 排（L2 的正极）。R5 从第 1 排连接到第 13 排（L3 的正极），如图 15-12 所示。

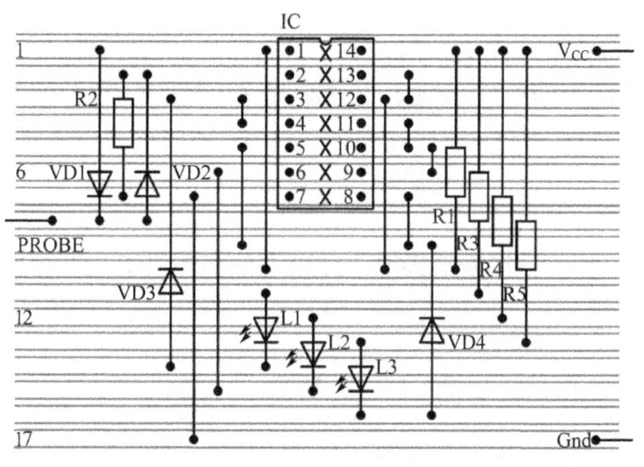

图 15-12　安装 VD4、R1、R3、R4、R5

（4）引出电源线及测试线。

在第 1 排和第 17 排分别连出电源正、负极引线，从第 8 排连接出探针测试线。电路安装完毕，实物图如图 15-13 所示。

7）测电源正、负极是否短路

把万用表拨到 ×1 欧姆挡，短接调零后，测电源引出线，如果有阻值，则说明电源间没有短路，如果阻值为 0，则说明电源间短路，不能通电试验，注意排查。测电源正、负极是否短路如图 15-14 所示。

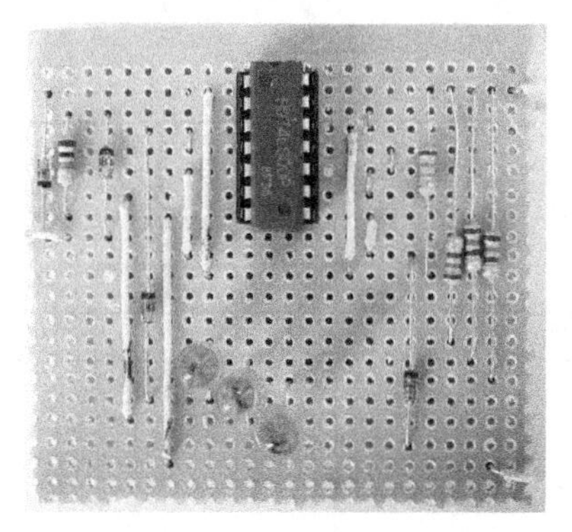

图 15-13　TTL 逻辑探针实物图

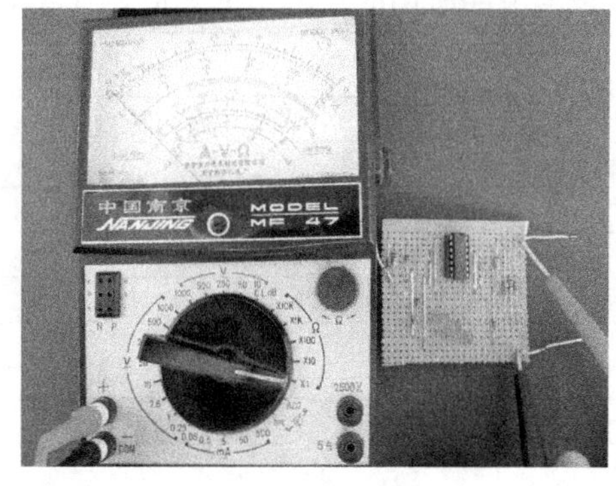

图 15-14　测电源正、负极是否短路

任务三：TTL 逻辑探针电路检测

根据图 15-3 所示原理图的原理分析，完成以下测量调试工作。

1. 测试现象

（1）探针处于开路状态，接上 +5V 电源，L2 会发光，L1 和 L3 不发光。

（2）当探针接上 5V 电源时，L1 会发光，L2 和 L3 不会发光。

(3) 当探针接地时，L3 会发光，L1 和 L2 不会发光。

2. 测试电压

(1) 将万用表拨到 10V 直流电压挡。

(2) 在探针开路时，黑表笔接地，红表笔分别测量 IC 各引脚，把读出的电压记入表 15-2 中。

(3) 在探针接高电位时，黑表笔接地，红表笔分别测量 IC 各引脚，把读出的电压记入表 15-2 中。

(4) 在探针接低电位时，黑表笔接地，红表笔分别测量 IC 各引脚，把读出的电压记入表 15-2 中。

表 15-2 电压值

探针位置	IC 引脚						
	1	2	3	6	8	11	14
探针开路							
接高电位							
接低电位							

思考题

1. R3 有什么作用？
2. IC -3 脚的电压要什么逻辑，L1 才会亮（高/低）？
3. 电路里用的是什么逻辑门？
4. 填写电路所用的逻辑门的真值表（见表 15-3）。

表 15-3 逻辑门的真值表

输入		输出
0	0	
0	1	
1	0	
1	1	

项目评价反馈表

任务名称	配分	评分要点	学生自评	小组互评	教师评价
项目总体评价					

相关知识

1. 工作原理

VD1 与 R1 组成低电平探测，当探针接触电压是低电平，即小于 0.8V 时，VD1 导通。

VD1 与 R1 接点电位变为低电平，与非门 IC1D 12 脚为 0，13 脚为 0，全 0 出 1，输出 11 脚为 1。IC1C 的 9 脚为 1，10 脚为 1，全 1 出 0，输出 8 脚变为低电平。L3 代表低电平的发光管，通过限流电阻器 R5，VD4 被点亮。同时，与非门 1 脚等于 0，2 脚因为 VD2 不导通，被 R2 电阻器拉到低电位，也等于 0，这样 3 脚输出 1，为高电平，L1 不亮。

当探针接触电压是高电平，即大于 2.0V 时，二极管 VD1 截止。IC1A 的 1 脚通过上拉电阻器 R1 接到高电平 1，VD2 导通，IC1A 的 2 脚为 1，全 1 出 0，输出 3 脚为 0。电源电压通过 R3、L1、VD3、IC1A 的 3 脚，形成电流回路，代表高电平的 L1 被点亮。同时，当 VD1 截止的时候，IC1D 的 12 脚等于 1，13 脚为 1，全 1 出 0，IC1C 的输入为 0，全 0 出 1。IC1C 的 8 脚等于 1，为高电平，发光管 L3 两端电压接近，形不成回路，不能点亮。

当探针悬空的时候，IC1A 的 2 脚被 R2 拉到低电位。根据逻辑，8 脚输出高电平，即 IC1B 的 4 脚为 1，同样，IC1D 的 12、13 脚被 R1 拉到高电位，11 脚输出为低电平，下一级与非门 IC1C 的 8 脚输出高电平，这样 IC1B 两个输入都是高电平，那么输出就变为低电平，代表开路的 L2 有电流通过，被点亮。

2. 逻辑探针

逻辑探针又称逻辑笔，是目前在数字电路测试中使用最为广泛的一种工具。它虽然不能处理像逻辑分析仪所能做的复杂工作，但对检测数字电路中各点电平十分有效，因而使用逻辑笔可以很快地将 90% 以上的故障芯片找出来。

逻辑笔可以帮助计算机用户深入地了解电路。例如，一个烧坏的芯片无法修复，利用逻辑笔就可以知道哪个芯片是坏的并予以更换。

由于逻辑笔能及时地将被测点的逻辑状态显示出来，同时可以存储脉冲信号，所以成为计算机检修过程中不可缺少的工具。

逻辑笔一般有两个用于指示逻辑状态的发光二极管（性能较好的逻辑笔还有第 3 个发光二极管），用于提供以下 4 种逻辑状态指示：

（1）表示逻辑低电位；

（2）表示逻辑高电位；

（3）表示浮空或三态门的高阻抗状态；

（4）表示有脉冲信号存在。

逻辑笔的电源取自被测电路。测试时，将逻辑笔的电源夹子夹到被测电路的任一电源点，另一个夹子夹到被测电路的公共接地端。逻辑笔与被测电路的连接除了可以为逻辑笔提供接地外，还能改善电路灵敏度及提高被测电路的抗干扰能力。虽然逻辑笔是可以用来寻找示波器不易发现的瞬间且频率较低的脉冲信号的理想工具，但其主要用于测试输出信号相对固定的高电位或低电位的逻辑门电路。

使用逻辑笔检修电路时，应从可能显示故障的电路中心部分开始检查逻辑电平的正确性。一般根据逻辑门电路的输入值测试其输出电平的合理性。采用这种方法通常不需要太多的时间就可将总停在某一固定逻辑状态的故障芯片找出。逻辑笔每次只能监测一条导线上的信号。

项目十六

多功能信号发生器的制作

【项目描述】应用集成电路LM1458，组成振荡电路，实现振荡电路正弦波、三角波、方波三种波形的输出，要求其输出频率可调。

【学习目标】

1. 知识目标：了解多功能信号发生器的工作原理；掌握LM1458的引脚功能。

2. 技能目标：熟练绘制多功能信号发生器电路布线图并组装；学会调试多功能信号发生器的电路功能。

【项目实施】

任务一：多功能信号发生器的布线与元件检测

1. 检测元件

电阻器13个：其中R1、R3、R5、R7、R8阻值相同，R4、R6、R9、R10、R12、R13阻值相同，注意标称值与测量值的误差。电容器3个：电解电容器1个、瓷片电容器2个。可变电阻器1个。8脚IC集成座两个，分别插装两个集成电路LM1458。

元件列表见表16-1。

表16-1　元件列表

符　号	元件名称	型号参数	实物图
IC1、IC2	集成电路	LM1458×2	
R1、R3、R5、R7、R8 R4、R6、R9、R10、R12、R13 R2 R11	电阻器	100kΩ×5 10kΩ 27kΩ 18kΩ	

续表

符　号	元件名称	型号参数	实物图
VR	电位器	100kΩ	
集成座	8 脚集成座	—	
C1 C2 C3	电容器	0.01μF 0.1μF 0.0022μF	

2. 认识集成电路

LM1458 为双运算放大集成电路，内部集成了两个运算放大器，引脚排列如图 16-1 所示。引脚功能见表 16-2。

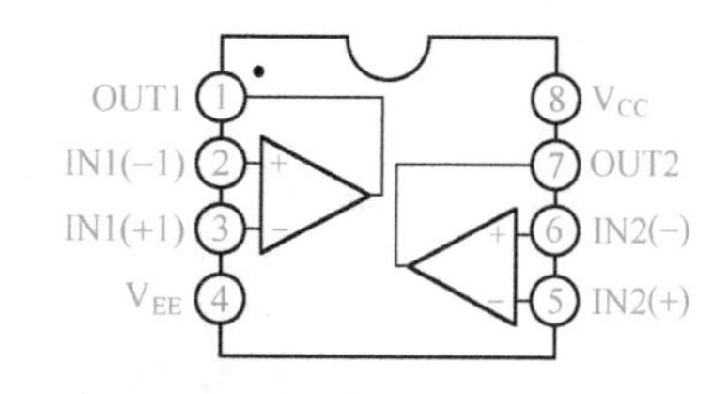

图 16-1　LM1458 引脚排列

表 16-2　LM1458 引脚功能

引　脚	功　能	符　号	引　脚	功　能	符　号
1	IC1 输出	OUT1	5	IC2 同相输入	IN2（+）
2	IC1 反相输入	IN1（-1）	6	IC2 反相输入	IN2（-）
3	IC1 同相输入	IN1（+1）	7	IC2 输出	OUT2
4	负电源	V_{EE}	8	正电源	V_{CC}

3. 简要分析电路原理

电路原理见本项目的相关知识，多功能信号发生器原理图如图 16-2 所示。

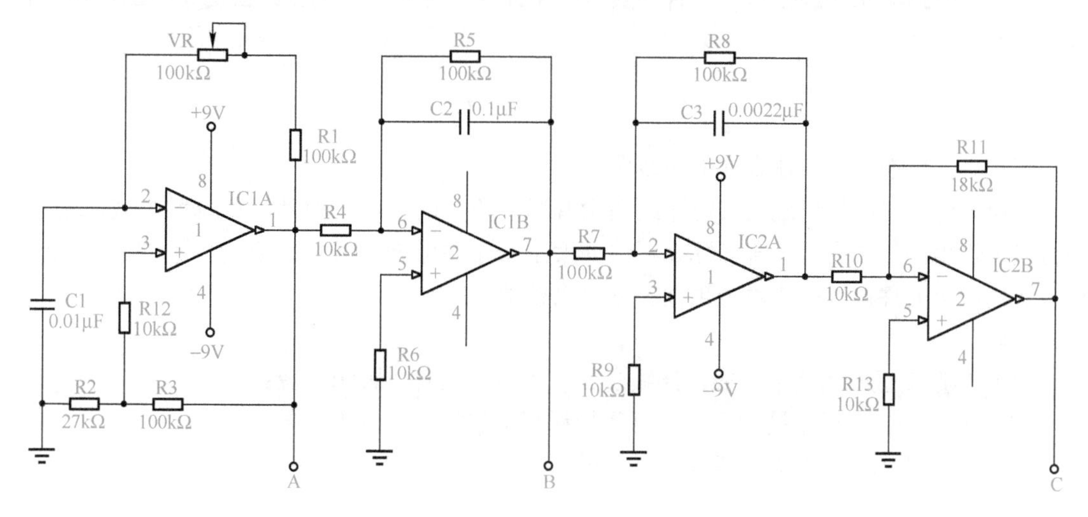

图 16-2　多功能信号发生器原理图

注意：在使用 LM1458 的时候，要分别连接正、负电源 9V，8 脚接电源正 9V，4 脚接电源负 9V。原理图中只画出 IC1A、IC2A 的 8 脚和 4 脚，虽然没有画出 IC1B、IC2B 8 脚和 4 脚的连接，但是在实际连接中是同一个引脚。当电路连接完毕以后，对外接出的导线一共是 6 条（正、负电源 9V 和接地共 3 根导线，以及测试波形 A、B、C 的 3 条导线），注意区别。

任务二：多功能信号发生器的电路组装

1. 根据电路原理图画出布线图，如图 16–3 所示。

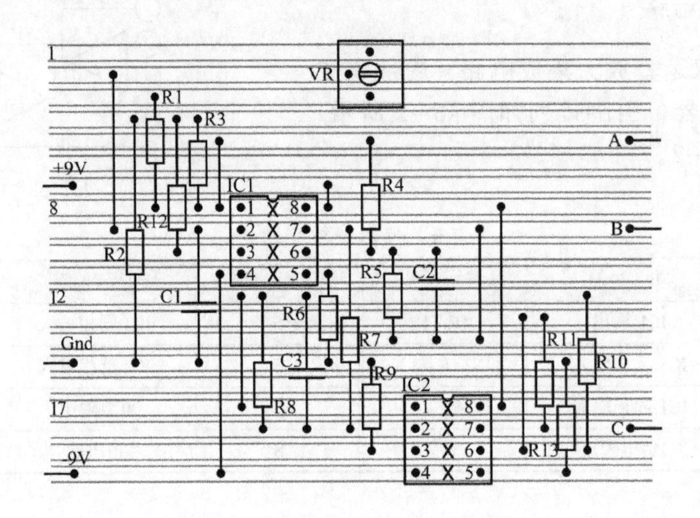

图 16–3　多功能信号发生器布线图

对整个电路的元件进行布局，合理安排每个元件的位置，本制作给出的布线图可作为制作时的参考。

2. 拓展训练

想一想，你能绘制出什么样的布线图？

电路元件与多孔板组成的实物布线图没有标准统一的答案，教师可根据教学实际情况，充分发挥学生的想象力，结合实际元器件的大小及元件引脚的长短，绘制出不同的布线图，比较布线图上元件位置的相对合理性，分层次教学。

原则：

（1）尽量缩短所用连接导线，连线过长，不容易拉直，影响美观；

（2）上下相邻需要连接的焊点，可用焊锡直接连接起来，不用导线连接；

（3）画布线图时，要充分考虑实际元件引脚的长度；

（4）减少元件间导线的连接，简化电路，减少焊点，减少焊接工艺上的问题；

（5）元件和导线都垂直放置，不允许出现水平放置，否则影响安装工艺。

3. 元件焊接操作步骤

1）焊接集成座

把集成座插放在覆铜板没有铜箔一面的相应位置，引脚在铜箔一面进行焊接，如图 16-4 所示。在第 8 排放置 IC1 的集成座，在第 17 排放置 IC2 的集成座，两个 IC 集成座之间要留有一定的空隙（列数）。

注意：焊接时不要出现焊锡桥。

2）割开连接集成座同一排引脚的铜箔

用美工刀把相连的引脚中间的铜箔割断，使集成座的各引脚焊点分开，如图 16-5 所示。

注意：割板子时不要越出界限（可观看示范割板视频）。

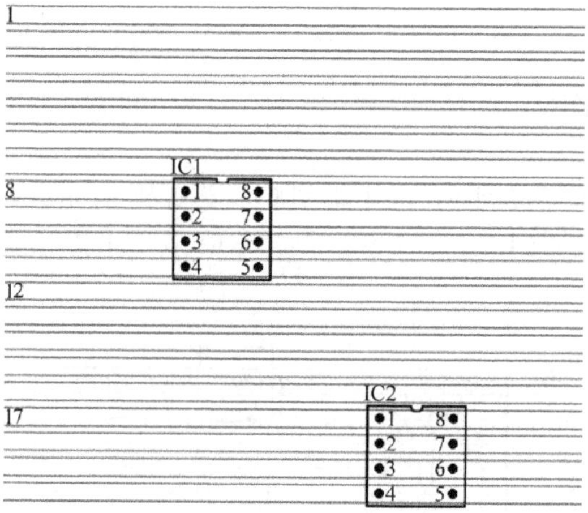

图 16-4　焊接集成座

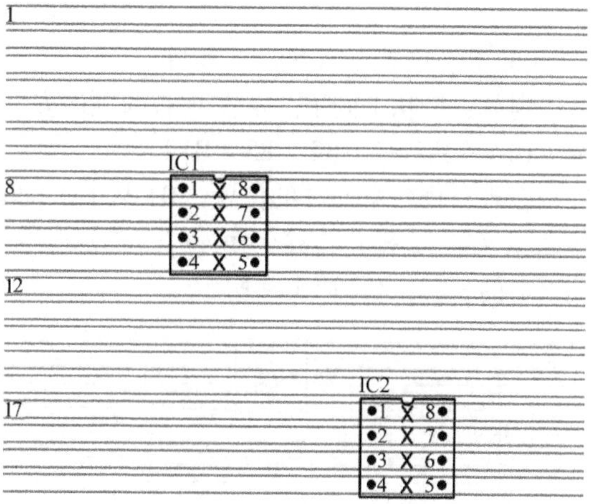

图 16-5　割开集成座同一排焊点相连的铜箔

3）万用表测量铜箔是否割断

把万用表拨到 ×1 欧姆挡，短接调零后，测已经割断的水平铜箔，指针应分别指在无穷大处；再分别测上下各引脚，指针仍分别指在无穷大处。确认铜箔割断，集成座引脚的焊点独立，如图 16-6 所示。

注意：指针如不指在无穷大处，说明出现了焊锡桥，或者没有割断铜箔。

4）接正、负电源和测试引脚

将 IC1 的 8 脚与 IC2 的 8 脚用导线相连，接 +9V 电源（第 7 排）。将 IC1 的 4 脚与 IC2 的 4 脚用导线相连，接 -9V 电源（第 20 排）。接地线设在第 15 排。IC1 的 1 脚为测试端 A（第 5 排），IC1 的 7 脚为测试端 B（第 9 排），IC2 的 7 脚为测试端 C（第 18 排），如图 16-7 所示。

5）焊接硬脚元件

所谓硬脚元件，主要指元件引脚不能随意拉伸、弯曲的元件，只能焊接在相邻或固定的铜排焊盘上。在本次制作中，硬脚元件有可变电阻器 VR。在第 1、2、3 排分别插放可变电阻器的三个引脚，从 VR 的中间引脚（第 2 排）连接一根导线到 IC1 的 2 脚，如图 16-8 所示。

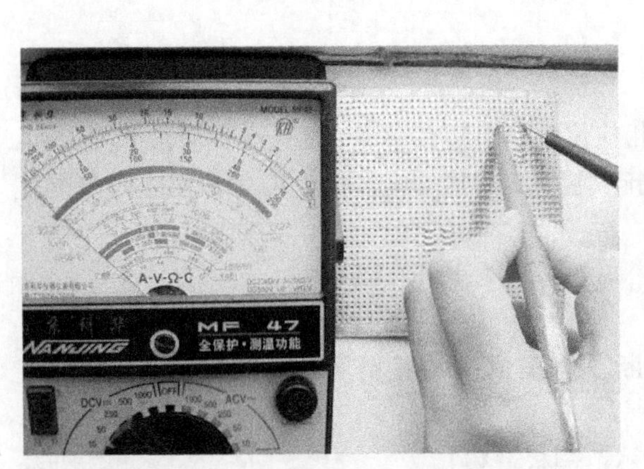

图 16-6　测量割断铜箔的焊点

图 16-7　电源正、负极的连接

6）分步安装电阻器、电容器

建议：按从上到下、从左到右的顺序安装元件。

（1）安装 R1、R2、R3、R12。

合理安排各个元件的位置，R1 从 IC1 的 1 脚连接到 VR 的下端引脚（第 3 排）。R2 从接地端（第 15 排）连接到第 4 排，然后连接 R3 回到 IC1 的 1 脚。同样 R12 从第 4 排连接到 IC1 的 3 脚，如图 16-9 所示。

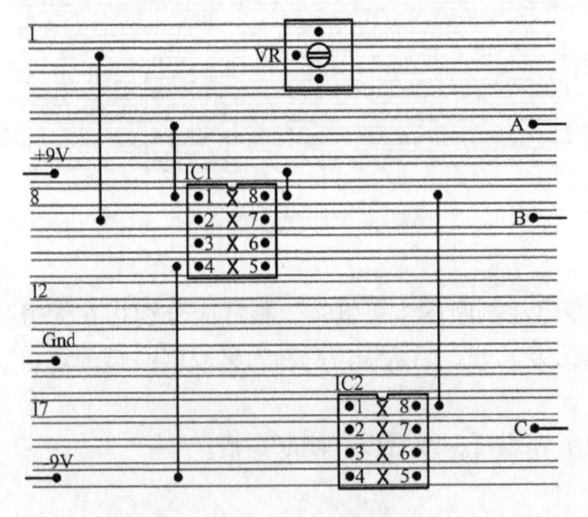

图 16-8　焊接硬脚元件

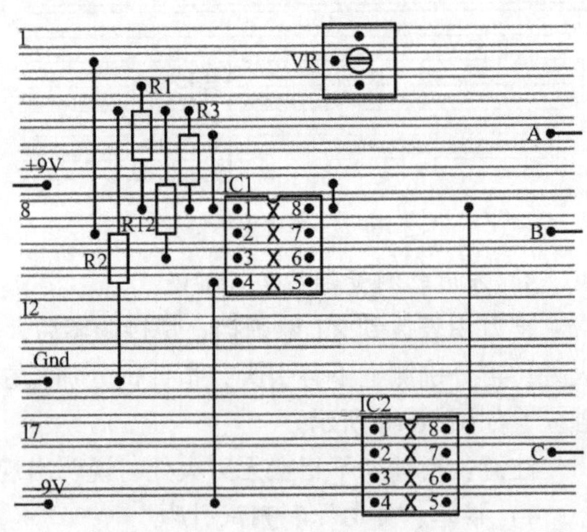

图 16-9　安装 R1、R2、R3、R12

（2）安装 C1、R8、C3、R6。

合理安排各个元件的位置，C1 从 IC1 的 2 脚连接到地（第 15 排）。C3、R8 并联在 IC2 的 1 脚和 2 脚之间，都从 IC2 的 2 脚连接到第 12 排，然后用一根导线回到 IC2 的 1 脚。R6 从 IC1 的 5 脚连接到地，如图 16-10 所示。

（3）安装 R4、R5、R7、R9、C2。

合理安排各个元器件的位置，R4 从 IC1 的 6 脚连接到 1 脚（第 5 排）。R5、C2 并联在 IC1 的 6 脚和 7 脚之间，从 IC1 的 6 脚连接到第 14 排，然后一根导线回到 IC1 的 7 脚。R7 从 IC1 的 7 脚连接到 IC2 的 2 脚。R9 从 IC2 的 3 脚连接到地，如图 16-11 所示。

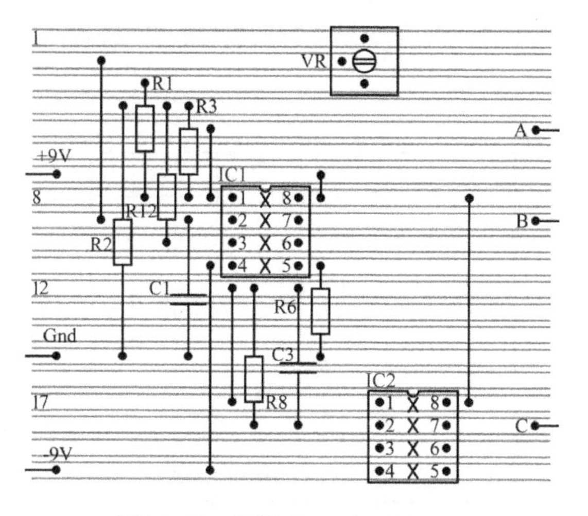

图 16-10　安装 C1、R8、C3、R6

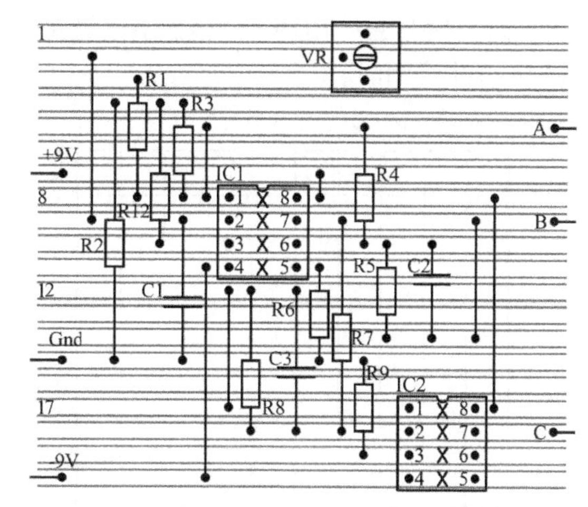

图 16-11　安装 R4、R5、R7、R9、C2

(4) 安装 R10、R11、R13。

合理安排各个元器件的位置，R10 从 IC2 的 6 脚连接到第 12 排，通过导线连接到 IC2 的 1 脚。R11 从 IC2 的 7 脚连接到第 13 排，通过一根导线回到 IC2 的 6 脚。R13 从 IC2 的 5 脚连接到地，如图 16-12 所示。

(5) 引出电源线及测试线。

电路安装完毕，组装实物图如图 16-13 所示。

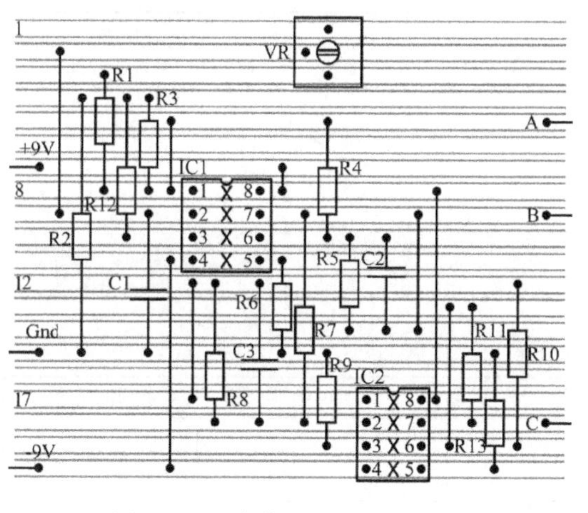

图 16-12　安装 R10、R11、R13

图 16-13　组装实物图

7) 测电源正、负极是否短路

把万用表拨到 ×1 欧姆挡，短接调零后，两只表笔先分别测电源引出线，如果有阻值，则说明电源间没有短路，如果阻值为 0，则说明电源间短路，不能通电试验，注意排查。

任务三：多功能信号发生器电路检测

根据图 16-2 所示的原理图，完成以下测量调试工作。

（1）接上 ±9V 电源，用示波器测量并画出 IC1 第 1 脚，IC2 第 7 脚的波形，在表 16-3、表 16-4 中绘制图形。

表 16-3　IC1 第 1 脚波形（VR1 最小值）

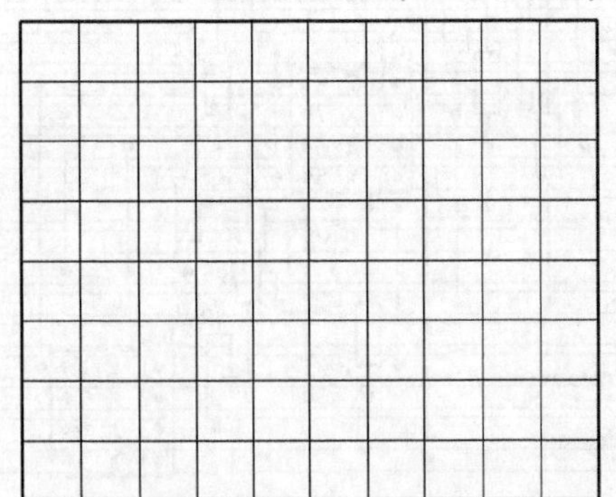

表 16-4　IC2 第 7 脚波形（VR1 最小值）

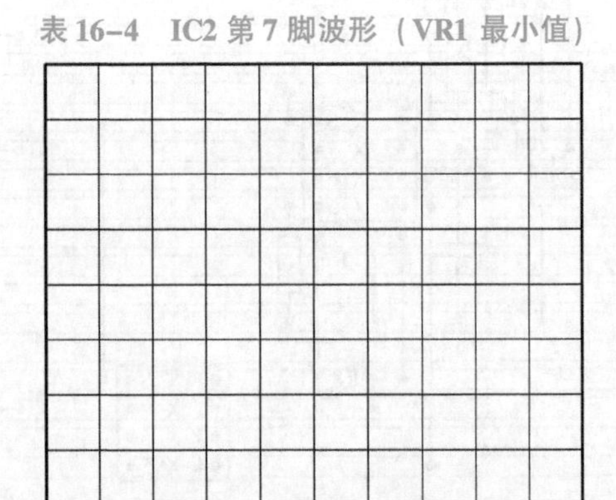

（2）调整电位器 VR（最大值和最小值），找出其频率与波幅关系，填入表 16-5 中。

表 16-5　频率与波幅的关系

	VR1 最小值		VR1 最大值
测　试　点	电压（V_{P-P}）	频率（Hz）	频率（Hz）
IC1 的 1 脚			
IC1 的 7 脚			
IC2 的 7 脚			

思考题

1. IC1A 及其外围元件组成了什么电路？
2. IC1B 及其外围元件组成了什么电路？
3. IC2B 及其外围元件组成了什么电路？
4. 由 IC2B 组成的电路的电压增益是多少？

项目评价反馈表

任务名称	配　分	评分要点	学生自评	小组互评	教师评价
项目总体评价					

相关知识

1. 工作原理

IC1A 接成比较器，通过 R1、VR 给电容器 C1 充电，当 C1 电压高于 3 脚时，比较器翻转，输出为0，调节VR可改变电容器充电速度，即改变方波频率。IC1B作为积分放大器，把IC1A输出的方波整型成三角波，IC2A再把三角波整型成正弦波。IC2B作为反相放大器。

2. 运算放大器——电压比较器

电压比较器是集成运放非线性应用电路。常用的电压比较器有过零比较器、滞回比较器、双限比较器（又称窗口比较器）等。

1）过零比较器

过零比较器电路图如图16-14（a）所示，为加限幅电路的过零比较器，VD_Z为限幅稳压管。信号从运放的反相输入端输入，参考电压为零，从同相端输入。当$U_i>0$时，输出$U_o=-(U_Z+U_D)$，当$U_i<0$时，$U_o=+(U_Z+U_D)$，其电压传输特性如图16-14（b）所示。

过零比较器结构简单、灵敏度高，但抗干扰能力差。

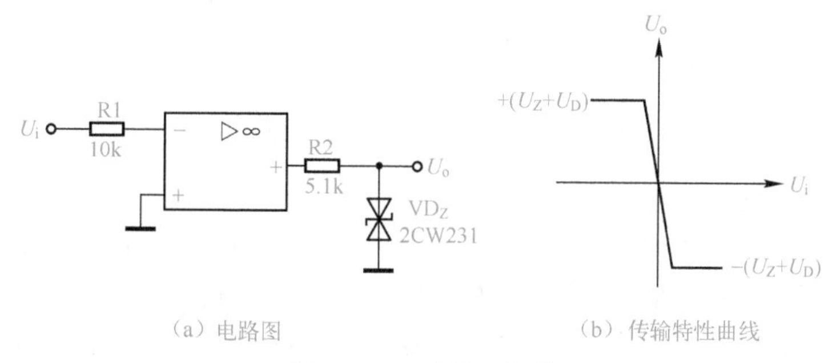

（a）电路图　　（b）传输特性曲线

图16-14　过零比较器

2）滞回比较器

图16-15（a）所示为具有滞回特性的过零比较器。过零比较器在实际工作时，如果U_i恰好在过零值附近，则由于零点漂移的存在，U_o将不断由一个极限值转换到另一个极限值，这在控制系统中对执行机构是不利的。为此，需要输出特性具有滞回现象。从输出端引一个电阻分压正反馈支路到同相输入端，若U_o改变状态，Σ点也随着改变电位，就会使过零点离开原来的位置。

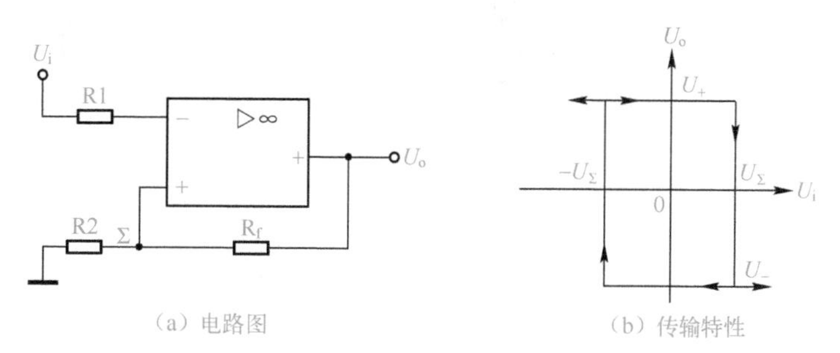

（a）电路图　　（b）传输特性

图16-15　滞回比较器

当U_o为正（记作U_+）时，$U_\Sigma=\dfrac{R_2}{R_f+R_2}U_+$。

则当$U_i>U_\Sigma$后，U_o即由正变负（记作U_-），此时U_Σ变为$-U_\Sigma$。故只有当U_i下降到$-U_\Sigma$以下，才能使U_o再度回升到U_+，于是出现图16-15（b）中所示的滞回特性曲线。$-U_\Sigma$与U_Σ的差别称为回差，改变R_2的数值可以改变回差的大小。

3）窗口（双限）比较器

简单的比较器仅能鉴别输入电压 U_i 比参考电压 U_R 高或低的情况，窗口比较电路是由两个简单比较器组成的，如图 16-16 所示，它能指示出 U_i 值是否处于 U_R^+ 和 U_R^- 之间。如 $U_R^- < U_i < U_R^+$，则窗口比较器的输出电压 U_o 等于运放的正饱和输出电压（$+U_{omax}$）；如果 $U_i < U_R^-$ 或 $U_i > U_R^+$，则输出电压 U_o 等于运放的负饱和输出电压（$-U_{omax}$）。

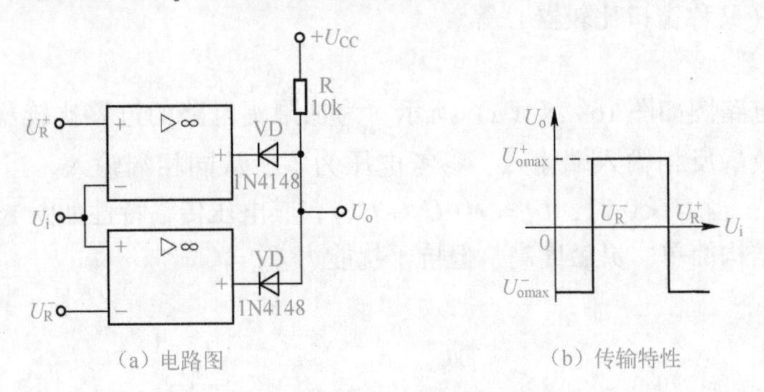

图 16-16　由两个简单比较器组成的窗口比较器

4）三角波和方波发生器

如图 16-17 所示，电路由同相滞回比较器 A1 和反相积分器 A2 构成。比较器 A1 输出的方波经积分器 A2 积分可得到三角波 U_o，U_o 经电阻器 R_1 为比较器 A1 提供输入信号，形成正反馈，即构成三角波、方波发生器。由于采用运放组成的积分电路，因此可实现恒流充电，使三角波线性大大改善。

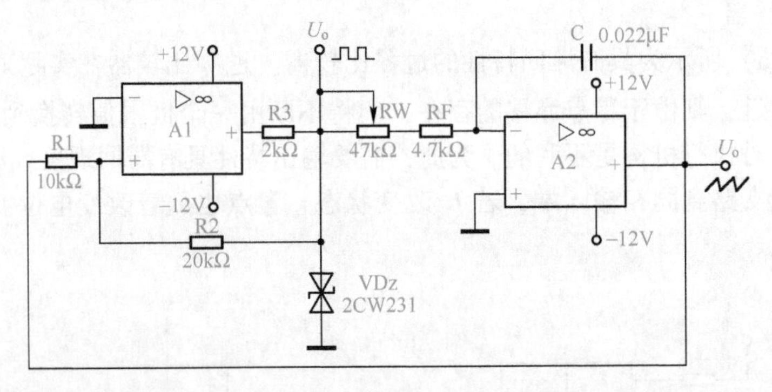

图 16-17　三角波、方波发生器

项目十七

双音调报警器的制作

【项目描述】通过应用555时基电路组成两个振荡电路，控制两个振荡电路的频率，实现双音调报警器的安装，要求电路的振荡频率可调。

【学习目标】

1. 知识目标：了解双音调报警器的工作原理；掌握555集成电路引脚功能。

2. 技能目标：熟练绘制双音调报警器电路布线图并组装该报警器；学会调试双音调报警器的电路功能。

【项目实施】

任务一：双音调报警器的元件检测

1. 检测元件

电阻器9个：其中R1、R2阻值相同，注意标称值与测量值的误差。可变电阻器1个：10kΩ。电容器4个，注意C1为电解电容器，分清正、负极。三极管3个：VT3为大功率管，TIP系列，注意e、b、c的区分与普通三极管不同。二极管、扬声器、电位器各1个，二极管和扬声器分正、负极。用万用表检测各元件是否正常。8脚IC集成座两个，分别插装两个集成电路NE555。

制作所需元件详细列表如表17-1所示。

表17-1 所需元件列表

符　号	元件名称	型号参数	实物图
IC1、IC2	集成电路	NE555	

续表

符　　号	元件名称	型号参数	实物图
R1、R2 R3 R4 R5 R6 R7 R8 R9	电阻器	10kΩ×2 15kΩ 1.5kΩ 3.3kΩ 2.7kΩ 100kΩ 20kΩ 10Ω	
VR1	电位器	10kΩ	
集成座	8 脚集成座	—	
C1 C2 C3、C4	电容器	47μF　25V 0.1μF　25V 0.01μF×2	
VD1	二极管	1N4001	
VT1 VT2 VT3	三极管	3906PNP 3904NPN TIP29	
扬声器	扬声器	8Ω	

2. 认识集成电路

8 脚集成电路 IC555：555 是 8 脚时基集成电路（模数混合），应用非常广泛。555 集成电路实际引脚图如图 17-1 所示，原理引脚图如图 17-2 所示。

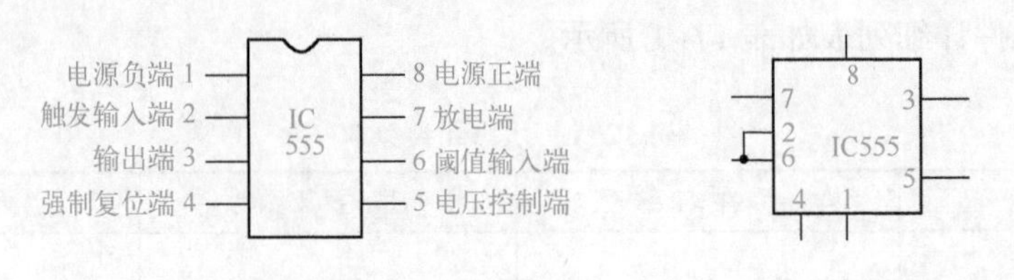

图 17-1　集成电路实际引脚图　　　　图 17-2　原理引脚图

3. 简要分析电路原理

电路原理见本项目的相关知识，原理图如图 17-3 所示。

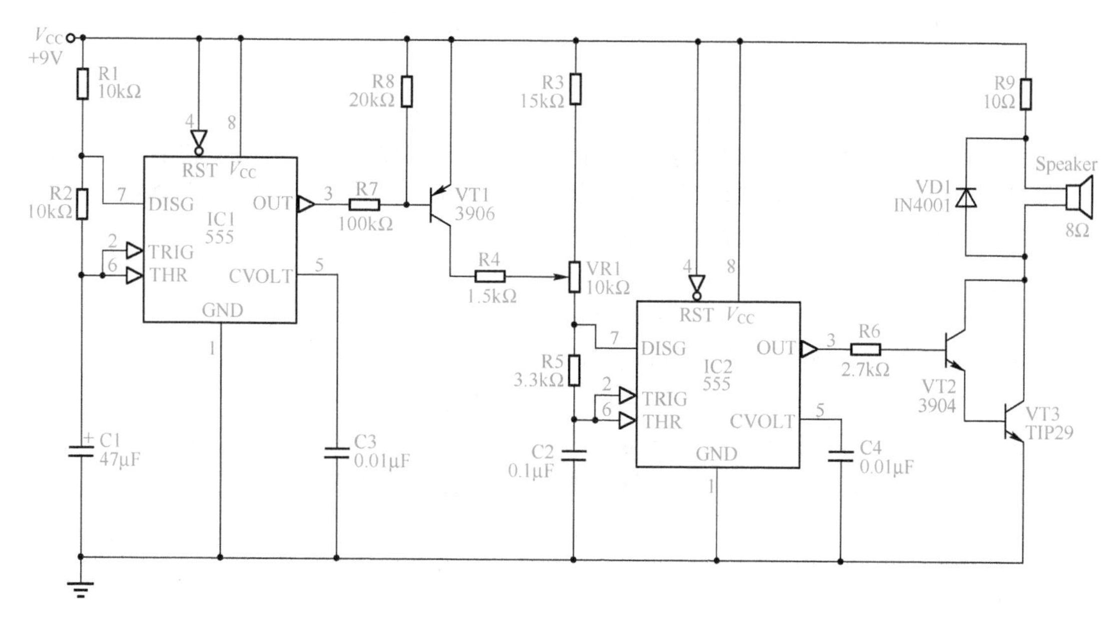

图 17-3　双音调报警器原理图

任务二：双音调报警器的电路制作

1. 画布线图

根据电路原理图画出布线图，如图 17-4 所示。

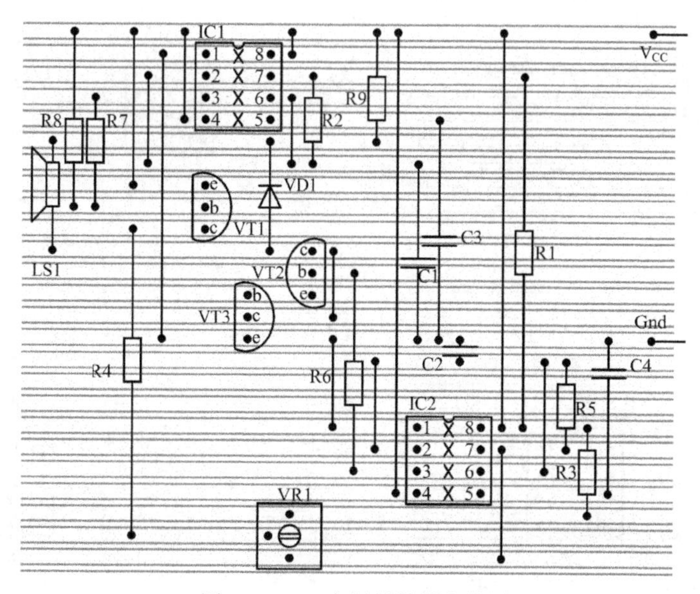

图 17-4　双音调报警器布线图

对整个电路的元件进行布局，合理安排每个元件的位置，图 17-4 给出的布线图可作为制作时的参考。

2. 拓展训练

想一想，你能绘制出什么样的布线图？

电路元件与多孔板组成的实物布线图没有标准统一的答案，教师可根据教学实际情况，充分发挥学生的想象力，结合实际元器件的大小及元件引脚的长短，绘制出不同的布线图，比较布线图上元件位置的相对合理性，分层次教学。

原则：

（1）尽量缩短所用的连接导线，连线过长，不容易拉直，影响美观；

（2）上下相邻需要连接的焊点，可用焊锡直接连接起来，不用导线连接；

（3）画布线图时，要充分考虑实际元件引脚的长度；

（4）减少元件间导线的连接，简化电路，减少焊点，减少焊接工艺上的问题；

（5）元件和导线都垂直放置，不允许出现水平放置，否则影响安装工艺。

3. 元件焊接操作步骤

1）焊接集成座

把 IC1 的集成座插放在覆铜板没有铜箔的一面，从左上方第 2 排开始放置，引脚插到铜箔一面进行焊接。把 IC2 的集成座放置在覆铜板右下方第 19 排位置，引脚插到铜箔一面进行焊接。两个 IC 座之间要留出一定的空隙，如图 17-5 所示。

注意：焊接时不要出现焊锡桥。

2）割开连接集成座同一排引脚的铜箔

用美工刀把相连的引脚中间铜箔割断，使集成座的各引脚焊点独立，如图 17-6 所示。

注意：割板子时不要越出界限（可观看示范割板视频）。

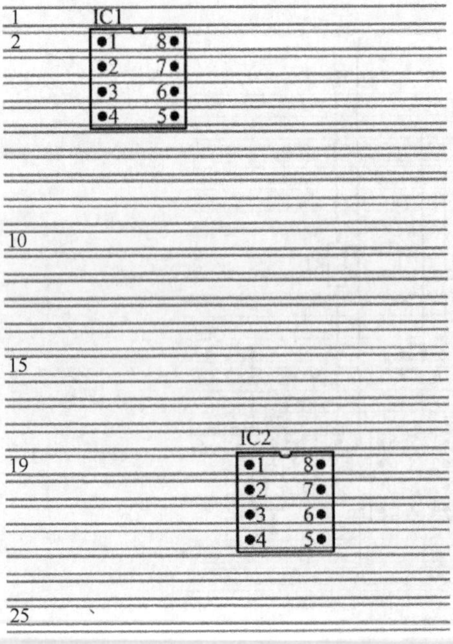

图 17-5 焊接集成座

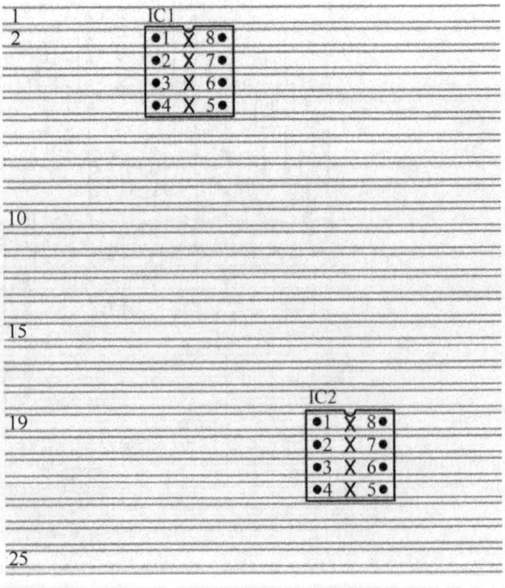

图 17-6 割开集成座同一排焊点相连的铜箔

3）用万用表测量铜箔是否割断

把万用表拨到 ×1 欧姆挡，短接调零后，分别测量已经割断的水平铜箔，指针应分别指在无穷大处；再分别测上下各引脚，指针仍分别指在无穷大处。确认铜箔割断，集成座引脚的焊点独立，如图 17-7 所示。

注意：指针如果不指在无穷大处，说明出现了焊锡桥，或者没有割断铜箔。

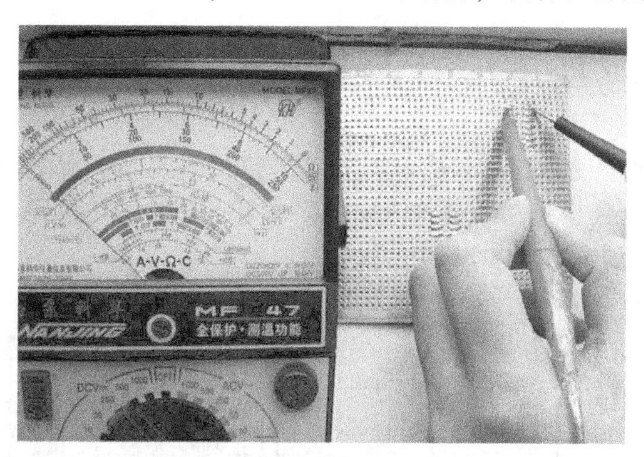

图 17-7 测量割断铜箔的焊点

4）连接集成电路的电源和地引脚

将 IC1 集成座的 8 脚与 IC2 集成座的 8 脚用导线连接到 V_{CC} 电源（第 1 排）。将 IC1 集成座的 1 脚与 IC2 集成座的 1 脚用导线连接到地（第 15 排），如图 17-8 所示。

5）连接集成电路自身相连的引脚

自身的连接，主要指的是集成电路自身引脚的连接，从原理图中可看出，两个 IC 的 4 脚也要接电源（第 1 排）。IC1 的 2 脚和 6 脚通过第 7 排连接在一起。IC2 的 2 脚和 6 脚通过第 16 排连接在一起，如图 17-9 所示。

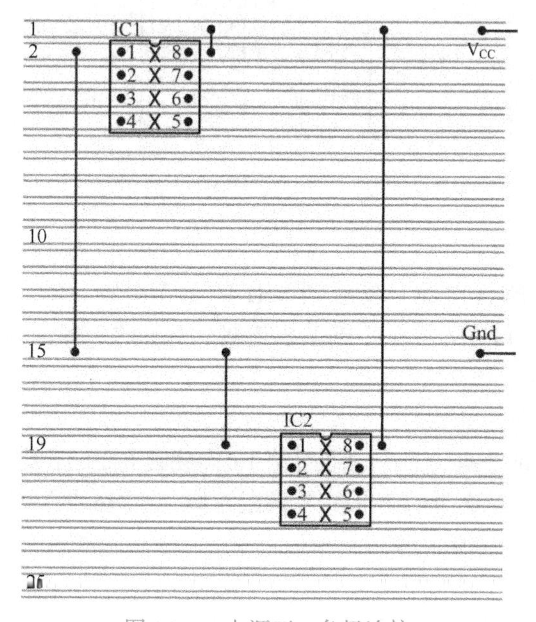

图 17-8 电源正、负极连接

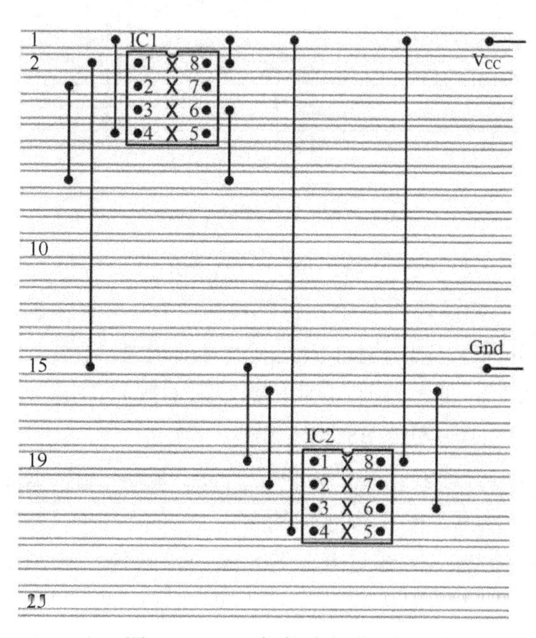

图 17-9 IC 自身引脚的连接

6）焊接硬脚元件

在本次制作中，硬脚元件有三极管 VT1、VT2、VT3 和电位器 VR1。VT1 的发射极用导线连接到第 1 排电源，VT2 的集电极用导线连接 VT3 的集电极，注意三极管 VT3 的 e、b、c 顺序与其他三极管的顺序不同。VR1 的下端引脚连接到 IC2 的 7 脚，如图 17-10 所示。

7）分步安装电阻器、电容器、二极管

建议：按从上到下、从左到右的顺序安装元件。

（1）安装 R1、R2、C1、C3。

合理安排各个元件的位置，R1 从 IC1 的 7 脚连接到电源（通过 IC2 的 8 脚连接到电源）。R2 从 IC1 的 7 脚连接到第 7 排（IC1 的 2 脚和 6 脚）。C1 从第 7 排连接到地。C3 从 IC1 的 5 脚连接到地，如图 17-11 所示。

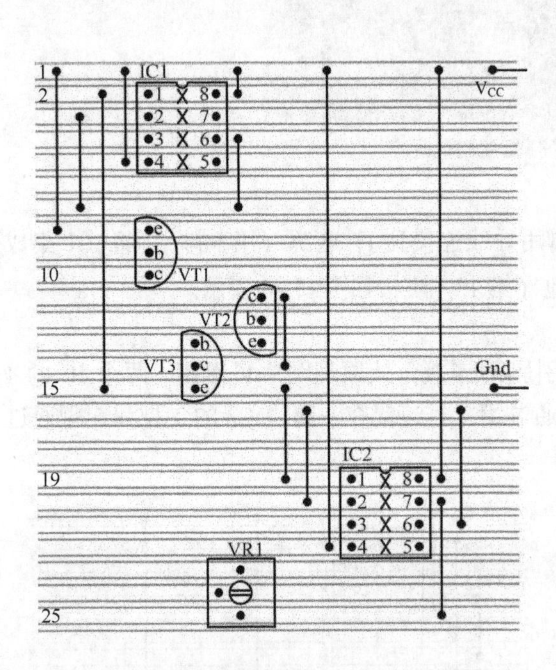

图 17-10 焊接硬脚元件

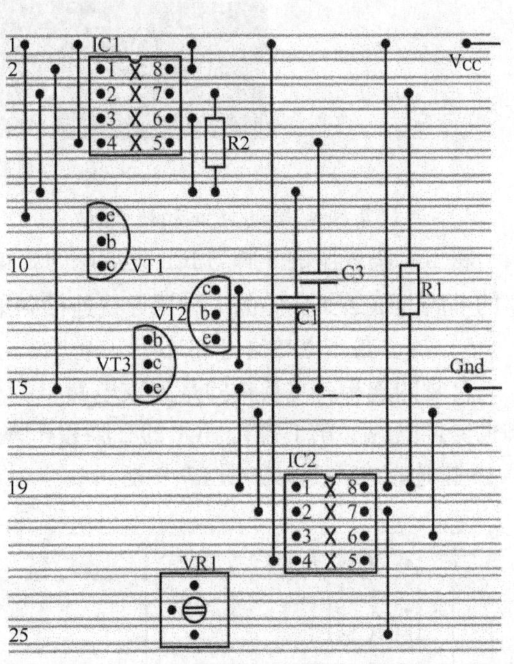

图 17-11 安装 R1、R2、C1、C3

（2）安装 R3、R4、R7、R8。

合理安排各个元件的位置，R3 从 IC2 的 8 脚（电源）连接到 VR1 的上端引脚。R4 从 VR1 的中间引脚连接到 VT1 的集电极（第 10 排）。R7 从 VT1 的基极连接到 IC1 的 3 脚，R8 从 VT1 的基极连接到电源（第 1 排），如图 17-12 所示。

（3）安装 R5、R6、C2、C4。

合理安排各个元件的位置，R5 一端接 IC2 的 7 脚，另一端通过第 16 排接到 IC2 的 6 脚。R6 从 IC2 的 3 脚连接到 VT2 的基极（第 12 排）。C2 通过 IC2 的 2 脚或 6 脚（第 16 排）连接到地。C4 通过 IC2 的 5 脚连接到地，如图 17-13 所示。

（4）安装 VD1、R9、扬声器 LS1。

合理安排各个元件的位置，VD1 的正极连接 VT2 或 VT3 的集电极（第 11 排），负极连

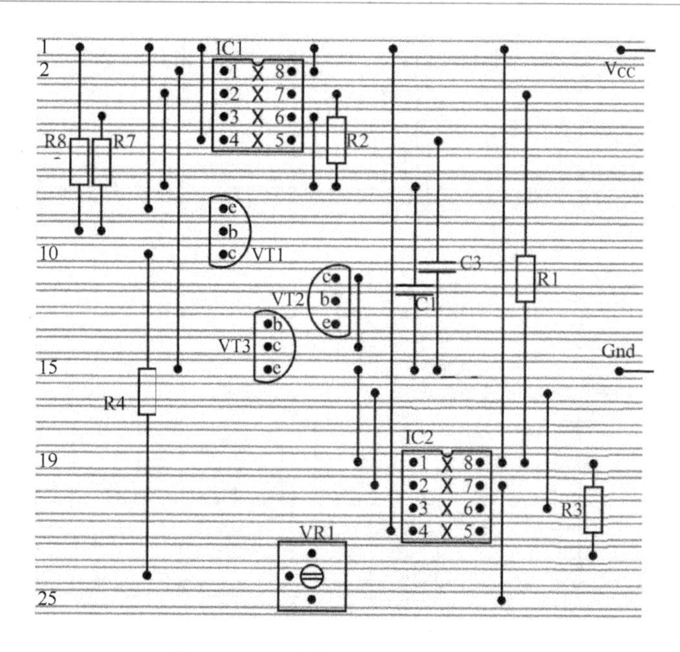

图 17-12　安装 R3、R4、R7、R8

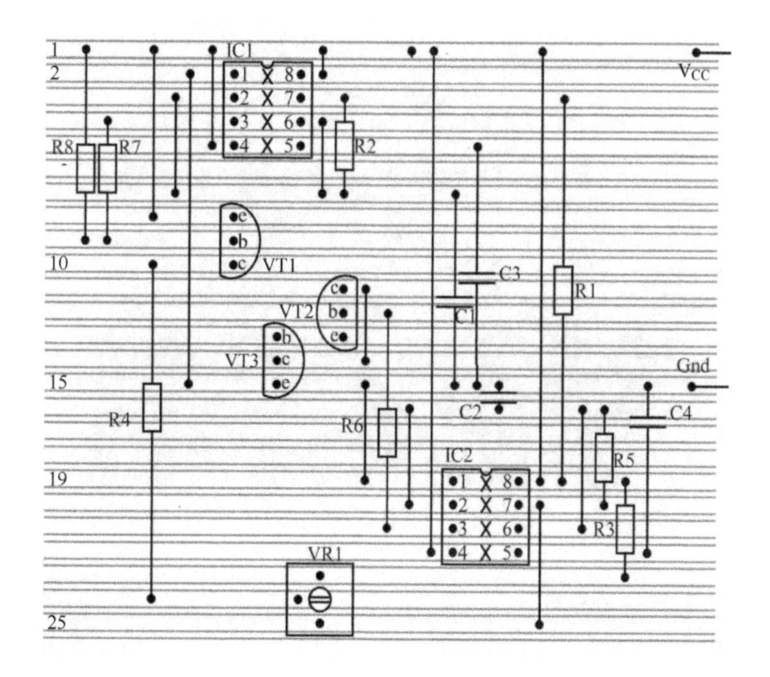

图 17-13　安装 R5、R6、C2、C4

接到第 6 排。而扬声器与 VD1 相并联，也连接在这两排上。然后 R9 从第 6 排连接到电源（第 1 排），元件连接如图 17-14 所示。

（5）引出电源线。

在第 1 排和第 15 排分别引出电源正、负极引线。

电路安装完毕，组装实物图如图 17-15 所示。

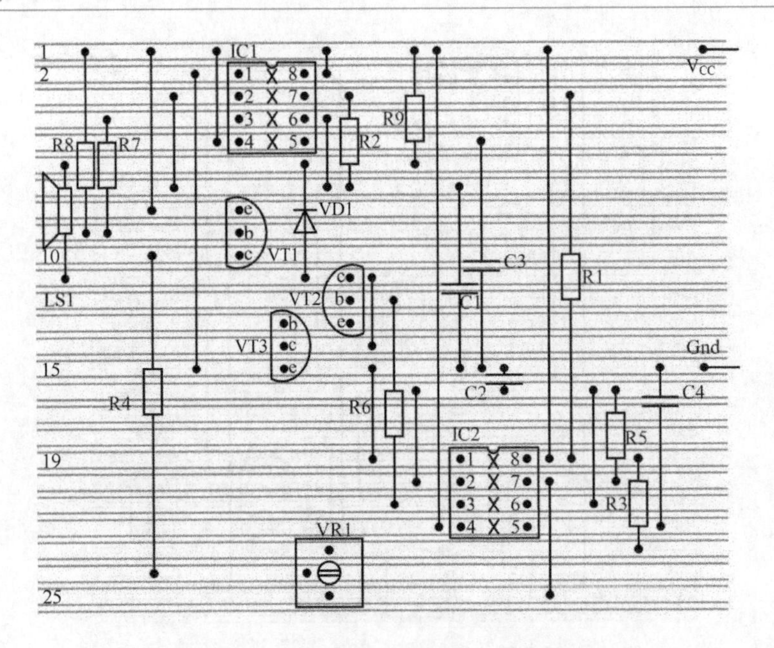

图 17-14　安装 VD1、R9、扬声器

图 17-15　组装实物图

8）测电源正、负极是否短路

把万用表拨到 ×1 欧姆挡，短接调零后，分别测电源引出线，如果有阻值，则说明电源间没有短路，如果阻值为 0，则说明电源间短路，不能通电试验，注意排查。

任务三：双音调报警器电路检测

根据图 17-3 所示的原理图，完成以下测量调试工作。

（1）接上 9V 电源，电路会产生双音调的响声。

（2）调整 VR1 并观察音调的变化。

（3）用万用表测量 IC2 引脚的直流电压，并将读数记录于表 17-2 上。

表 17-2　IC2 的各脚电压

IC2	1	2	3	4	5	6	7
电压							

（4）调整 VR1 到最大值（往上调），用示波器测量 IC2－3 脚的高频率波形，将波形画在表 17-3 中，并标出周期与波幅（V_{p-p}）。

（5）调整 VR1 到最小值（往下调），用示波器测量 IC2－3 脚的高频率波形，画在表 17-4 中，并标出周期与波幅（V_{p-p}）。

表 17-3　VR1 调到最大值时的波形

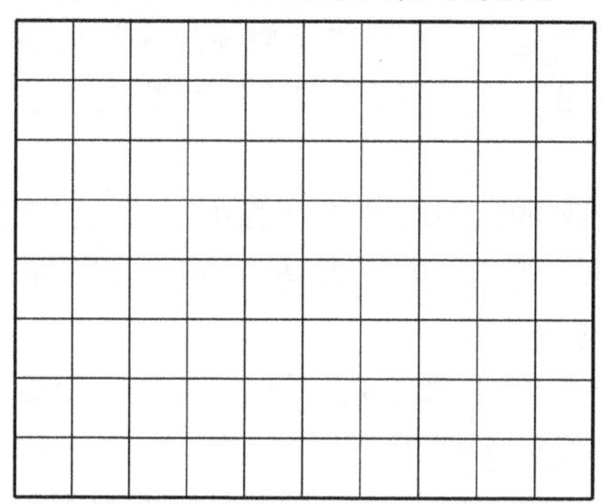

波幅＝

频率＝

表 17-4　VR1 调到最小值时的波形

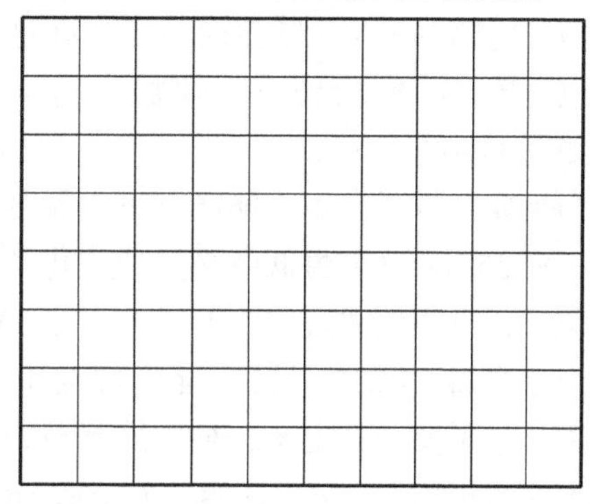

波幅＝

频率＝

思考题

1. IC1 组成的是什么电路？
2. VT1 的功能是什么？
3. 调整 VR1 可以改变什么？
4. IC2 组成的是什么电路？
5. VT2 的功能是什么？

项目评价反馈表

任务名称	配　分	评分要点	学生自评	小组互评	教师评价
项目总体评价					

相关知识

1. 工作原理

两个555电路接成振荡器，IC1振荡频率低，作为调制器，当其输出端3脚为低电平时，三极管VT1导通，电阻器R4相当于并联在R3上，使IC2振荡器频率升高，产生双音调。

VT2、VT3接成达林顿管的形式，是为了增强驱动能力。555电路灌电流比较大，高电平输出电流小，如果不结成达林顿管提高来电流放大能力，就不能直接驱动喇叭。

2. 555触摸定时开关

集成电路IC1是555定时电路，在这里接成单稳态电路。平时由于触摸片P端无感应电压，电容器C1通过555第7脚放电完毕，第3脚输出为低电平，继电器KS释放，电灯不亮，如图17-16所示。

当需要开灯时，用手触碰一下金属片P，人体感应的杂波信号电压由C2加至555的触发端，使555的输出由低电平变成高电平，继电器KS吸合，电灯点亮。同时，555第7脚内部截止，电源便通过R1给C1充电，这就是定时的开始。

当电容器C1的电压上升至电源电压的2/3时，555第7脚导通，使C1放电，使第3脚输出由高电平变为低电平，继电器释放，电灯熄灭，定时结束。

定时长短由R1、C1决定：$T_1 = 1.1R_1 \times C_1$。按图17-16中所标数值，定时时间约为4分钟。VD1可选用1N4148或1N4001。

3. 简易催眠器

时基电路555构成一个频率很低的振荡器，输出一个个短的脉冲，使扬声器发出类似雨滴的声音，如图17-17所示。扬声器采用8Ω小型动圈式扬声器。雨滴声的速度可以通过100kΩ电位器来调节到合适的程度。如果在电源端增加一个简单的定时开关，则可以在使用者进入睡眠状态后及时切断电源。

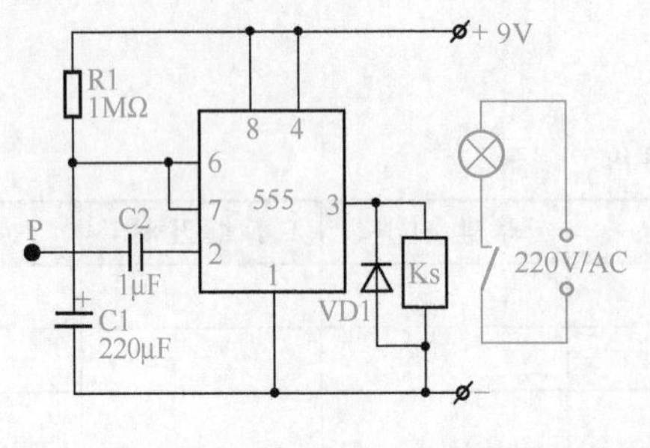

图17-16 触摸定时开关

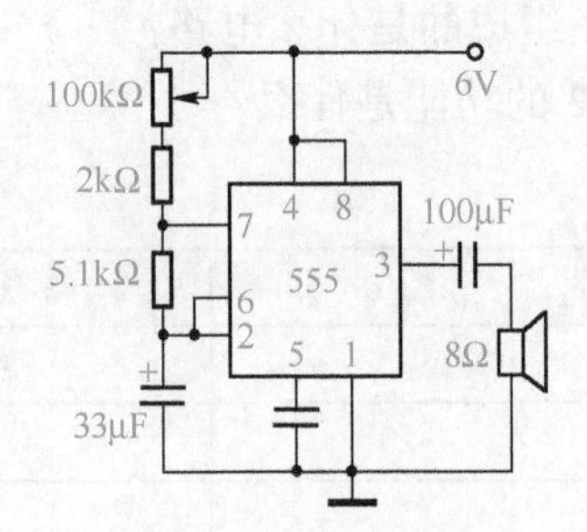

图17-17 简易催眠器

项目十八

声触发显示灯的制作

【项目描述】通过应用集成电路 IC741 和 IC4013，实现话筒（MIC）发声控制 LED 灯显示，要求 LED 灯亮后，可以用开关复位，让 LED 灯灭。

【学习目标】

1. 知识目标：了解声触发显示灯电路的基本原理；掌握 IC741、IC4013 的引脚功能。

2. 技能目标：熟练绘制声触发显示灯的电路布线图并组装；学会调试声触发显示灯电路的功能。

【项目实施】

任务一：声触发显示灯的元件检测

1. 检测元件

电阻器 11 个：其中 R3、R8 阻值相同，R4、R7、R10 阻值相同，注意标称值与测量值的误差。电容器 4 个，注意 C2 为电解电容器，分正、负极性。发光二极管 1 个，注意正、负极的区分。三极管两个，注意 e、b、c 的区分。按键开关、话筒、可变电阻器各 1 个：麦克分正、负极，与外壳相连接的为负极。可变电阻器 VR1 不要用微调电阻器，否则调试困难。用万用表检测各元件是否正常。8 脚和 14 脚的 IC 集成座各一个，分别插装集成电路 IC741、IC4013。

制作所需元件详细列表如表 18-1 所示。

表 18-1　所需元件列表

符　号	元件名称	型号参数	实物图
IC1	集成电路	741	
IC2	集成电路	4013	

续表

符　号	元件名称	型号参数	实物图
R1 R2 R3、R8 R4、R7、R10 R5 R6 R9 R11	电阻器	10kΩ 100kΩ 30kΩ 2.2kΩ 1kΩ 56kΩ 4.7kΩ 330Ω	
IC1 集成座 IC2 集成座	8 脚集成座 14 脚集成座	—	
C1、C3、C4 C2	电容器	0.1μF 1μF	
L1	发光二极管	LED	
VT1、VT2	三极管	2N2222	
VR1	电位器	500kΩ	
MIC	话筒	—	
按键开关	按键开关	按键开关	

2. 认识集成电路

(1) 8 脚集成电路 741（单运放）：高增益运算放大器，这类单片硅集成电路器件提供输出短路保护和闭锁自由运作功能，还具有广泛的共同模式、差模信号范围和低失调电压调零能力与使用适当的电位。1 脚和 5 脚为偏置（调零端），2 脚为反相输入端，3 脚为同相输入端，4 脚接地，6 脚为输出，7 脚接电源，8 脚为空脚，引脚说明如图 18-1 所示。

(2) 14 脚集成电路 4013（双 D 触发器）：由两个相同的、相互独立的数据型触发器构成。每个触发器有独立的数据、置位、复位、时钟输入和 Q 及 $\overline{Q}$ 输出，此器件可用做移位寄存器；通过将 Q 输出连接到数据输入，可用做计算器和触发器。在时钟上升沿触发时，加在 D 输入端的逻辑电平传送到 Q 输出端。置位和复位与时钟无关，分别由置位或复位线上的高电平完成。一个D有6个端子：两个输出端子，4个控制端子。4个控制端子分别是R、S、CP、D。R和S不能同时为高电平。当R为1、S为0时，输出Q一定为0，因此R可称为复位端。当S为1、R为0时，输出Q一定为1。当R、S均为0时，Q在CP端有脉冲上升沿到来时动作，具体是Q＝D，即若D为1则Q也为1，若D为0则Q也为0。引脚说明如图18-2所示。

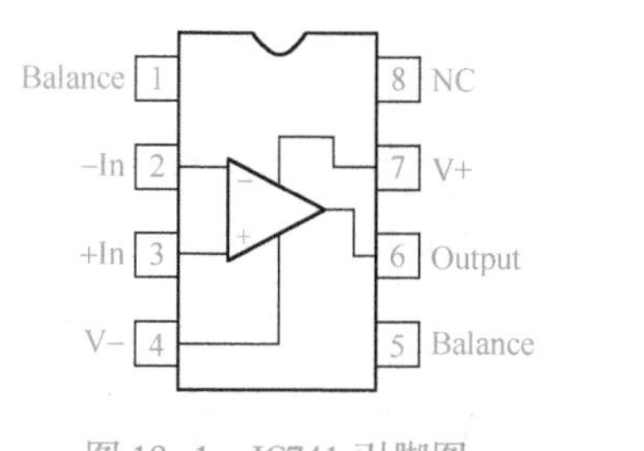

图18-1　IC741引脚图

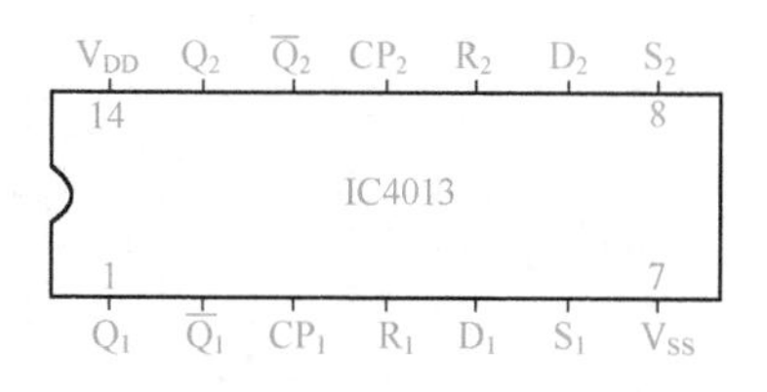

图18-2　IC4013引脚图

3. 简要分析电路原理

电路原理见本项目的相关知识，电路如图18-3所示。

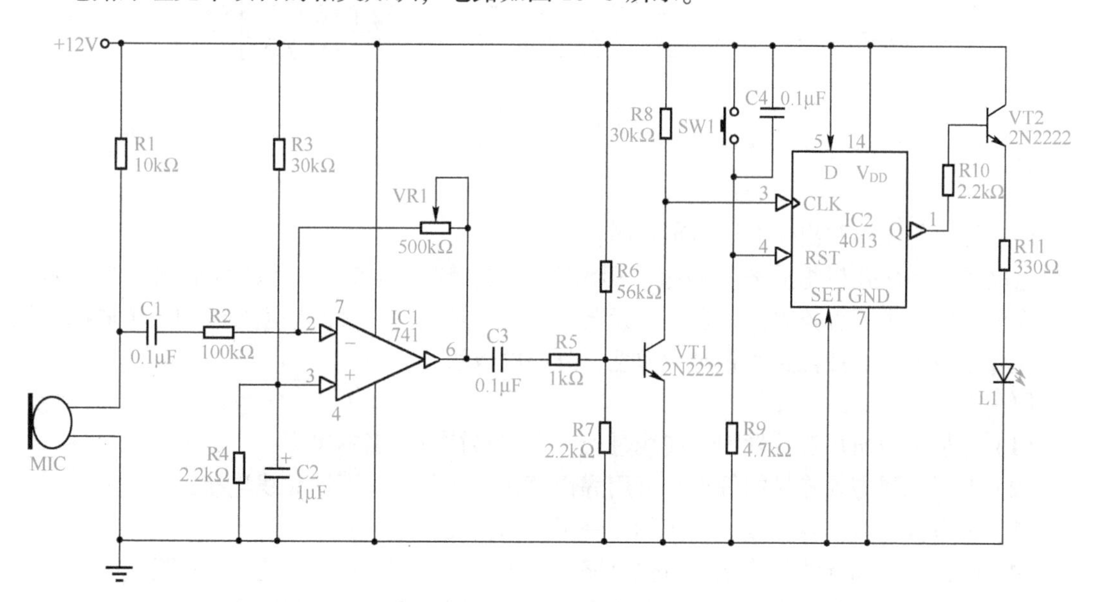

图18-3　声触发显示灯原理图

任务二：声触发显示灯电路组装

1. 画布线图

根据电路原理图画出布线图，如图18-4所示。

对整个电路的元件进行布局，合理安排每个元件的位置，图18-4给出的布线图可作为制作时的参考。

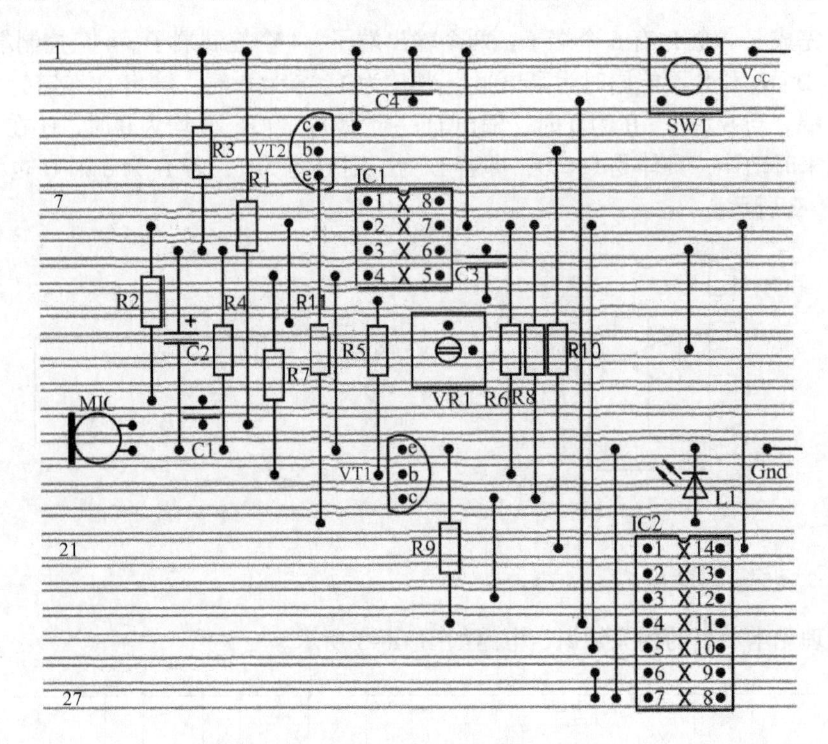

图 18-4 声触发显示灯电路布线图

2. 拓展训练

想一想，你能绘制出什么样的布线图？

电路元件与多孔板组成的实物布线图没有标准、统一的答案，教师可根据教学实际情况，充分发挥学生的想象力，结合实际元器件的大小及元件引脚的长短，绘制出不同的布线图，比较布线图上元件位置的相对合理性，分层次教学。

原则：

(1) 尽量缩短所用连接导线，连线过长，不容易拉直，影响美观；

(2) 上下相邻需要连接的焊点，可用焊锡直接连接起来，不用导线连接；

(3) 画布线图时，要充分考虑实际元件引脚的长度；

(4) 减少元件间导线的连接，简化电路，减少焊点，减少焊接工艺上的问题；

(5) 元件和导线都垂直放置，不允许出现水平放置，否则影响安装工艺。

3. 元件焊接操作步骤

1) 焊接集成座

把座插放在覆铜板没有铜箔的一面，引脚在铜箔一面进行焊接。焊接集成座分别在第 7 排和第 21 排放置两个 IC 集成座，两个 IC 集成座之间留出一定的空隙，如图 18-5 所示。

注意，焊接时不要出现焊锡桥。

2) 割开连接集成座同一排引脚的铜箔

用美工刀把相连的引脚中间的铜箔割断，使集成座的各引脚焊点独立，如图 18-6 所示。注意：割板子时不要越出界限（可观看示范割板视频）。

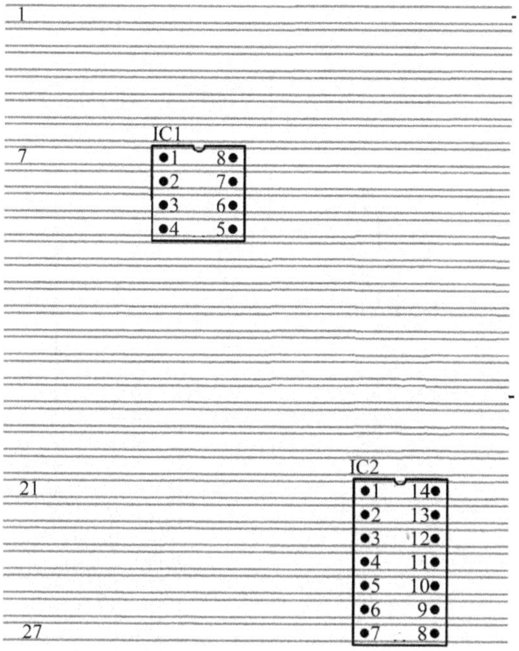

图 18-5　焊接集成座

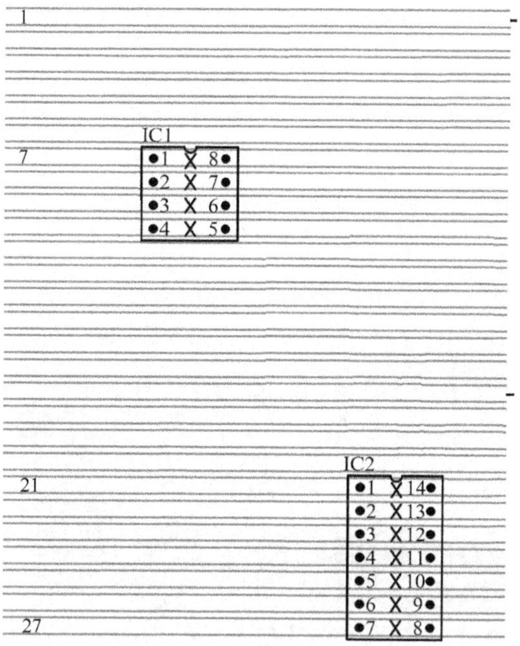

图 18-6　割开集成座同一排焊点相连的铜箔

3）用万用表测量铜箔是否割断

把万用表拨到 ×1 欧姆挡，短接调零后，测已经割断的水平铜箔，指针应分别指在无穷大处；再分别测上下各引脚，指针仍分别指在无穷大处。确认铜箔割断，集成座引脚的焊点独立，如图 18-7 所示。

注意：指针如果不指在无穷大处，说明出现了焊锡桥，或者没有割断铜箔。

4）连接集成电路的电源和地引脚

IC1 的 7 脚接电源正极，4 脚接地。IC2 的 14 脚接电源正极，7 脚接地。IC2 连接正极的导线，可以从 IC1 的 7 脚接连到电源正极，如图 18-8 所示。

注意：IC2 集成电路原理图中没有画出其与电源的连接，但是在实际连接电路过程中，一定要连接电源正、负极。

5）连接集成电路自身相连的引脚

自身的连接，主要指的是集成电路自身引脚的连接。根据原理图 18-3，集成电路 IC1 没有自身引脚的连接，而集成电路 IC2 的 6 脚和 7 脚连接在一起，5 脚和 14 脚连接在一起。为防止安装疏漏，在安装元件之前，先将这些引脚连接好，如图 18-9 所示。

6）焊接硬脚元件

所谓硬脚元件，主要指元件引脚不能随意拉伸、弯曲的元件，只能焊接在相邻的铜排焊盘上，本次制作中的硬脚元件有：VT1、VT2、SW1、VR1、MIC。三极管 VT1 的发射极接地（第 17 排），基极接在第 18 排，集电极从第 19 排连接到 IC2 的 3 脚。三极管 VT2 的集电极在第 4 排通过导线接电源（第 1 排）。按键开关 SW1 一端放置在第 1 排（电源），另一端通过导线接到 IC2 的 4 脚。电位器 VR1 可以只连接两个引脚，上端引脚从第 12 排通过导线连接到 IC1 的 2 脚，中间引脚从第 13 排通过导线连接到 IC1 的 6 脚。麦克 MIC 的负极接地（第 17 排），其正极接第 16 排，连接元件如图 18-10 所示。

图 18-7　测量割断铜箔的焊点

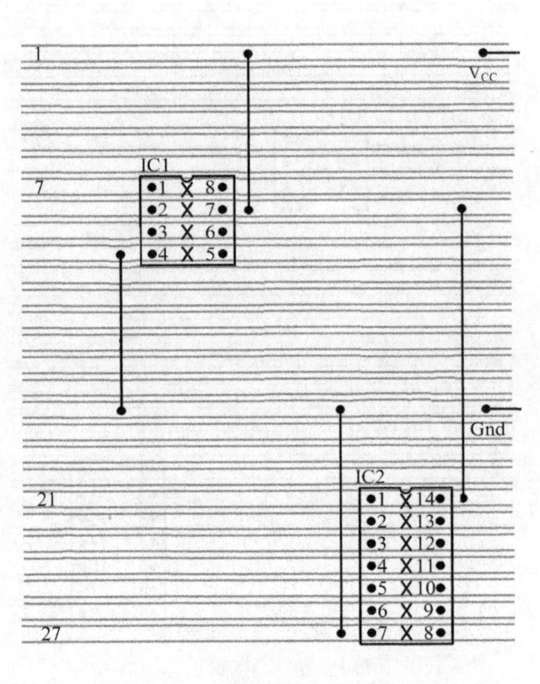

图 18-8　电源正、负极的连接

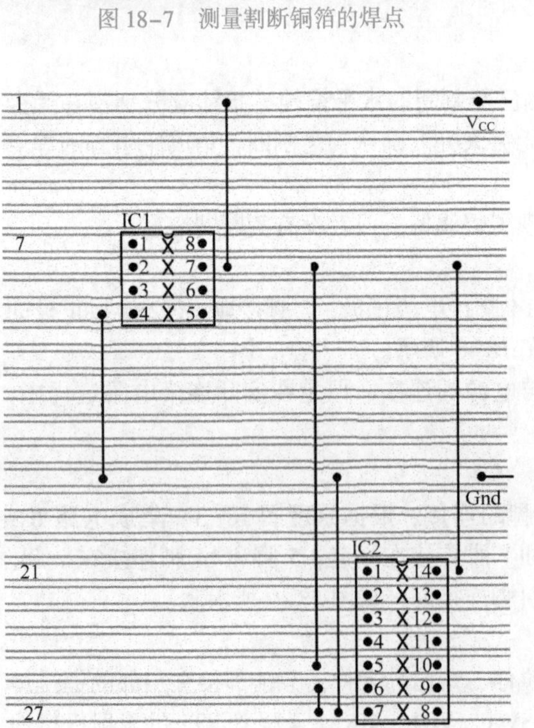

图 18-9　IC 自身引脚的连接

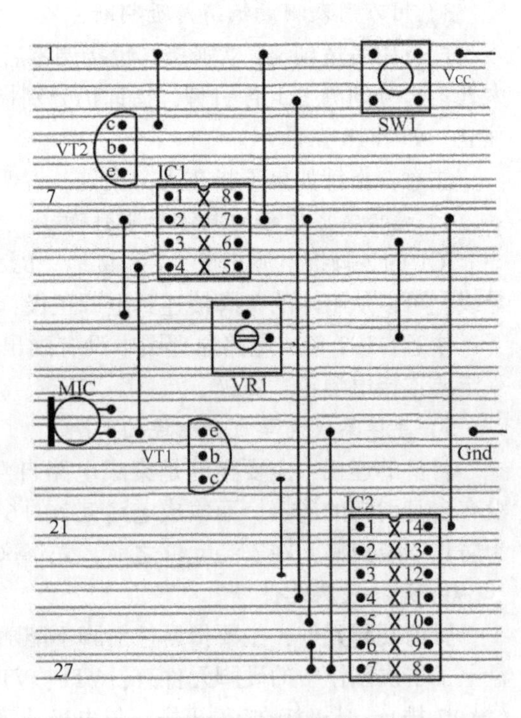

图 18-10　硬脚元件的安装

7）分步安装电阻器、电容器

建议：按从上到下、从左到右的顺序安装元件。

（1）安装 R1、R2、R3、R4、C1、C2。

合理安排各个元件的位置，R1 从第 1 排（电源）连接到第 16 排。R2 从 IC1 的 2 脚连接到第 15 排，接 C1 连接到话筒的正极（第 16 排）。R3 从 IC1 的 3 脚连接到第 1 排。R4 和 C2 是并联关系，两端都分别连接在 IC1 的 3 脚和地之间，如图 18-11 所示。

（2）安装 C3、R5、R6、R7、R8。

合理安排各个元件的位置，C3 从 IC1 的 6 脚连接到第 11 排，连接 R5 到 VT1 的基极（第 18 排）。R6 从 VT1 的基极连接到电源，在这里通过 IC1 的 7 脚（第 8 排）连接到电源。R7 从 VT1 的基极连接到 IC1 的 4 脚（接地）。R8 从 VT1 的集电极连接到电源，在这里连接到 IC1 的 7 脚，如图 18-12 所示。

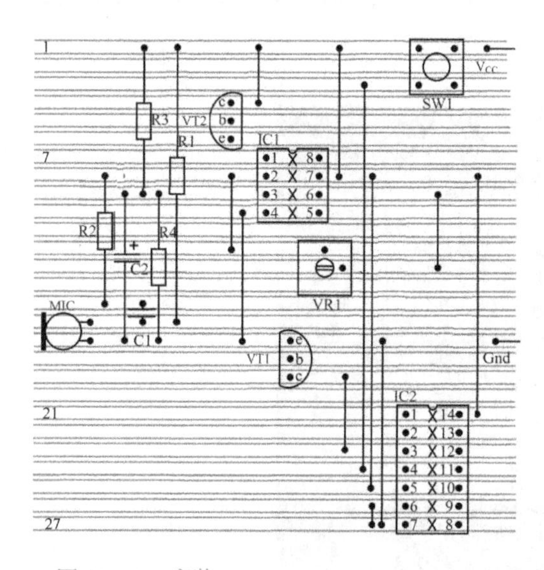

图 18-11　安装 R1、R2、R3、R4、C1、C2

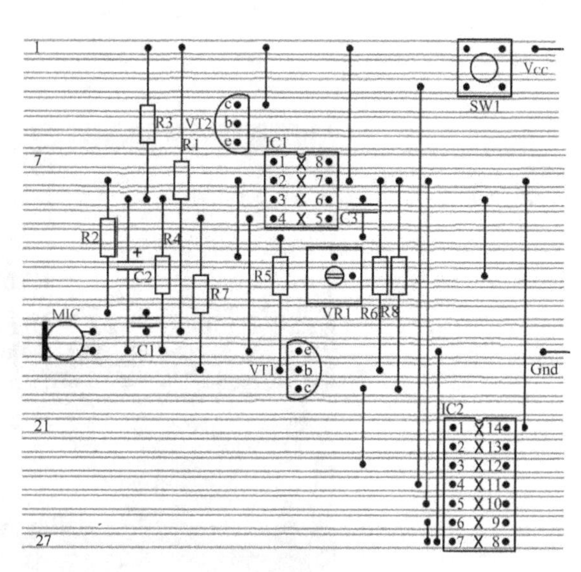

图 18-12　安装 C3、R5、R6、R7、R8

（3）安装 C4、R9、R10、R11、L1。

合理安排各个元件的位置，C4 与开关 SW 是并联关系，连接在第 1 排和第 3 排之间。R9 从 IC2 的 4 脚连接到地。R10 从 IC2 的 1 脚连接到三极管 VT2 的基极上（第 5 排）。R11 从 VT2 的发射极连接到第 20 排，然后从第 20 排连接 L1 的正极，L1 的负极连接到地，如图 18-13所示。

（4）引出电源线。

在第 1 排和第 17 排分别引出电源正负极引线。

电路安装完毕，组装实物图如图 18-14 所示。

8）测电源正、负极是否短路

把万用表拨到 ×1 欧姆挡，短接调零后，测电源引出线，如果有阻值，则说明电源间没有短路；如果阻值为 0，则说明电源间短路，不能通电试验，注意排查。

测电源正、负极是否短路如图 18-15 所示。

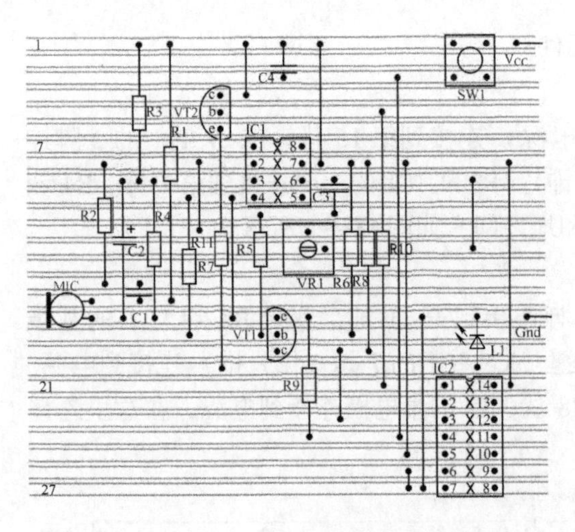

图 18-13 安装 C4、R9、R10、R11、L1

图 18-14 组装实物图

图 18-15 测电源正、负极是否短路

任务三：声触发显示灯电路检测

根据图 18-3 所示的原理图，完成以下测量调试工作。

1. 让 VR1 在中间阻值，连接 12V 直流电源到电路上。

2. 如果 L1 亮起，按下 SW1 然后放开，L1 应该关闭。

3. 在传声器 MIC 前拍掌，L1 应该会亮起，按下 SW1 然后放开，LED 应该关闭。

4. 在 MIC 前拍掌，在 L1 亮起后，测量 IC1 的 6 脚、VT1 的基极与集电极，IC2 的 4 脚与 1 脚的直流电压，把读数记录在表 18-2 中。

调整 VR1 至最低值，按下 SW1 然后放手，在 L1 不亮时，测量 IC1 的 6 脚、VT1 的基极与集电极，IC2 的 4 脚与 1 脚的直流电压，记录在表 18-2 中。

表 18-2　数据记录表

	L1 亮	L1 不亮
IC1 的 6 脚		
VT1 的基极		
VT1 的集电极		
IC2 的 4 脚		
IC2 的 1 脚		

思考题

1. IC1 用于连接成什么电路？
2. 写出 IC1 电路的增益公式。
3. VT1 用于组成什么电路？
4. C4 的用途是什么？
5. VT2 的用途是什么？

项目评价反馈表

任务名称	配　分	评分要点	学生自评	小组互评	教师评价
项目总体评价					

相关知识

1. 分析工作原理

根据图 18-3，MIC 是驻极体话筒，R1 给内部的场效应管提供合适的工作电压。外面的声音振动经内部场效应管放大后转变成电压的波动输出，经 C1 隔绝直流后送到后级放大器输入端。

IC1 运算放大器接成反相放大器，增益由 VR1 与 R2 的比值决定，话筒拾取到的声音信号经过放大器后信号幅度已足以驱动三极管，VT1 在这里作开关管用，声音足够响时，VT1 导通，IC1A CLK 被拉到低电位，由于无信号时 3 脚 CLK 有上拉电阻器 R8，提升到高电位，这样，当 CLK 拉低时就形成了一个完整的高—低有效的时钟脉冲，IC1A 的 D 触发器输出 Q 等于输入端 D 高电位，VT2 导通，L1 发光。

SW1 是用来给 D 触发器复位的，按下开关，C4 上的电荷被释放，松开开关，由于 C4 电压不能突变，电源给 C4 充电，此时电容器相当于短路，RST 复位端为 1，随着 C4 充电，容抗逐渐提高，R9 上分担的电压越来越低，RST 为 0，完成复位操作。

Q 为 0，VT2 截止，L1 熄灭。

2. D 触发器

1）维持阻塞 D 触发器的电路结构

维持阻塞 D 触发器的电路如图 18-16 所示。从电路的结构可以看出，它是在基本 RS 触发

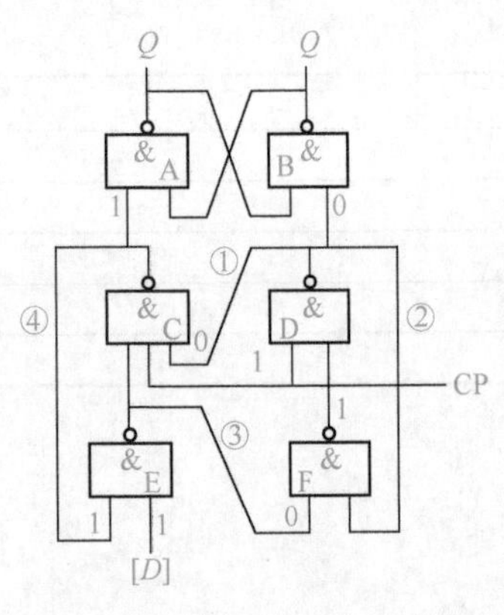

图 18-16　维持阻塞 D 触发器

器的基础之上增加了四个逻辑门而构成的，C 门的输出是基本 RS 触发器的置“0”通道，D 门的输出是基本 RS 触发器的置“1”通道。C 门和 D 门可以在控制时钟控制下决定数据［D］是否能传输到基本 RS 触发器的输入端。E 门将数据［D］以反变量形式送到 C 门的输入端，再经过 F 门将数据［D］以原变量形式送到 D 门的输入端。使数据［D］等待时钟到来后，通过 C 门、D 门实现置“0”或置“1”。

2）维持阻塞 D 触发器的工作原理

D 触发器具有置“0”和置“1”功能。

设 Q =0、［D］ =1，当 CP 来到后，触发器将置“1”，触发器各点的逻辑电平如图 18-16 所示。在执行置“1”操作时，C 门输出高电平；D 门输出低电平，此时应保证置“1”和禁止置“0”。为此，将 D =0 通过①线加到 C 门的输入端，保证 C =1，从而禁止置“0”。同时 D =0 通过②线加到 F 门的输入端，保证 F =1，与 CP =1 共同保证 D =0，从而维持置“1”。

置“0”过程类似。设 Q =1、［D］ =0，当 CP 来到后，触发器将置“0”。在执行置“0”操作时，C 门输出低电平，此时应保证置“0”和禁止置“1”。为此，将 C =0 通过④线加到 E 门的输入端，保证 E =1，从而保证 C =0，维持置“0”。同时 E =1 通过③线加到 F 门的输入端，保证 F =0，从而使 D =1，禁止置“1”，如图 18-17 所示。

电路图中的②线或④线分别加在置“1”通道或置“0”通道的同一侧，起到维持置“1”或维持置“0”的作用；①线和③线加在另一侧通道上，起阻塞置“0”或置“1”的作用。所以①线称为置“0”阻塞线，②线是置“1”维持线，③线称为置“1”阻塞线，④线是置“0”维持线。从电路结构上看，加于置“1”通道或置“0”通道同侧的是维持线，加到另一侧的是阻塞线，只要把电路的结构搞清楚，采用正确的分析方法，就不难理解电路的工作原理。

根据对工作原理的分析，可以看出，维持阻塞 D 触发器是在时钟上升沿来到时开始翻转的，称使触发器发生翻转的时钟边沿为动作沿。

图 18-18 是带有异步清零和预置端的完整的维持阻塞 D 触发器的电路图。这个触发器的直接置“0”和直接置“1”功能无论是在时钟的低电平期间还是在时钟的高电平期间，都可以正确执行。

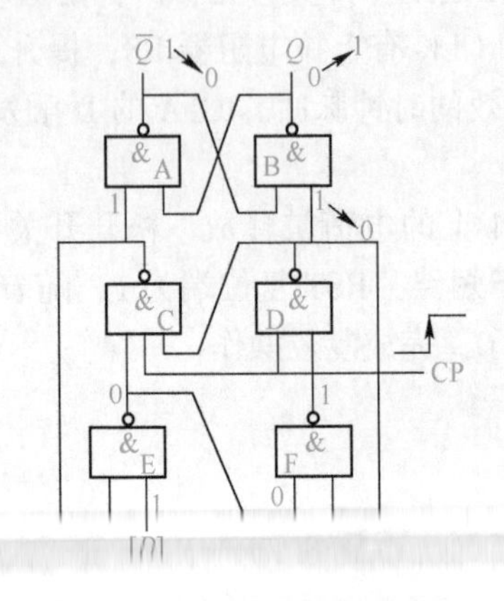

图 18-17　触发器置“1”状态

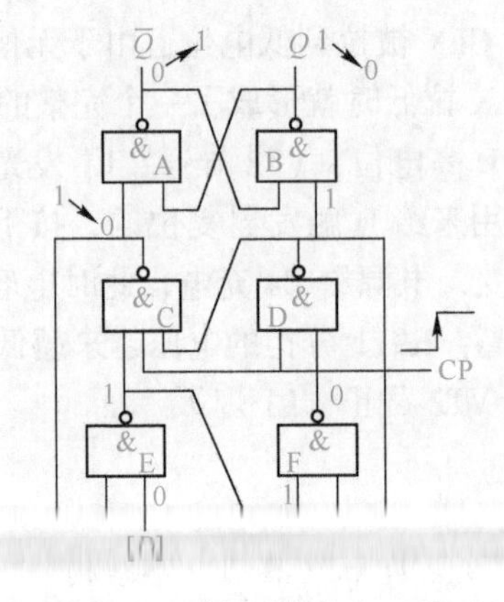

图 18-18　触发器置“0”状态

项目十九

窗口比较器的制作

【项目描述】通过控制七段数码管的闪烁和LED灯的亮灭，实现窗口比较器电路的组装。要求数码管和LED不能同时亮，并且数码管闪烁的速度要可调。

【学习目标】

1. 知识目标：了解窗口比较器电路的工作原理；掌握集成电路IC7476的引脚功能。

2. 技能目标：熟练绘制窗口比较器电路的布线图并完成焊接组装；学会调试窗口比较器电路的功能。

【项目实施】

任务一：窗口比较器的元件检测

1. 检测元件

电阻10个：R1、R3阻值相同，都为33kΩ；R4、R8、R10阻值都为10kΩ；R5、R6阻值都为330Ω；注意区别R2、R9，色环相似。电位器2个，注意VR1和VR2不能混用，VR2可变电阻器阻值为1MΩ。电容器2个，注意C1图纸标注0.22μF，实际元件标注为224，C2图纸标注0.1μF，实际元件标注为104。二极管3个：都为玻璃状透明1N4148，带黑边的引脚为负极。发光二极管1个，注意正、负极的区别。三极管两个：2N3906为PNP型，2N2219为中功率三极管，如没有可用TIP31代替。拨动开关1个：内部三个触点，左右拨动实现开关的关和闭，由于其引脚过粗，一般用导线连接，不用焊接在板子上。共阴极七段显示器1个：最好用引脚排列在元件两侧的，这样可以将元件直接插到14个脚的集成电路座上，便于更换，注意是共阴极的。制作所需元件详细列表见表19-1。

表19-1　所需元件列表

符　号	元件名称	型号参数	实物图
IC1	集成电路	393	

续表

符　号	元件名称	型号参数	实物图
IC2	集成电路	4049	
R1、R3 R2 R4、R8、R10 R5、R6 R7 R9	电阻器	33kΩ 47kΩ 10kΩ 330Ω 150kΩ 470kΩ	
VR1 VR2	电位器	470kΩ 1MΩ	
L1	发光二极管	LED	
DISP	共阴极7段显示器	—	
C1 C2	电容器	0.22μF 0.1μF	
VD1～VD3	二极管	1N4148	
VT1 VT2	三极管	2N2219（TIP31） 2N3906	
集成座	14、8、16脚集成座	—	
SW1	拨动开关	拨动开关	

2. 认识集成电路

1）8脚集成电路LM393

LM393是双电压比较器，该电路的特点如下。

（1）工作电源电压范围宽，单电源、双电源均可工作，单电源：2～36V，双电源：±1～±18V。

（2）消耗电流小，$I_{cc}=0.8mA$。

(3) 输入失调电压小，$V_{io} = \pm 2mV$。

(4) 共模输入电压范围宽，$V_{ic} = 0 \sim V_{CC} - 1.5V$。

(5) 输出与 TTL、DTL、MOS、CMOS 等兼容。

(6) 输出可以用开路集电极连接“或”门。

(7) 采用双列直插 8 脚塑料封装（DIP8）和微形的双列 8 脚塑料封装（SOP8）。

LM393 内部结构及引脚图如图 19-1 所示，引脚功能如表 19-2 所示。

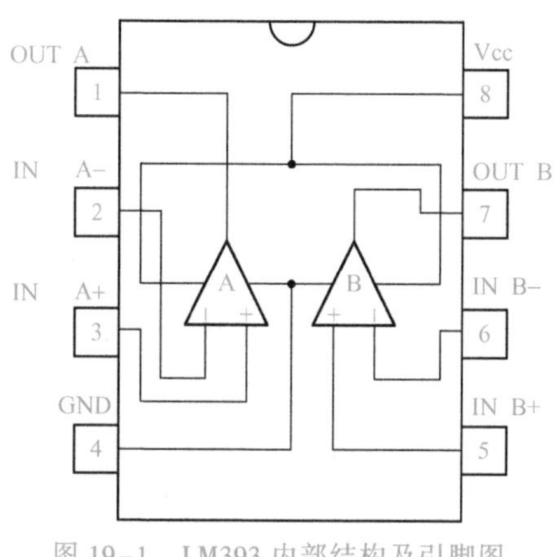

图 19-1　LM393 内部结构及引脚图

表 19-2　LM393 引脚功能

引脚序号	符　号	功　能
1	OUT A	输出 A
2	IN A −	反相输入 A
3	IN A +	同相输入 A
4	GND	接地端
5	IN B +	同相输入 B
6	IN B −	反相输入 B
7	OUT B	输出 B
8	V_{CC}	电源电压

2）六反相缓冲器 4049

CD4049 具有仅用电源电压（V_{CC}）进行逻辑电平转换的特征。用于逻辑电平转换时，输入高电平电压（V_{IH}）超过电源电压 V_{CC}。该器件主要用做 COS/MOS 到 DTL/TTL 的转换器，能直接驱动两个 DTL/TTL 负载。4049 可替换 4009，因为 4049 仅需要电源电压，可取代 4009 用于反相器、电源驱动器或逻辑电平转换器。4049 的 16 引脚是空脚，与内部电路无连接。4049 引脚图如图 19-2 所示。

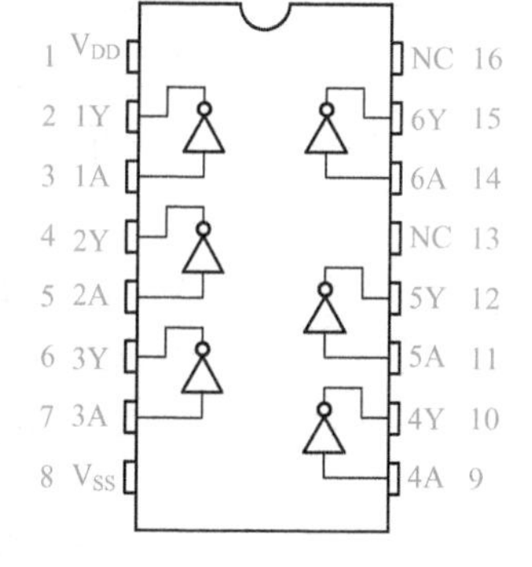

图 19-2　4049 引脚图（没有用的输入接地）

3）共阴极七段数码显示管

本制作使用的是共阴极的七段数码显示管如图 19-4 所示。该数码显示管共有 10 个引脚，分别位于数码显示管的两侧，引脚距离适合插到 14 脚的集成座上。引脚功能如表 19-3 所示。

表 19-3　七段数码显示管各个引脚的功能

引脚序号	引脚功能	引脚序号	引脚功能
1	阳极 F	8	阳极 C
2	阳极 G	9	阳极 DP
3	没有引脚	10	没有引脚
4	COM 共同的阴极	11	没有引脚
5	没有引脚	12	COM 共同的阴极
6	阳极 E	13	阳极 B
7	阳极 D	14	阳极 A

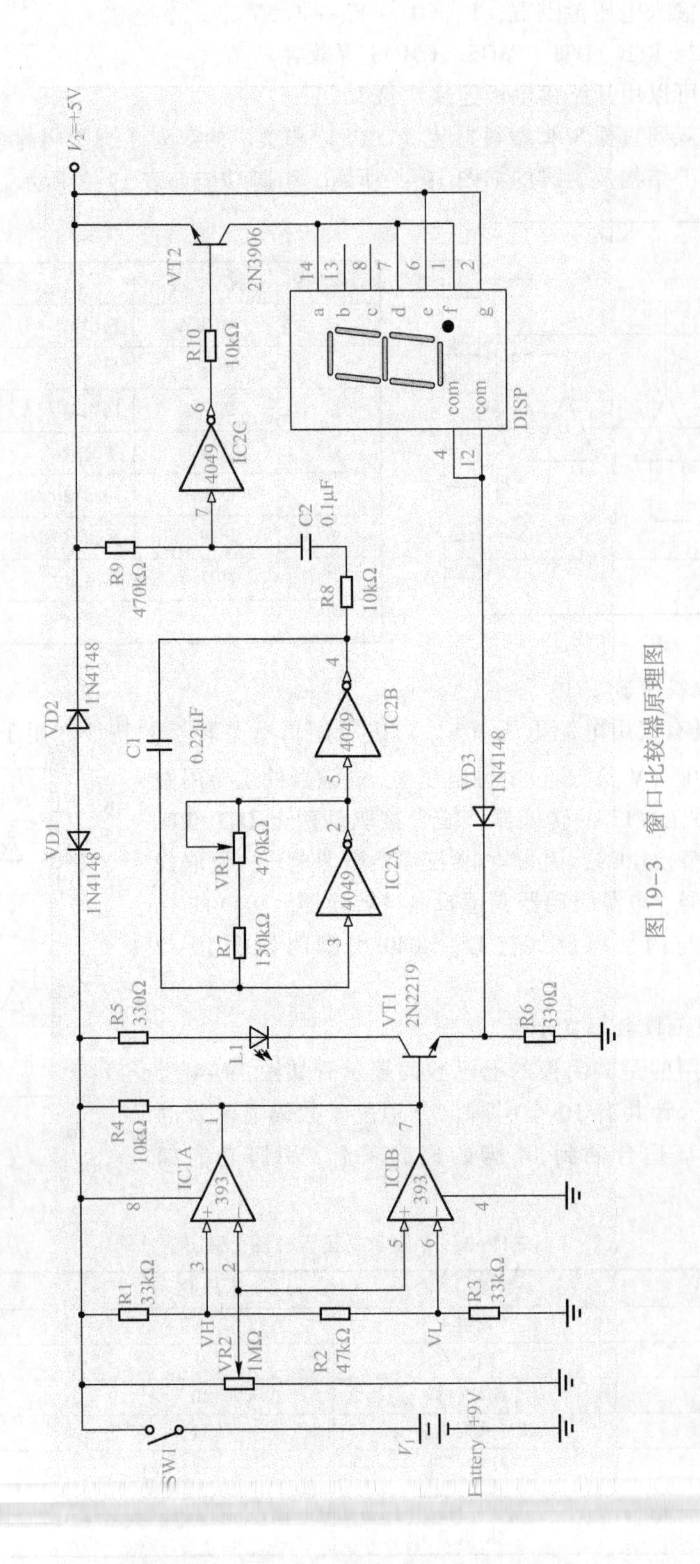

图 19-3 窗口比较器原理图

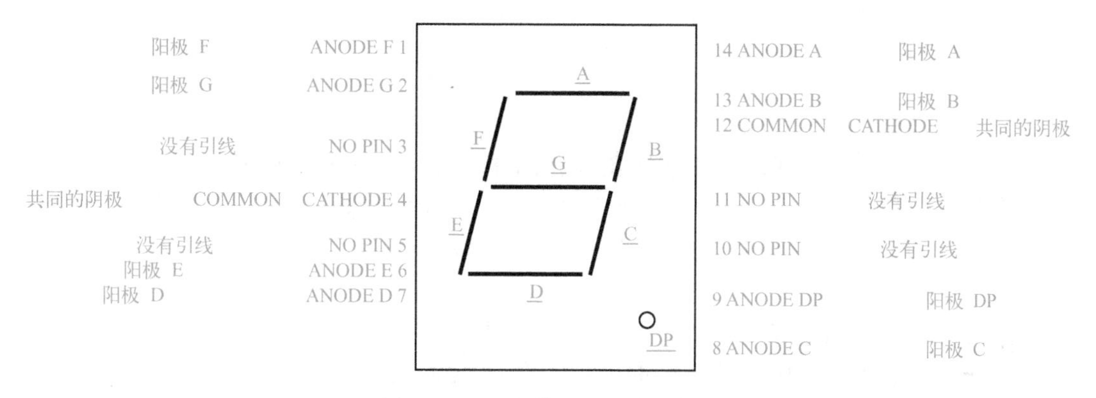

图 19-4 七段数码显示管引脚图

3. 简要分析电路原理

电路原理见本项目的相关知识，电路图如图 19-3 所示。

任务二：窗口比较器电路制作

1. 画布线图

根据电路原理图画出布线图，如图 19-5 所示。

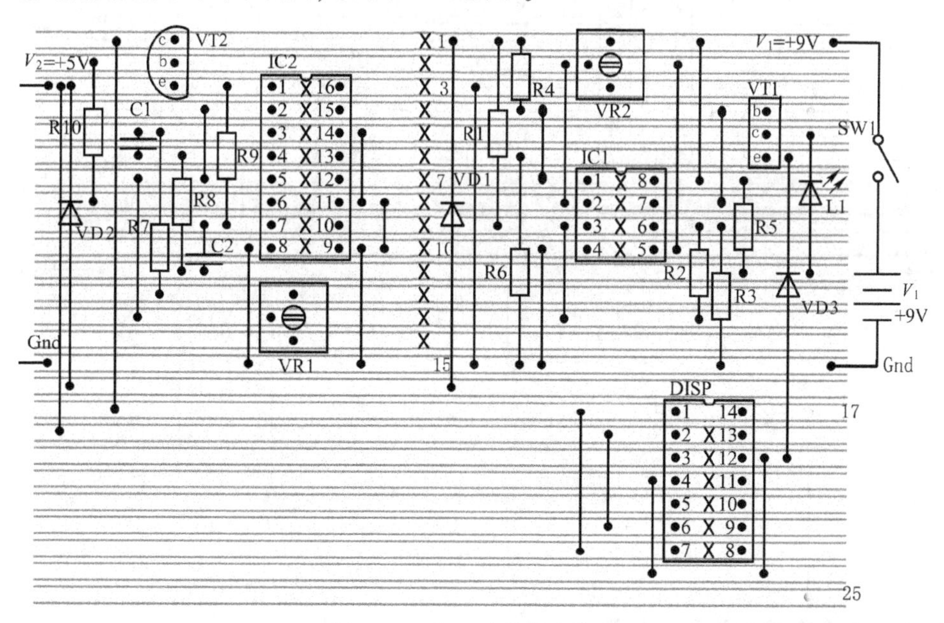

图 19-5 窗口比较器布线图

布线图可根据自己对整个电路的元件进行布局，合理安排每个元件的位置，图 19-5 给出的布线图可作为制作时的参考。

2. 拓展训练

想一想，你能绘制出什么样的布线图？

电路元件与多孔板组成的实物布线图没有标准、统一的答案，教师可根据教学实际情况，充分发挥学生的想象力，结合实际元器件的大小及元件引脚的长短，绘制出不同的布线图，比较布线图上元件位置的相对合理性，分层次教学。

原则：

(1) 尽量缩短所用连接导线，连线过长，不容易拉直，影响美观；

(2) 上下相邻需要连接的焊点，可用焊锡直接连接起来，不用导线连接；

(3) 画布线图时，要充分考虑实际元件引脚的长度；

(4) 减少元件间导线的连接，简化电路，减少焊点，减少焊接工艺上的问题；

(5) 元件和导线都垂直放置，不允许出现水平放置，否则影响安装工艺。

3. 元件焊接操作步骤

1) 焊接集成座并割板

把三个 IC 座插放在覆铜板没有铜箔的一面，引脚在铜箔一面进行焊接。焊接集成座的时候定出两个电源排，并割断第 1 排到第 14 排相应的铜箔，如图 19-6 所示。

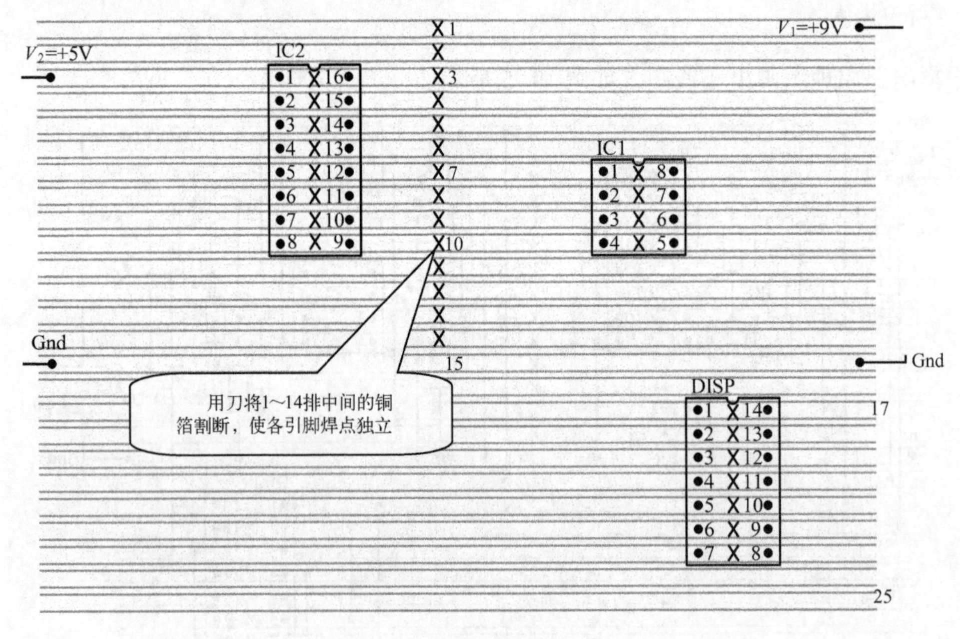

图 19-6　焊接集成座并割板

2) 用万用表测量铜箔是否割断

把万用表拨到 ×1 欧姆挡，短接调零后，测量已经割断的水平铜箔，指针应分别指在无穷大处，再分别测上下各引脚，指针仍分别指在无穷大处。确认铜箔割断，集成座引脚的焊点独立，如图 19-7 所示。

注意：指针如果不指在无穷大处，说明出现了焊锡桥，或者没有割断铜箔。

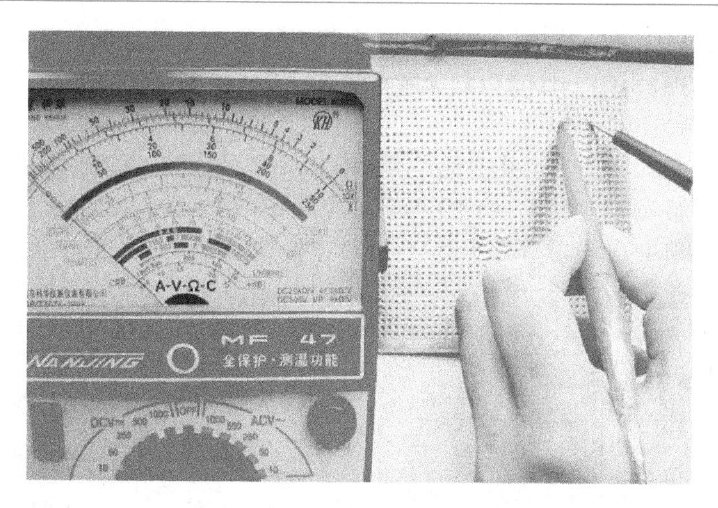

图 19-7　测量割断铜箔的焊点

3）连接集成电路 IC1 的电源和自身引脚

本项目制作中的电路有两个直流电源：IC1 用 +9V 直流电源，IC2 和 DISP 用 +5V 直流电源。

IC1 的 8 脚接电源正极（+9V，第 1 排），4 脚接电源负极（第 15 排）。自身引脚连接是：2 脚连接 5 脚（在第 2 排连接），1 脚连接 7 脚（在第 5 排连接），如图 19-8 所示。

IC2 的电源正极（+5V）放置在第 3 排，接地引脚同样放置在第 15 排。

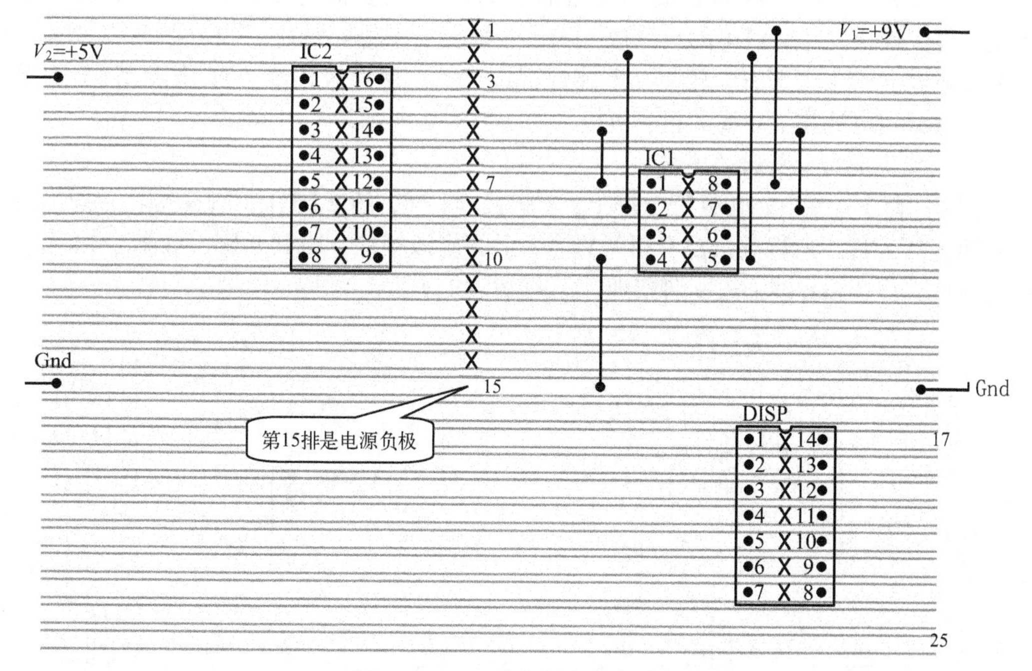

图 19-8　IC1 的电源和自身引脚

4）焊接 IC1 周围的硬脚元件

IC1 周围的硬脚元件有 VR2 和 VT1。VR2 放置在板子的第 1 排到第 3 排，VT1 放置在板子的第 4 排到第 6 排。

根据原理图，VR2 的一端接 +9V 电源，中间引脚接 IC1 的 2 脚，另一端接电源负极。VT1 用中功率管 TIP31 代替，注意引脚顺序，其基极 b 连接到 IC1 的 7 脚，如图 19-9 所示。

5）安装 R1、R2、R3、R4

放置元件 R1、R2、R3、R4 并进行焊接，R1 从 IC1 的 3 脚连接到 +9V 电源。R2 从 IC1 的 6 脚出来，通过第 13 排连接到 IC1 的 3 脚。R3 从 IC1 的 6 脚连接到地（第 15 排）。R4 从 VT1 的基极 b 连接到 +9V 电源（第 1 排），元件连接如图 19-10 所示。

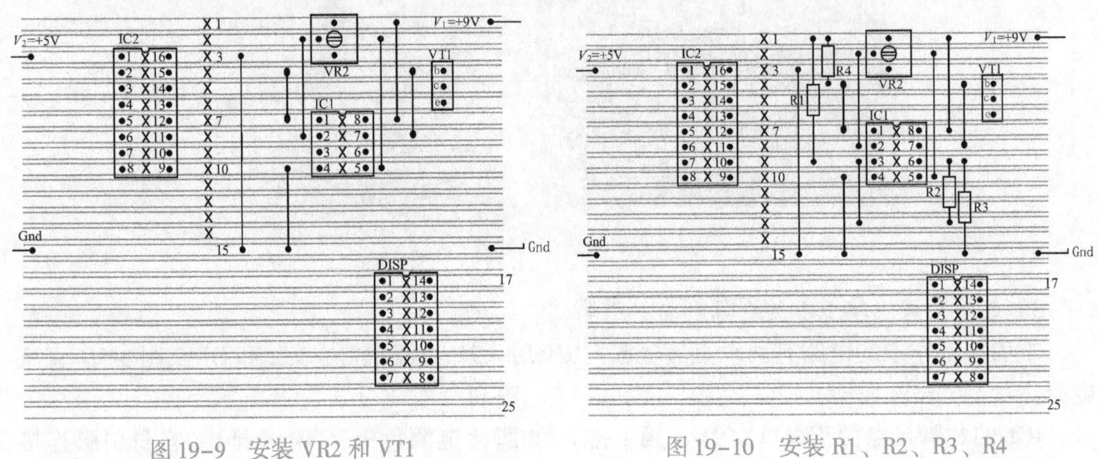

图 19-9　安装 VR2 和 VT1　　图 19-10　安装 R1、R2、R3、R4

6）安装 R5、R6、VD1、VD3、L1、SW1

R5 从 +9V 连接到第 11 排，接 L1 的正极，通过 L1 的负极连接到 VT1 的集电极。R6 从 VT1 的发射极连接到地。VD1 的负极接 +9V，正极接第 16 排。VD3 从 DISP 的 12 脚连接到 VT1 的发射极。SW1 由于引脚较粗，不能插到板子上，用导线连接。9V 电源用 9V 电池扣连接，注意分清电池扣上导线的正、负极，如图 19-11 所示。

7）IC2 电源和自身引脚的连接

IC2 的 1 脚放置在 5V 电源第 3 排上，8 脚接地。IC2 的 2 脚和 5 脚连接在一起。由于 IC2 是 MOS 管元件，所以其余没有用到的输入引脚应该接地，将其 9 脚、11 脚、14 引脚用导线连接后，用一根导线通过 9 脚接地，如图 19-12 所示。

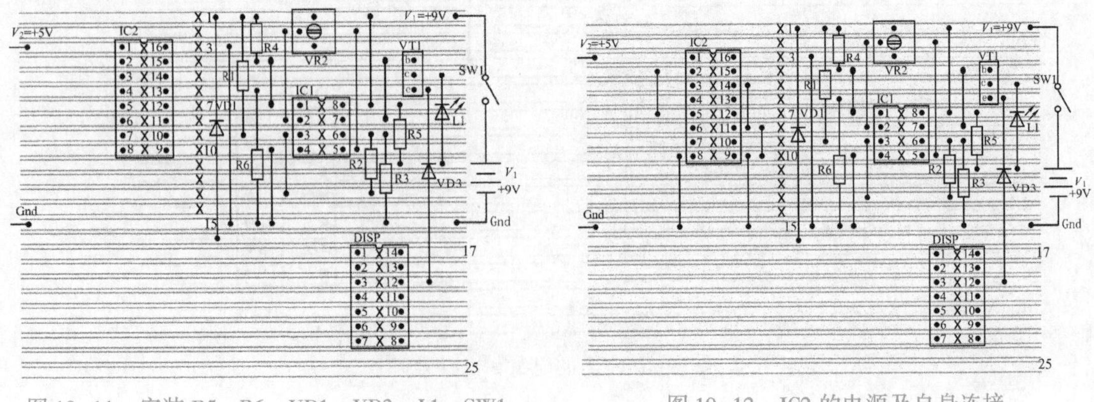

图 19-11　安装 R5、R6、VD1、VD3、L1、SW1　　图 19-12　IC2 的电源及自身连接

注意：IC2 内部有 6 个非门，在本次制作中，只用了其中的 3 个，IC2A、IC2B、IC2C，在绘制布线图的时候，用另外 3 个非门，或者用任意 3 个非门都可以完成本次电路的连接。

思考一下：如果在绘制布线图的时候，自己定义其中的哪 3 个非门？

8）焊接 IC2 周围的硬脚元件

合理放置 VR1、VT2，并连接相关导线。VT2 的集电极连接 DISP 的 1 脚，发射极接 +5V 电源。VR1 中间引脚接 IC2 的 5 脚，如图 19-13 所示。

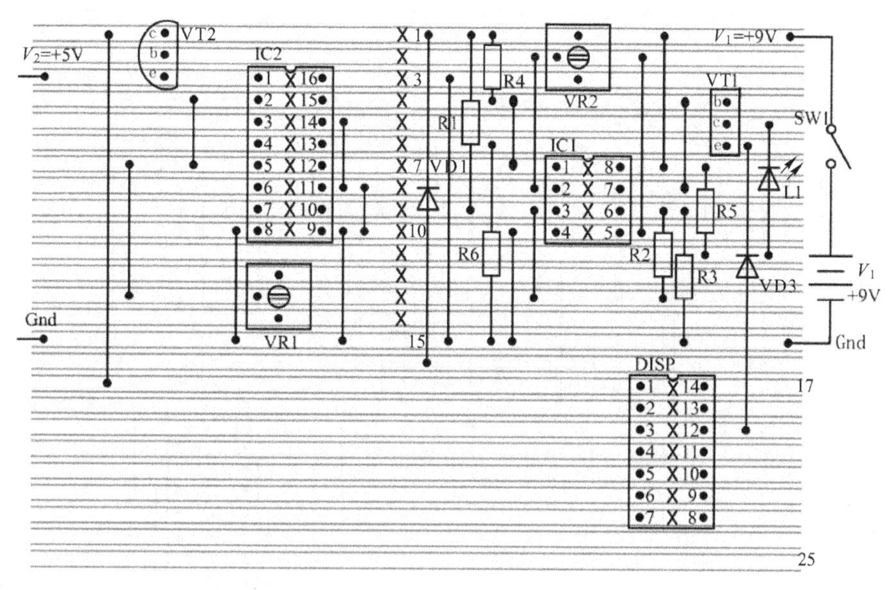

图 19-13　安装 VR1、VT2

9）安装 R7、R8、R9、R10、C1、C2、VD2

合理放置元件，R7 从 IC2 的 3 脚连接到 VR1 的上端引脚（第 12 排）。R8 从 IC2 的 4 脚连接到第 11 排，通过 C2 连接到 IC2 的 7 脚。R9 连接在 IC2 的 1 脚和 7 脚之间。R10 从 VT2 的基极连接到 IC2 的 6 脚。VD2 分清正、负极，其正极与 VD1 的正极相连（第 16 排）。C1 由于引脚距离较近，所以直接放在 IC2 的 3 脚和 4 脚的连接排上，如图 19-14 所示。

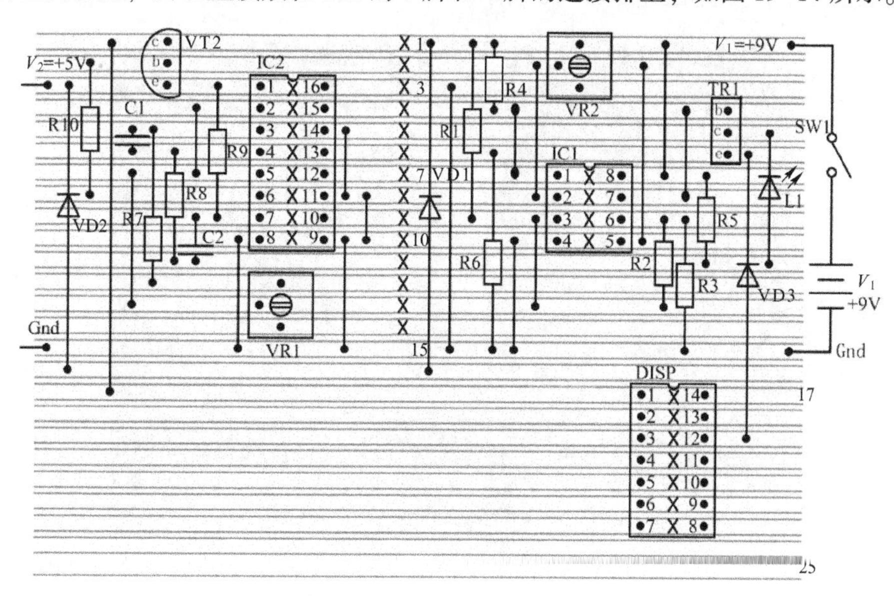

图 19-14　安装 R7、R8、R9、R10、C1、C2、VD2

10）连接七段数码管座（DISP）的自身引脚

七段数码管要安装在一个14引脚的集成座上，所以首先焊接14脚的集成座。共阴极七段数码管共有10个引脚，根据原理图分析，2脚连6脚，4脚连12脚，1脚、7脚、14脚接在一起，1脚和14脚在同一条铜排上，所以将割断的第17排铜箔用焊锡连接即可。在调试电路的时候，将七段数码管插放到14脚的集成座上，就可以正常调试，如图19-15所示。

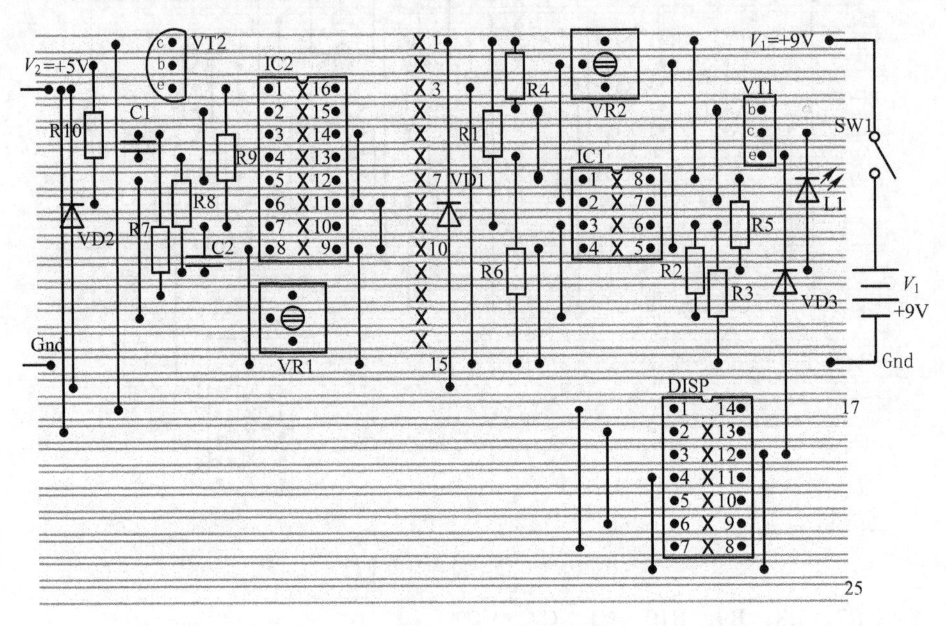

图19-15　DISP七段数码管座的连接

注意：本次制作用到两个直流电源，一般情况下，+9V用电池，+5V用直流电源来通电调试，根据实际情况加电。

电路组装完毕，实物图如图19-16所示。

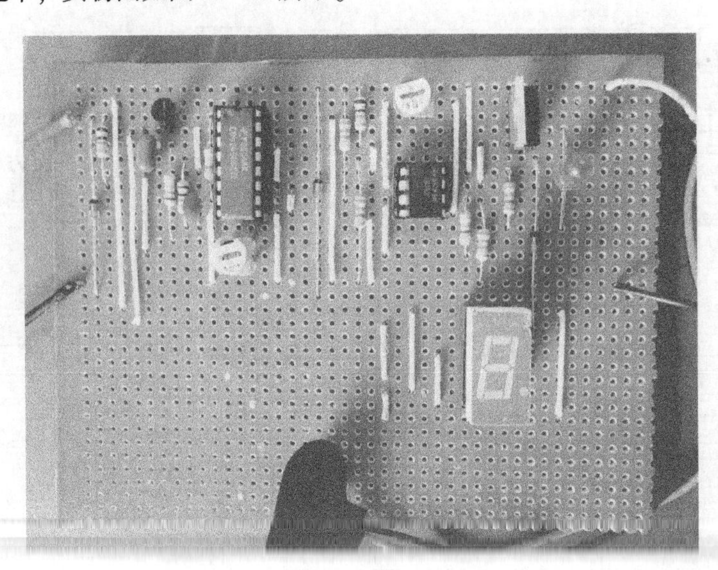

图19-16　窗口比较器组装实物图

11）测电源正、负极是否短路

把万用表拨到 ×1 欧姆挡，短接调零后，测电源引出线，如果有阻值，说明电源间没有短路；如果阻值为 0，说明电源间短路，不能通电试验，注意排查。

测电源正、负极是否短路图 19-17 所示。

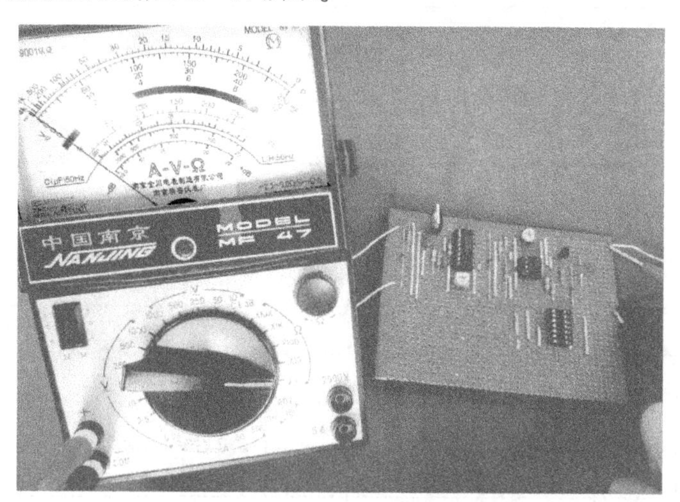

图 19-17　测电源正、负极是否短路

任务三：窗口比较器电路检测

根据图 19-3 所示的原理图，完成以下测量调试工作。

1. 测试现象

（1）接上 +9V 和 +5V 电源及接地线，将开关 SW1 闭合。

（2）调节 VR2 可变电阻器，使其可变端位置调至中间（500kΩ 左右），此时 LED1 会发光，而 7 段显示器不显示任何字母。

（3）调节 VR2 可变电阻器，使其可变端位置调至两端任意一端时（接近为 0 或为 1MΩ），此时 LED1 灭，而 7 段显示器显示字母“E”，并且连续闪烁。

（4）调节可变电阻器 VR1，可改变字母“E”闪烁的速度，有闪烁快慢的变化。

2. 测试电压及波形

（1）将万用表拨到直流电压挡。

（2）测量电路中 VR2 阻值最大时和 VR2 阻值最小时的电压，记录其数值在表 19-4 中。

表 19-4　记录电压（一）

在 VR2 阻值最大时的测量电压 = ____________ V
在 VR2 阻值最小时的测量电压 = ____________ V

（3）调整 VR2 可变电阻，由 0V 开始慢慢增加 VR2 中点电压。当 LED1 亮而 DISP 不亮时，立刻停止并记录此点的电压（低），填入表 19-5。

（4）继续增加 VR2 中点电压，LED1 不亮，而 DISP 闪烁，立即停止，并在表 19-5 中记录此点的电压（高）。

表 19-5　记录电压（二）

DISP 闪烁所需最“低”电（低）=________V
DISP 闪烁所需最“高”电（高）=________V

3. 画 IC2C 输出 6 脚的波形并计算出其波幅与频率，记录在表 19-6 中。

表 19-6　IC2C 输出 6 脚的波形

V_{p-p}（波幅）=________ f（频率）=________

思考题

1. 集成电路 IC1 连接成何种电路？
2. 集成电路块 IC2 连接成何种电路？
3. 晶体管 VT2 操作属于何种工作状态？
4. 改变 VR1 的数值将会调节在 IC2B－6 脚输出的哪些变量？
5. 二极管 VD1、VD2 的作用是什么？

项目评价反馈表

任务名称	配　分	评分要点	学生自评	小组互评	教师评价
项目总体评价					

相关知识

1. 分析工作原理

根据图 19-3，七段 LED 显示器共地端接在三极管 VT1 发射极的电阻上，当三极管截止时，COM 端二极管通过 R330 电阻器接地，显示器有电流回路，发光管会亮。当 VT1 导通时，发射极电阻上会有电流通过，有电压产生，COM 端二极管无法导通，显示器没有电流回路，发光管熄灭。

LM393 是双比较器，IC1A 接成低电平比较器，IC1B 接成高电平比较器，电位器 VR2 分别给它们的反相、正相输入端提供可调节的基准电压。调节电位器 VR2，当 IC1A 反相输入 2 脚电压高于 3 脚电压时，比较器输出低电平，按照电阻比率，此时 IC1B 正相输入端 5 脚电压肯定高于 6 脚反相输入端，比较器输出高电平，由于 IC1A、IC1B 输出并联，IC1A 已经输出低电平，低电压优先，输出就变为低电平，VT1 截止。如上所述，七段显示器有电流回路。VT2 按照 IC2 组成的振荡器频率导通、截止，显示器闪烁发光，组成字母“E”。

当 IC1A 反相输入 2 脚电压低于 3 脚时，比较器输出高电平。按照电阻比率，此时 IC1B 正相输入端 5 脚电压仍然高于 6 脚反相输入端，比较器输出高电平，由于 IC1A、IC1B 输出并联，输出就变为高电平，VT1 导通，L1 发光。如上所述，七段显示器不能点亮。

调节 VR2 使 IC1A 反相输入 2 脚电压继续下降，IC1B 正相输入端 5 脚电压低于 6 脚反相输入端，比较器输出低电平。由于 IC1A、IC1B 输出并联，IC1A 已经输出低电平，低电压优先，输出就变为低电平，VT1 截止。如上所述，七段显示器有电流回路。VT2 按照 IC2 组成的振荡器频率导通、截止，显示器闪烁发光，组成字母“E”。

2. 七段数码管

1）认识 LED 数码管

一位 LED 数码管共有 8 个段：a、b、c、d、e、f、g，dp，如图 19-18 所示，其背面有 10 个引脚，8 个为段位引脚，另外两个引脚为公共端 COM1 和 COM2（COM1 与 COM2 在内部是连在一起的），用于控制该数码管的亮灭。

如图 19-19 所示为二位一体的 LED 数码管，两位八段共用，背面共有 10 个引脚，其中有两个公共端引脚 COM1 和 COM2，分别用于控制个位与十位数码管的亮灭。要注意的是这两个公共端没有连在一起。

图 19-18　一位 LED 数码管

图 19-19　二位一体 LED 数码管

如图 19-20 所示为四位一体的 LED 数码管，四位八段共用，背面共有 12 个引脚，其中有 4 个公共端引脚 COM1 ～ COM4，分别用于控制 4 位数码管的亮灭。

2）测量一位 LED 数码管

（1）判断 LED 数码管的极性（共阴、共阳）。

通过判断任意段与公共端连接的二极管的极性就可以判断出是共阴极数码管还是共阳极

图 19-20 四位一体 LED 数码管

数码管。假设数码管是共阳极的，那么将指针式万用表的黑表笔（正极）与数码管的公共段（COM1 或 COM2）相接，然后用万用表的红表笔逐个触碰数码管的各段，数码管的各段将被逐个点亮，则此数码管是共阳极的；如果数码管的各段均不亮，则说明数码管是共阴极的，可以将红黑表笔交换连接后测试。如果数码管只有部分段点亮，而另一部分不亮，说明数码管损坏。

（2）判断 LED 数码管的 8 个段位（a ～ dp）

使用数字万用表“二极管”挡，将黑表笔（或红表笔）固定接在公共端（COM1 或 COM2），依次接触其余各引脚时，数码管的各段先后分别发光，据此可找到 8 个段位，并绘出 LED 数码管的引脚排列图，如图 19-21 所示。

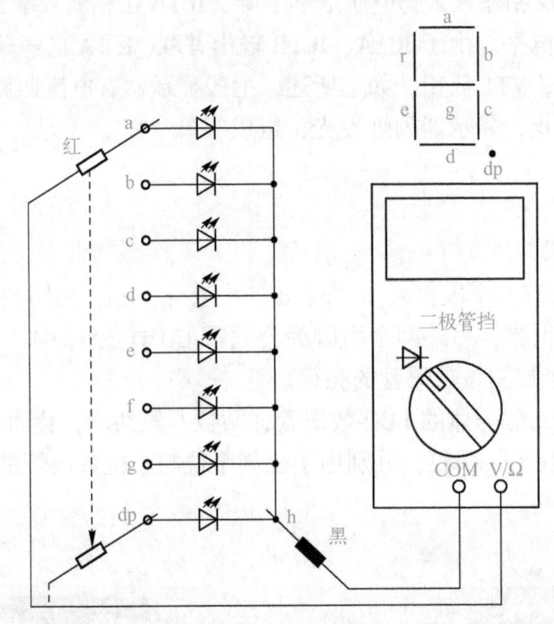

图 19-21 用数字万用表判断数码管极性

四位二进制计数器的制作

【项目描述】通过应用集成电路74LS76实现控制4个灯（LED）的有序亮灭，按照四位二进制数的顺序闪烁，要求LED灯的闪烁速度可以调整。

【学习目标】

1. 知识目标：了解四位二进制计数器的工作原理；掌握集成电路74LS76的引脚功能。

2. 技能目标：熟练绘制四位二进制计数器电路布线图并组装；学会调试四位二进制计数器的电路功能。

【项目实施】

任务一：四位二进制计数器的元件检测

1. 检测元件

电阻器11个：其中R4、R5、R6、R7阻值相同，都为1.8kΩ，R8、R9、R10、R11阻值相同，都为180Ω，注意色环的区别。电容器3个：C1、C3都为100nF，但实际元件标注为104，C2为10μF的电解电容器，注意正、负极的区别。VR1为100kΩ的可变电阻器。发光二极管4个：L1～L4，注意正、负极的区别。三极管4个：VT1～VT4都为BC547，注意不同厂家的e、b、c的顺序有所不同，使用时一定要用万用表测试区分。SPDT开关1个：拨动开关，在这个制作里3个引脚都要使用，引脚较粗，一般用导线连接，不用焊接在板子上。集成座3个：14个引脚的1个，给4093使用，16个引脚的两个，给74LS76使用。元件列表如表20-1所示。

表20-1　元件列表

符　号	元件名称	型号参数	实物图
IC1	集成电路	4093	

续表

符　号	元件名称	型号参数	实 物 图
IC2、IC3	集成电路	7476	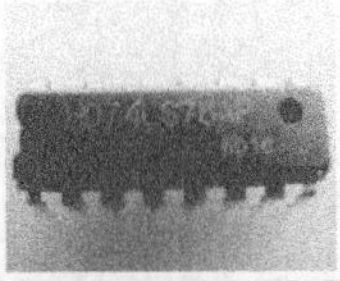
R1 R2 R3 R4、R5、R6、R7 R8、R9、R10、R11	电阻器	1kΩ 10kΩ 470kΩ 1. 8kΩ 180Ω	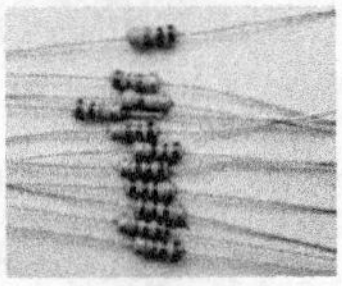
VR1	电位器	100kΩ	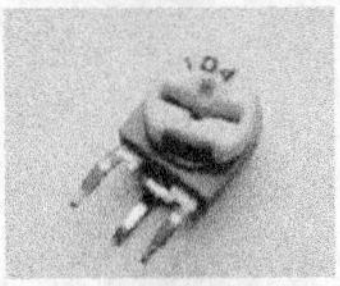
C1 C2 C3	电容器	100nF 10μF 100nF	
L1～L4	发光二极管	LED	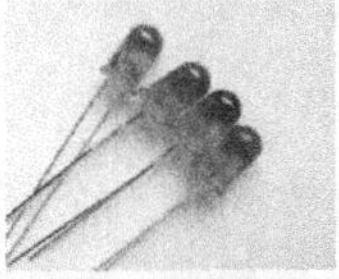
VT1～VT4	三极管	BC547	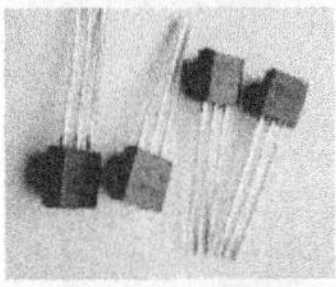
集成座	集成座	—	
SPDT 开关	拨动开关	拨动开关	

2. 认识集成电路

1）集成电路 CD4093

CD4093 由四个 2 输入端施密特触发器电路组成，每个电路均为两输入端具有施密特触发功能的 2 输入与非门。每个门在信号的上升沿和下降沿的不同点开关上升电压（V_P）和下降电压（V_N）之差定义为滞后电压（ΔV_T），引脚图如图 20-1 所示。CD4093 引脚功能如表 20-2 所示。

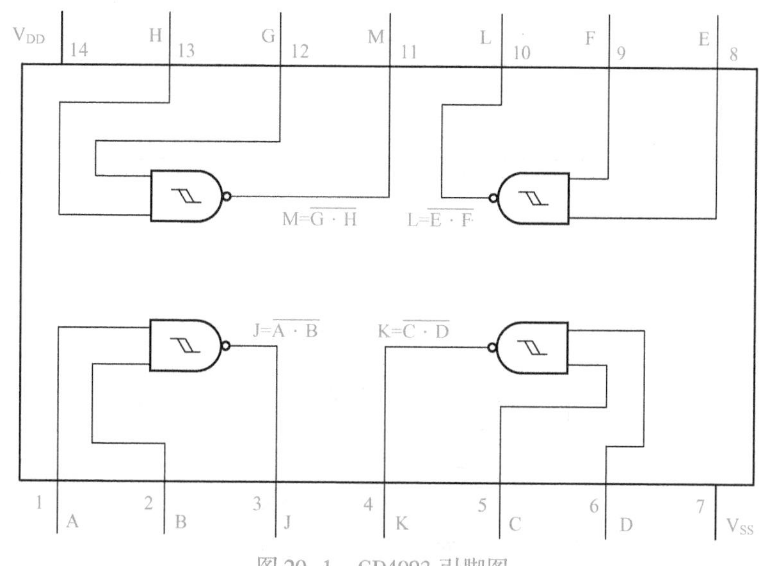

图 20-1　CD4093 引脚图

表 20-2　引脚功能表

引　脚	功　能	引　脚	功　能	引　脚	功　能
A	数据输入端	E	数据输入端	J	数据输出端
B	数据输入端	F	数据输入端	k	数据输出端
C	数据输入端	G	数据输入端	L	数据输出端
D	数据输入端	H	数据输入端	M	数据输出端
V_{DD}	正电源	V_{SS}	地	—	—

2）集成电路 74LS76

74LS76 是有预置和清零功能的双 JK 触发器，实物引脚图如图 20-2 所示，内部分解图如图 20-3 所示，共有 16 个引脚，74LS76 是下降沿触发的。

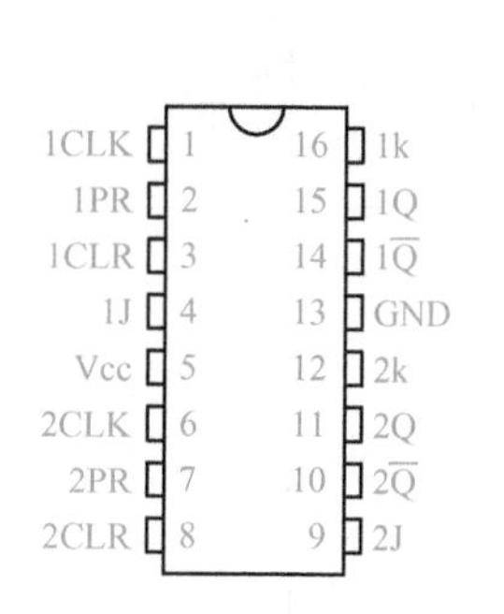

图 20-2　74LS76 实物引脚图

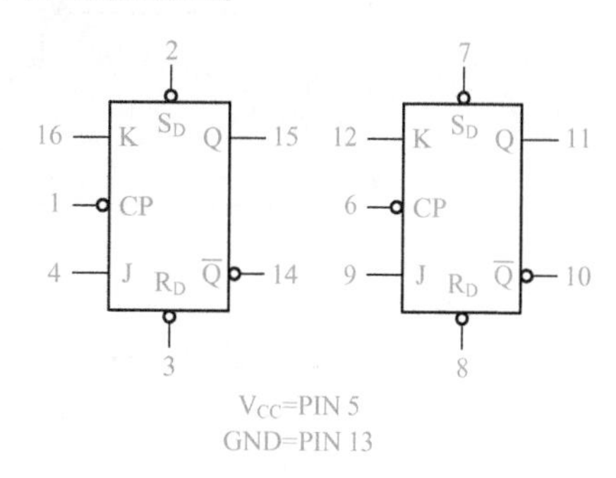

图 20-3　74LS76 内部分解引脚图

注意：在图 20-4 所示的电路原理图中，集成电路 IC74LS76 并没有绘制出电源 V_{CC} 第 5 引脚和接地 GND 第 13 引脚，但是在实际连接中一定要接上。

3. 简要分析电路原理

电路原理见本项目的相关知识，电路原理图如图 20-4 所示。

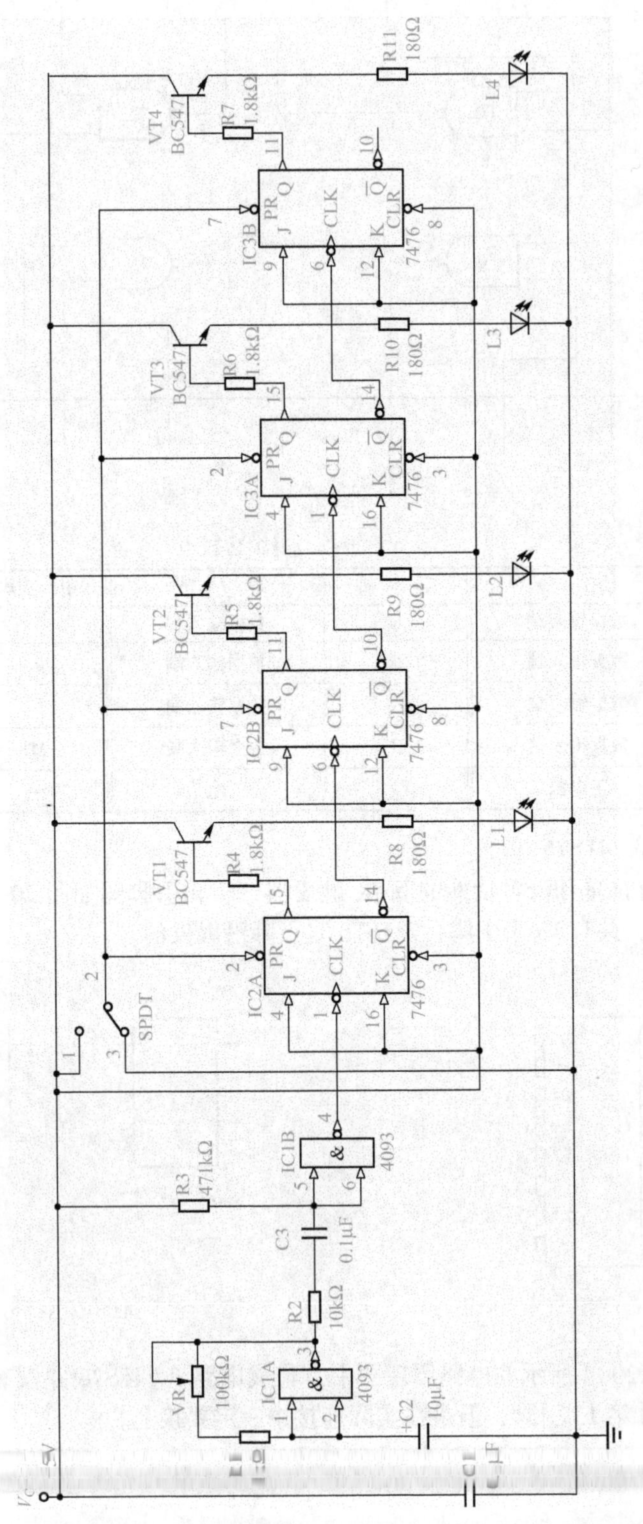

图 20–4　四位二进制计数器原理图

任务二：四位二进制计数器的电路组装

1. 画布线图

根据电路原理图画出布线图，如图 20-5 所示。

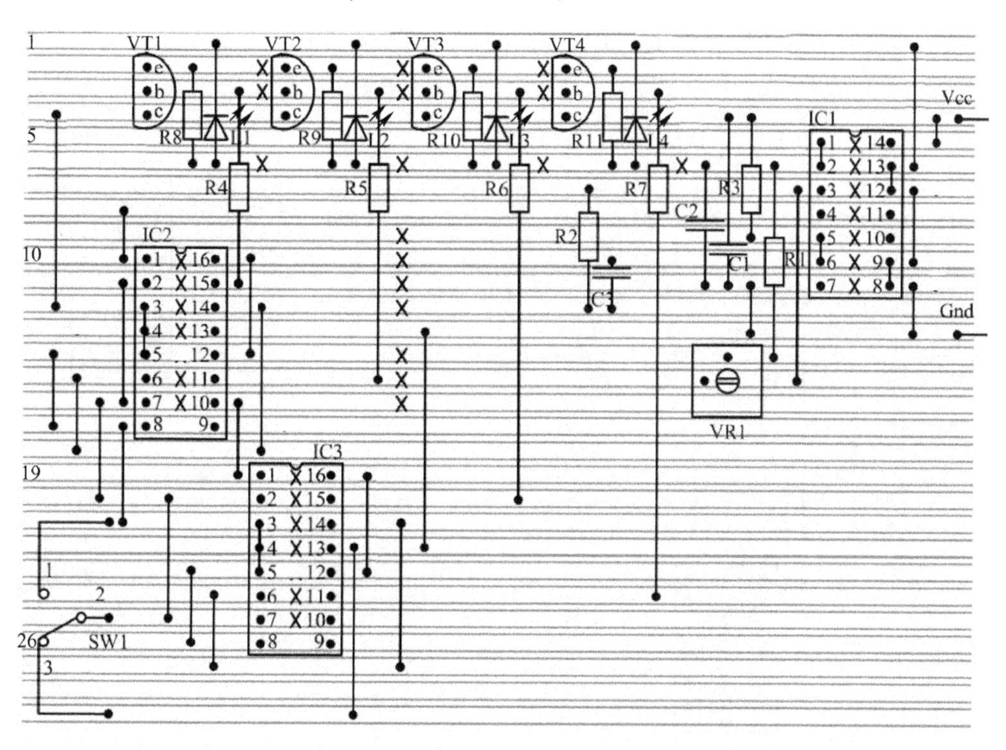

图 20-5　四位二进制计数器布线图

对整个电路的元件进行布局，合理安排每个元件的位置，本制作给出的布线图可作为制作时的参考。

2. 拓展训练

想一想，你能绘制出什么样的布线图？

电路元件与多孔板组成的实物布线图没有标准、统一的答案，教师可根据教学实际情况，充分发挥学生的想象力，结合实际元器件的大小及元件引脚的长短，绘制出不同的布线图，比较布线图上元件位置的相对合理性，分层次教学。

原则：

（1）尽量缩短所用连接导线，连线过长，不容易拉直，影响美观；

（2）上下相邻需要连接的焊点，可用焊锡直接连接起来，不用导线连接；

（3）画布线图时，要充分考虑实际元件引脚的长度；

（4）减少元件间导线的连接，简化电路，减少焊点，减少焊接工艺上的问题；

（5）元件和导线都垂直放置，不允许出现水平放置，否则影响安装工艺。

3. 元件焊接操作步骤

1）焊接集成座并割板子

把集成座插放在覆铜板没有铜箔一面的位置，引脚在铜箔一面进行焊接。IC1 放置于板子的右侧，从第 5 排开始放置。IC2 放置于板子的偏左侧第 10 排。IC3 在板子左下方第 19 排放置。焊接后割断 IC 座同一排的铜箔，如图 20-6 所示。

注意：焊接时不要出现焊锡桥，集成座间的距离酌情安排好，不要太近。

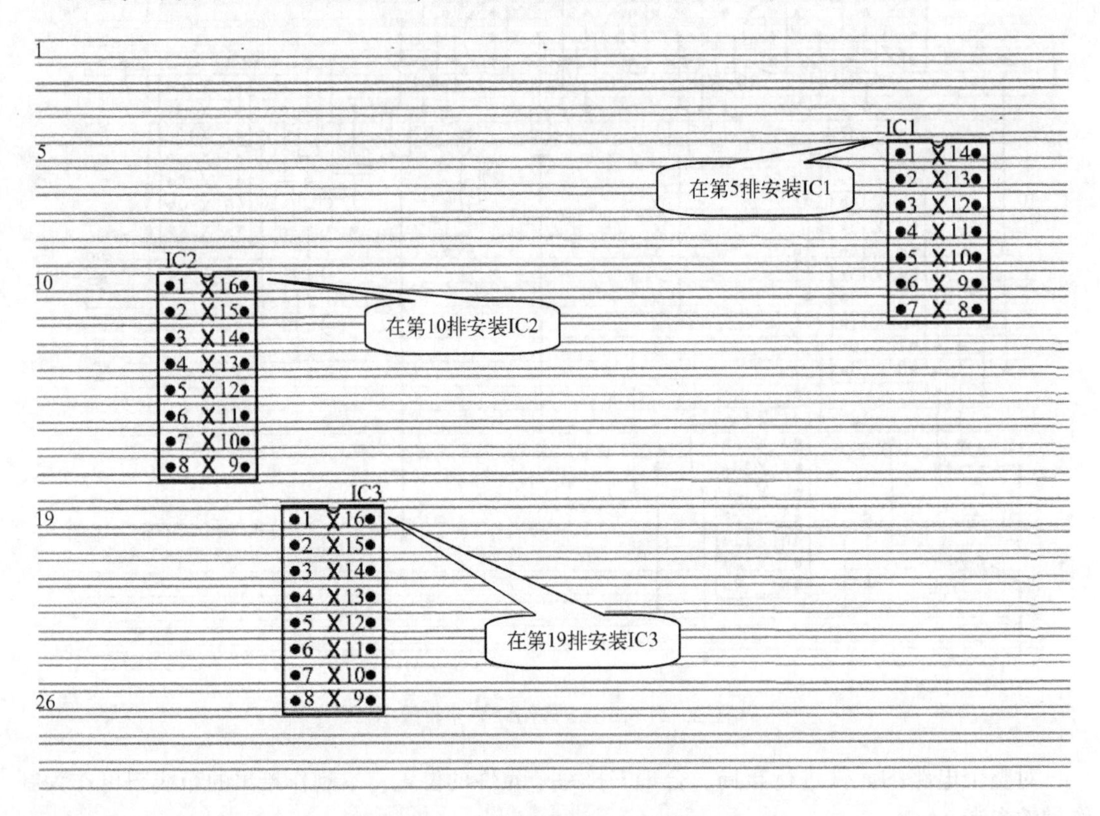

图 20-6 焊接集成座并割板子

2）用万用表测量铜箔是否割断

把万用表拨到 ×1 欧姆挡，短接调零后，测量已经割断的水平铜箔，指针应分别指在无穷大处；再分别测上下各引脚，指针仍分别指在无穷大处。确认铜箔割断，集成座引脚的焊点独立，如图 20-7 所示。

注意：指针如果不指在无穷大处，说明出现了焊锡桥，或者没有割断铜箔。

3）连接集成电路的电源和自身相连的引脚

IC1 4093 内部共有 4 个与非门，在这里只用任意两个，引脚分别是 1、2、3（IC1A）；4、5、6 脚（IC1B），根据原理图 20-4 分析，分别将 1、2 脚接在一起，5、6 脚接在一起，4 脚接 IC2 的 1 脚，电源引脚虽然没有画出，但仍然要接。7 脚接地，14 接电源正极。8、9 脚和 12、13 脚属于没有用的输入接地。

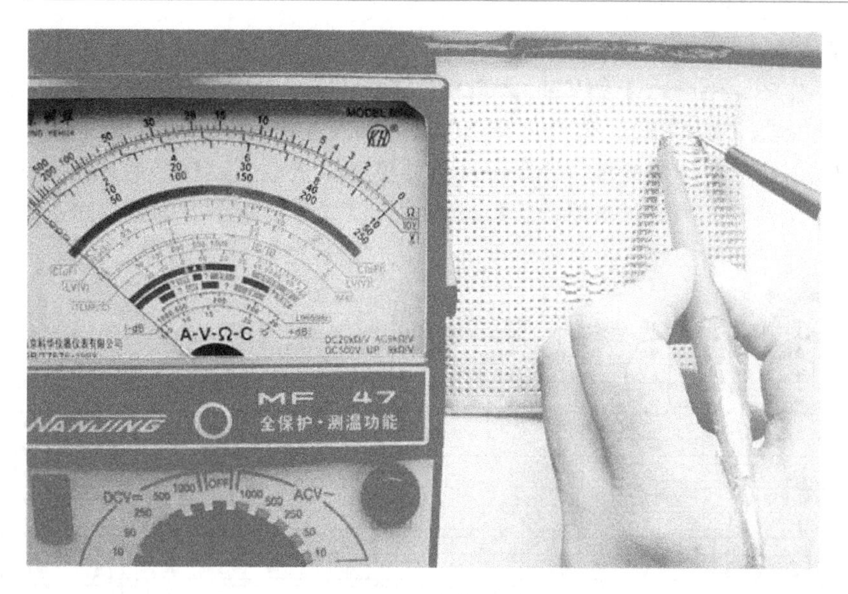

图 20-7　测量割断铜箔的焊点

IC2 和 IC3 都是 74LS76，连接电源正极的引脚是 3、4、5、8、9、12、16 脚，5 脚是 IC 的正电源引脚，虽然没有画出，但实际中一定要连接。5、12 脚和 8、9 脚在同一排上，直接用焊锡连接。13 脚接地。IC3 的正电源通过 3 脚接到 IC2 的 8 脚，接电源正极。IC2、IC3 的 2、7 脚连在一起。IC2 和 IC3 各自的 14、6 脚连接起来。IC2 的 10 脚接 IC3 的 1 脚。将 IC2 和 IC1 之间的 9、10、11、12、14、15、16 铜排割断，如图 20-8 所示。

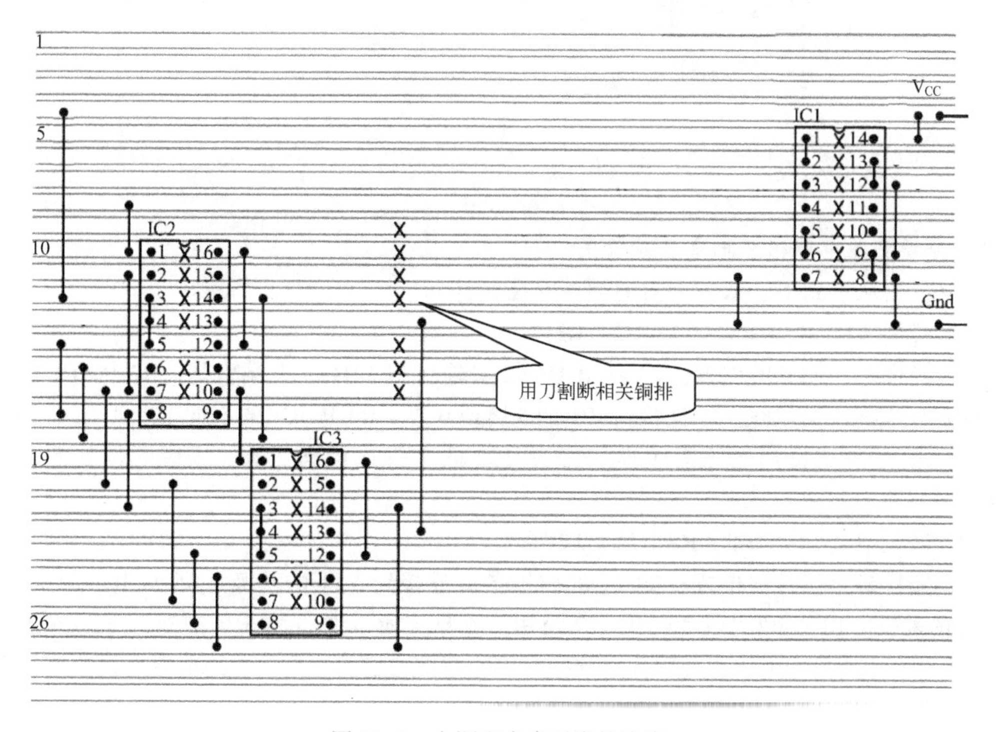

图 20-8　电源和自身引脚的连接

4）焊接硬脚元件

在本次制作中，硬脚元件有 VT1、VT2、VT3、VT4、VR1。由于四个三极管焊接在相同的三条铜排上（第 2 ～ 4 排），但是只有集电极 c 共同连接电源，所以要分别割断 3 个三极管基极 b 和发射极 e 相连的铜排，让其各自的 b 极和 e 极独立。割断后用万用表 R × 1Ω 挡测量，是否完全断开。为简化电路的连接，VR1 可以只焊接两个引脚，中间引脚接 IC1 的 3 脚，两端引脚任选一端连接。合理放置硬脚元件，如图 20-9 所示。

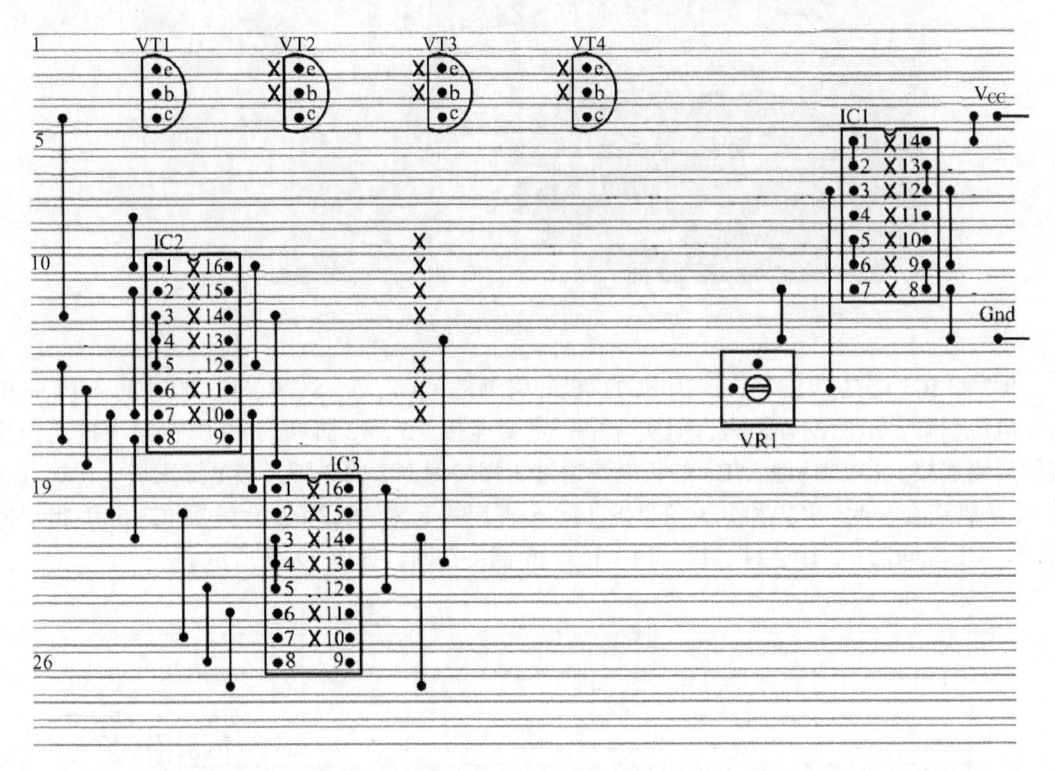

图 20-9　安装 VT1、VT2、VT3、VT4、VR1

5）分步安装电阻器、电容器及开关

建议：按从上到下、从左到右的顺序安装元件。

(1) 安装 R1、R2、R3、C1、C2、C3。

合理安排各个元件的位置，R1 从 IC1 的 2 脚连接到 VR1 的上端引脚。R2 从 IC1 的 3 脚连接到第 12 排的 C3，通过 C3 连接到 IC1 的 5 脚或 6 脚。R3 从 IC1 的 5 脚连接到第 4 排电源。C1 从 IC1 的 7 脚连接到电源第 4 排。C2 从 IC2 的 7 脚连接到 2 脚，安装元件如图 20-10 所示。

(2) 安装 R4、R5、R8、R9、L1、L2。

合理安排各个元件的位置，R4 从 IC2 的 15 脚连接到 VT1 的基极。R5 从 IC2 的 11 脚接到 VT2 的基极。由于 R8、L1 和 R9、L2 公用第 6 排，所以要将第 6 排割断，即第 6 排割断两次，让 R8、L1 和 R9、L2 分别独立连接，两个发光二极管 L1、L2 的负极通过第 1 排连接到地。安装元件如图 20-11 所示。

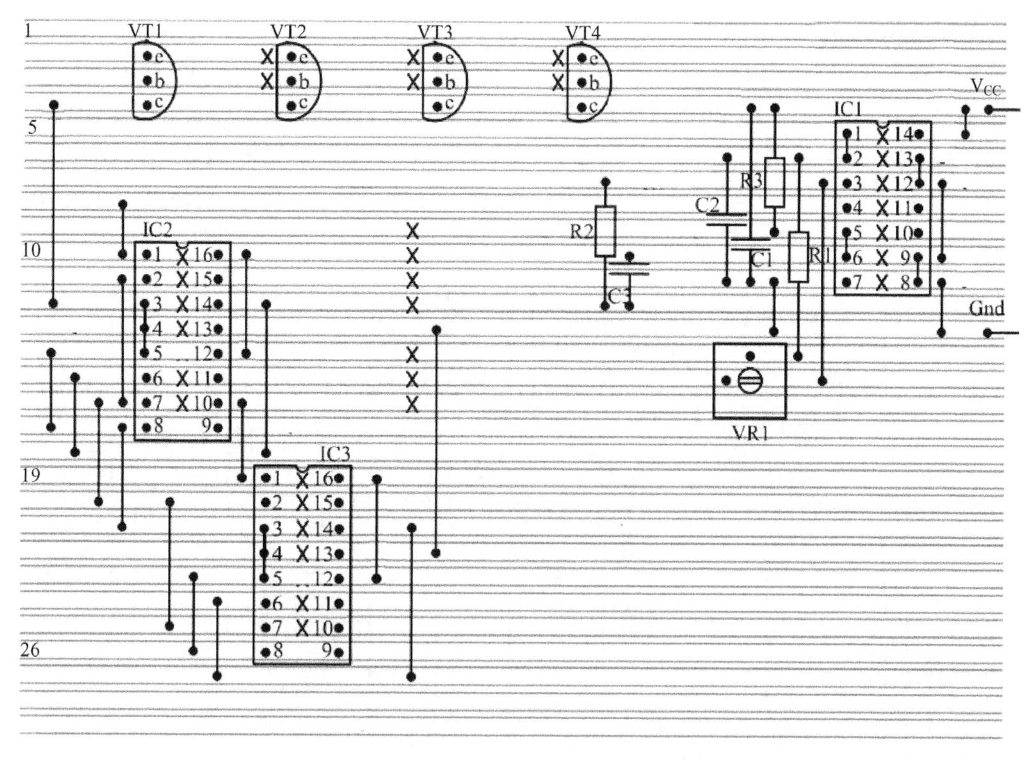

图 20-10　安装 R1、R2、R3、C1、C2、C3

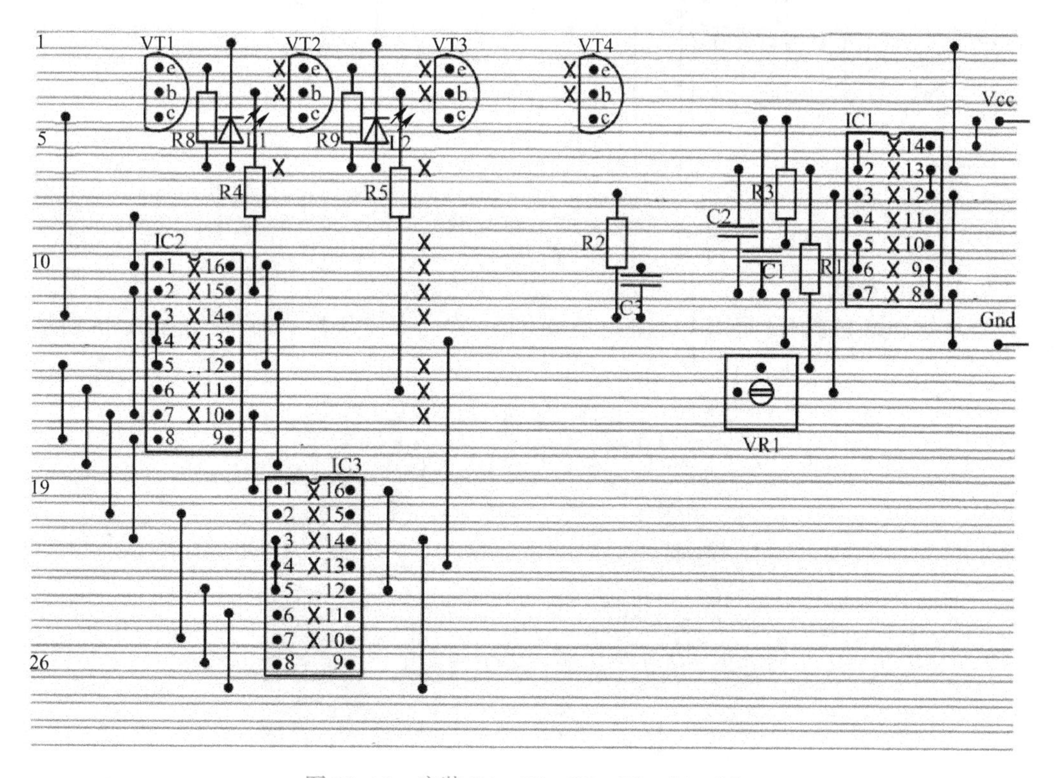

图 20-11　安装 R4、R5、R8、R9、L1、L2

(3) 安装 R6、R7、R10、R11、L3、L4、SW1。

合理安排各个元件的位置，R6 从 IC3 的 15 脚接到 VT3 的基极，R7 从 IC3 的 11 脚接到 VT4 的基极。由于 R10、L3 和 R11、L4 公用第 6 排，所以要将第 6 排再次割断两次，让 R10、L3 和 R11、L4 分别独立连接在第 6 排。两个发光二极管的负极通过第 1 排连接后接地。SW1 由于引脚较粗，无法焊接到板子上，所以用导线连接，中间引脚接 IC3 的 7 脚，两边引脚分别接 IC3 的 3 脚（电源正极）和 13 脚（接地）。安装元件如图 20-12 所示。

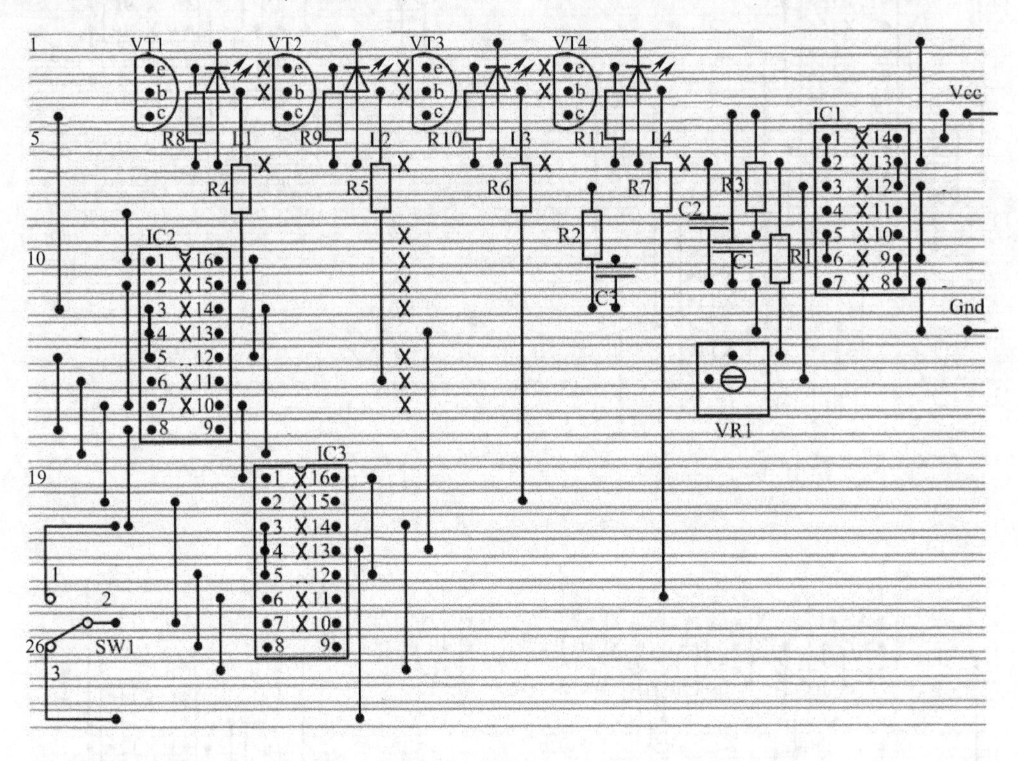

图 20-12 安装 R6、R7、R10、R11、L3、L4、SW1

(4) 引出电源线。

在第 4 排和第 13 排分别引出电源正、负极引线。电路安装完毕，实物图如图 20-13 所示。

图 20-13 四位二进制计数器组装实物图

6）测电源正、负极是否短路

把万用表拨到 ×1 欧姆挡，短接调零后，测电源引出线，如果有阻值，则说明电源间没有短路，如果阻值为 0，则说明电源间短路，不能通电试验，注意排查。测电源正、负极是否短路如图 20-14 所示。

图 20-14　测电源正、负极是否短路

任务三：四位二进制计数器的电路检测

根据图 20-4 原理分析，完成以下测量调试工作。

1. 测试现象

（1）连接 5V 直流电源到电路上。
（2）调整 VR1 到最高值。
（3）把开关 SW1 调到连接到地。
（4）所有的 LED 应该亮起。
（5）把开关 SW1 调回连接到 5V 电源。
① LED 输出开始从 1111，1110，1101，1100，1011……
直到 0000，然后回到 1111，整个过程会继续重复。
② 调整 VR1 到最低值，LED 将会闪烁得很快。

2. 测试波形

（1）利用示波器，测量 IC2 的 1 脚信号。测量出信号的负载周期百分比。把波形与数值记录在表 20-3 里。

（2）利用示波器，测量 IC2 的 15 脚与 IC2 的 11 脚的频率，并记录在表 20-4 里。

表 20-3　IC2 的 1 脚波形

峰 - 峰值电压 V_{PP} = ______ 频率 f = ______	开周 T_{on} = ______ 周期 T = ______ 负载周期 = ______

表 20-4 记录频率

IC2 的 15 脚频率	____________
IC2 的 11 脚频率	____________

思考题

1. C1 的用途是什么？
2. IC1A 接成何种电路？
3. C3 的用途是是什么？
4. IC1B 接成何种门电路？
5. IC3B 的频率是 IC1B 的多少倍？

项目评价反馈表

任务名称	配　分	评分要点	学生自评	小组互评	教师评价
项目总体评价					

相关知识

1. 分析工作原理

根据图 20-4，IC1 的两个与非门 IC1A 组成自激振荡器，给 IC2 计数器提供时钟脉冲，IC1B 增强驱动能力。

IC2、IC3 双 JK 触发器将 JK 并接转换成 T 触发器，每当 CP 输入端接收到一个下降脉冲时，输出 Q 就会翻转 1 次。

当 SW1 接地时，4 个 T 触发器被置位，所有 Q 输出高电平，VT1 ~ VT4 导通，L4、L3、L2、L1 发光。1111 取反为 0000。

当 SW1 接电源时，Q 的输出受 CP 脉冲控制。

第 1 个脉冲，IC2A 的 $Q=0$，$\overline{Q}=1$，VT1 截止，L1 熄灭，IC2B 的 $CP=1$，为翻转做准备。1110 取反为 0001。

第 2 个脉冲，IC2A 的 $Q=1$，$\overline{Q}=0$，VT1 导通，L1 发光，IC2B 的 $CP=0$，$Q=0$，$\overline{Q}=1$，VT2 截止，L2 熄灭，IC3A 的 $CP=1$，为翻转做准备。1101 取反为 0010。

第 3 个脉冲，IC2A 的 $Q=0$，$\overline{Q}=1$，VT1 截止，L1 熄灭，IC2B 的 $CP=1$，为翻转做准备 IC3A 的 $CP=1$，为翻转做准备。1100 取反为 0011。

第4个脉冲，IC2A 的 Q =1，$\overline{Q}$ =0，VT1 导通，L1 发光，IC2B 的 CP =0，Q =1，$\overline{Q}$ =0，VT2 导通，L2 发光，IC3A 的 CP =0，Q =0，$\overline{Q}$ =1，VT3 截止，L3 熄灭。1011 取反为0100。

以后脉冲依次类推，完成二进制计数。

2. 触发器介绍

触发器是具有记忆作用的基本单元，在时序电路中是必不可少的。触发器具有两个基本性质：

（1）在一定条件下，触发器可以维持在两种稳定状态（0 或 1 状态之一保持不变）；

（2）在一定的外加信号作用下，触发器可以从一种状态转变成另一种稳定状态（0 - 1 或 1 - 0），因此，触发器可记忆二进制的 0 或 1，被用做二进制的存储单元。

触发器可以根据有无时钟脉冲分为两大类：基本触发器和钟控触发器。钟控触发器按功能分为 RS、JK、T、D 等；钟控触发器按触发方式又可分为电平触发器（高电平触发器、低电平触发器）、边缘触发器（上升沿触发器、下降沿触发器）和主从触发器三种。

电平触发：在时钟脉冲 CP 高（低）电平期间，触发器接受控制输入信号，改变其状态。电平触发方式的根本缺陷是空翻问题。

边缘触发：仅在时钟脉冲 CP 的下降沿或上升沿触发器才能接受控制输入信号，改变其状态。

主从触发：在时钟脉冲高电平期间，主触发器接受控制输入信号，在时钟脉冲 CP 下降沿时刻，从触发器可以改变状态——变为主触发器的状态。

基本 RS 触发器逻辑符号如图 20-15 所示。

（3）JK 触发器罗辑符号如图 20-16 所示。

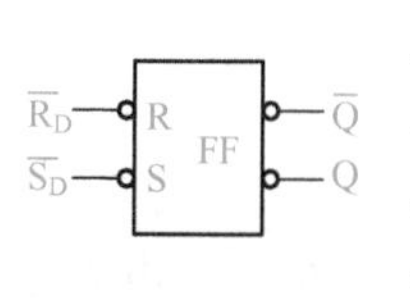

$\overline{R}_D$	$\overline{S}_D$	Q
0	1	0
1	0	1
1	1	不变
0	0	不定

图 20-15 基本 RS 触发器逻辑符号

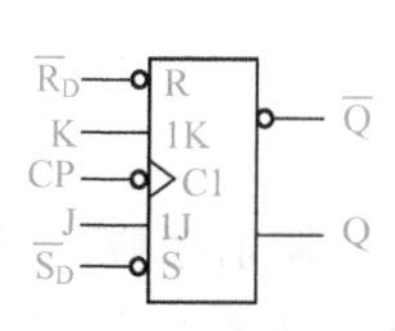

J	K	Q_{n+1}
0	0	Q_n
1	1	$\overline{Q_n}$
0	1	0
1	0	1

图 20-16 JK 触发器逻辑符号

（4）T 触发器逻辑符号如图 20-17 所示。

（5）D 触发器逻辑符号如图 20-18 所示。

T_n	Q_{n+1}
0	Q_n
1	$\overline{Q_n}$

图 20-17 T 触发器逻辑符号

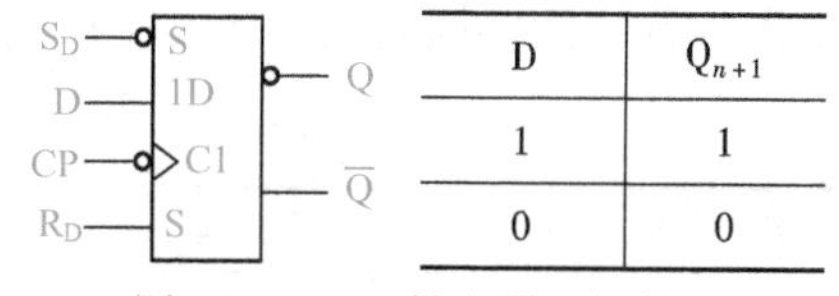

D	Q_{n+1}
1	1
0	0

图 20-18 D 触发器逻辑符号

项目二十一

幸运轮盘的制作

【项目描述】通过应用集成电路4017、4069、555实现控制10个LED灯的顺序亮灭，并且LED能随机停止，要求LED灯闪烁的速度可以调整。

【学习目标】

1. 知识目标：了解幸运轮盘电路的工作原理；掌握IC4069、IC4017的引脚功能。

2. 技能目标：学会绘制幸运轮盘电路布线图与电路的组装；学会调试幸运轮盘的电路功能。

【项目实施】

任务一：幸运轮盘的元件检测与实际布线

1. 检测元件

电阻器4个：其中R1、R4阻值相似，注意区别150kΩ和15kΩ。电容器6个：电解电容器3个，注意区别正、负极，另外0.22μF在实际元件标注中为224。二极管11个：发光二极管10个，1个整流管1N4001。可变电阻器：VR1可用500kΩ电阻器代替，不要用微调电阻器，否则调试困难。按键开关1个：4引脚和2引脚的均可。拨动开关1个：3引脚。用万用表检测各元件是否正常。8脚、14脚、16脚IC集成座各1个，分别插装集成电路555、4069、4017。

制作所需元件详细列表如表21-1所示。

表21-1　所需元件列表

符　　号	元件名称	型号参数	实　物　图
IC1	集成电路	NE555	
IC2	集成电路	4069	

续表

符　号	元件名称	型号参数	实物图
IC3	集成电路	4017	
R1 R2 R3 R4	电阻器	150kΩ 2.2MΩ 15kΩ 470Ω	
VR	电位器	470kΩ	
C1 C2 C3 C4 C5 C6	电容器	10μF 10nF 1μF 2.2μF 0.22μF 100μF	
VD1	二极管	1N4001	
L1～L10	发光二极管	LED	
按键开关	按键开关	—	
拨动开关	拨动开关	—	
集成座	集成座	—	

2. 认识集成电路

1) 555 集成电路

在前面的项目里已有介绍，参考项目九的认识集成电路介绍。

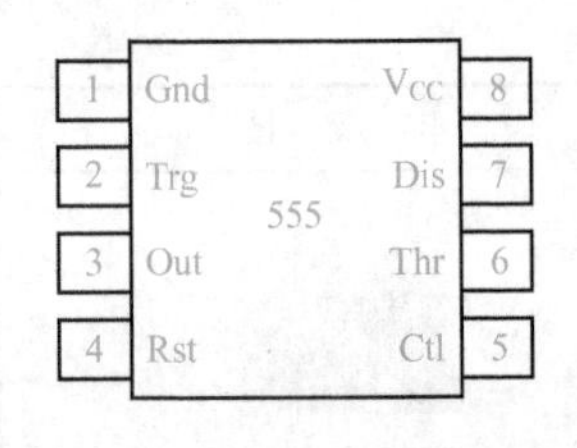

图 21-1 555 引脚图

实际电路引脚图如图 21-1 所示。

2）14 脚集成电路 4069

CD4069 为 CMOS 数字集成电路，是一种高输入阻抗器件，容易受外界干扰造成逻辑混乱或出现感应静电而击穿场效应管的栅极。虽然器件内部输入端设置了保护电路，但它们吸收瞬变能量有限，过大的瞬变信号和过高的静电电压将使保护电路失去作用。因此，CD4069 中未使用的非门的输入端引脚均接到 Vss 接地端，以作保护。

CD4069 由六个 COS/MOS 反相器电路组成。此器件主要用做通用反相器，即用于不需要中功率 TTL 驱动和逻辑电平转换的电路中，如图 21-2 所示。

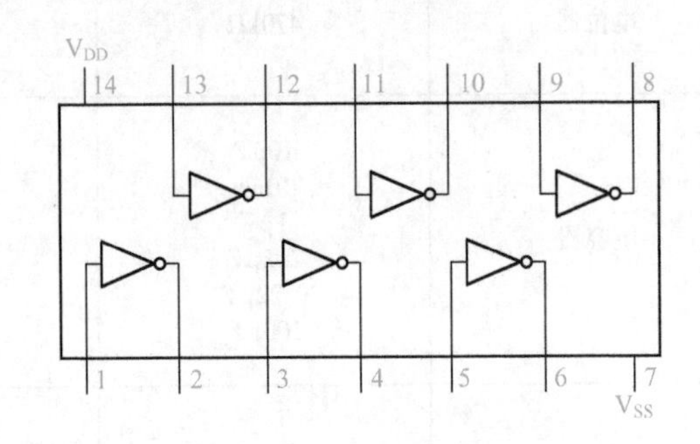

图 21-2 CD4069 引脚图

3）16 引脚集成电路 4017：十进制计数器/脉冲分配器

CD4017 是 5 位计数器，具有 10 个译码输出端，CP、CR、INH 输入端。时钟输入端的施密特触发器具有脉冲整形功能，对输入时钟脉冲上升和下降时间无限制。INH 为低电平时，计数器在时钟上升沿计数；反之，计数功能无效。CR 为高电平时，计数器清零。引脚功能见表 21-2，引脚图如图 21-3 所示。

表 21-2 4017 引脚功能

输入			输出	
CP	INH	CR	Q_0-Q_9	CO
×	×	H	Q_0	计数脉冲为 Q_0-Q_4 时：CO = H
↑	L	L	计数	
H	↓	L		
L	×	L	保持	计数脉冲为 Q_5-Q_9 时：CO = L
×	H	L		
↓	×	L		
×	↑	L		

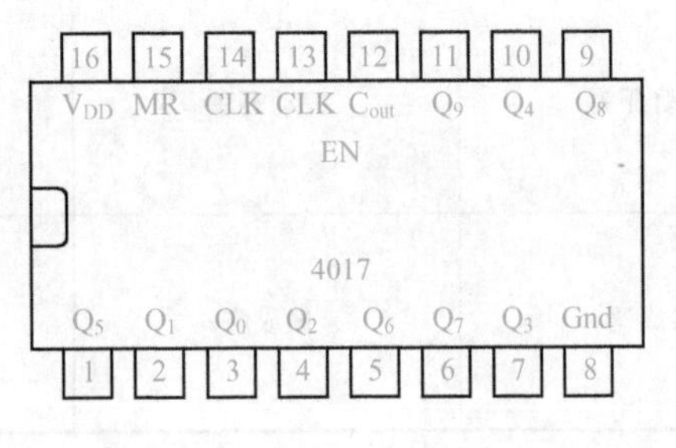

图 21-3 CD4017 引脚图

3. 简要分析电路原理

电路原理见本项目的相关知识，电路图如图 21-4 所示。

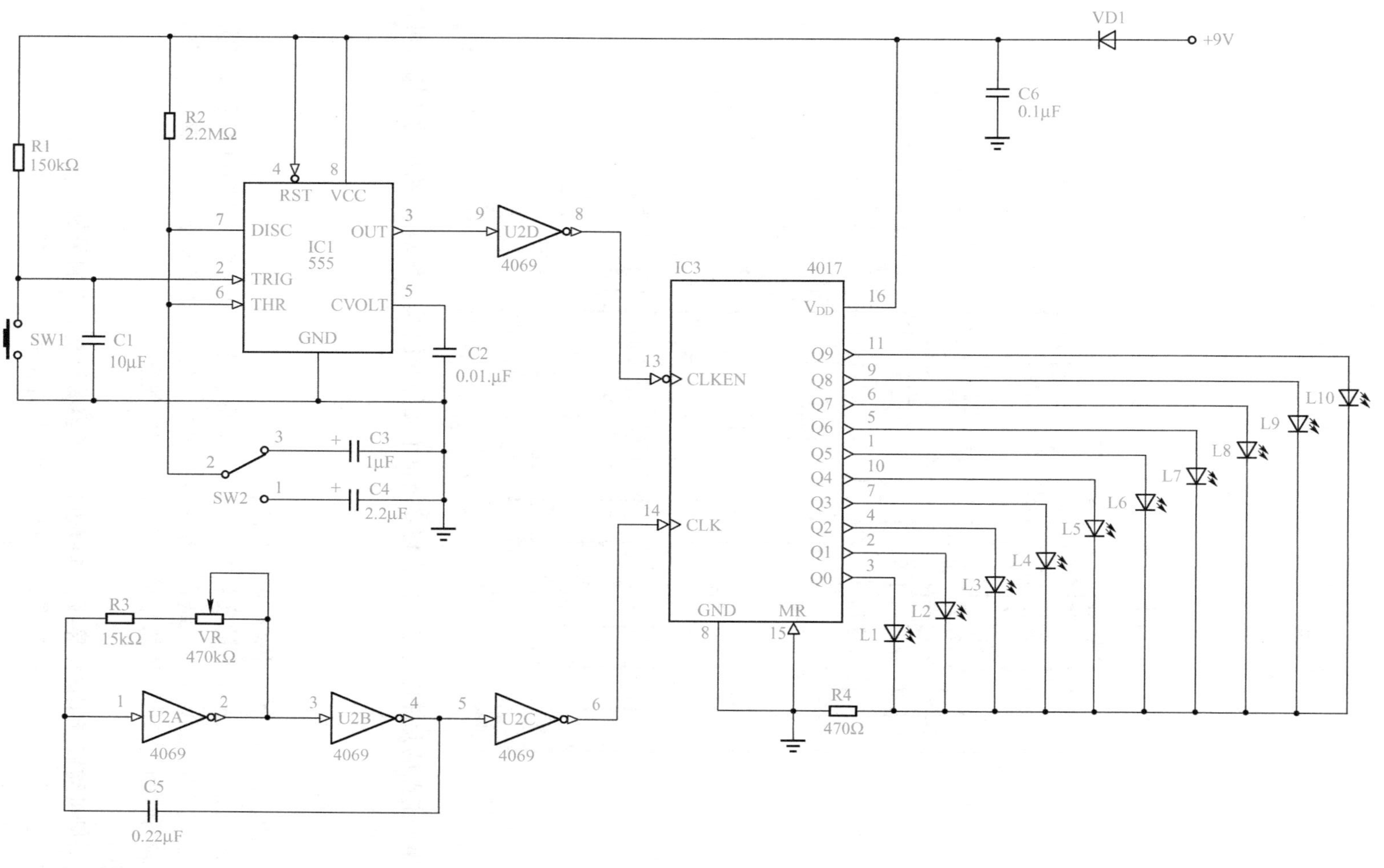

图21-4　幸运轮盘的电路原理图

任务二：幸运轮盘的电路组装

1. 画布线图

根据电路原理图画出布线图，如图 21-5 所示。

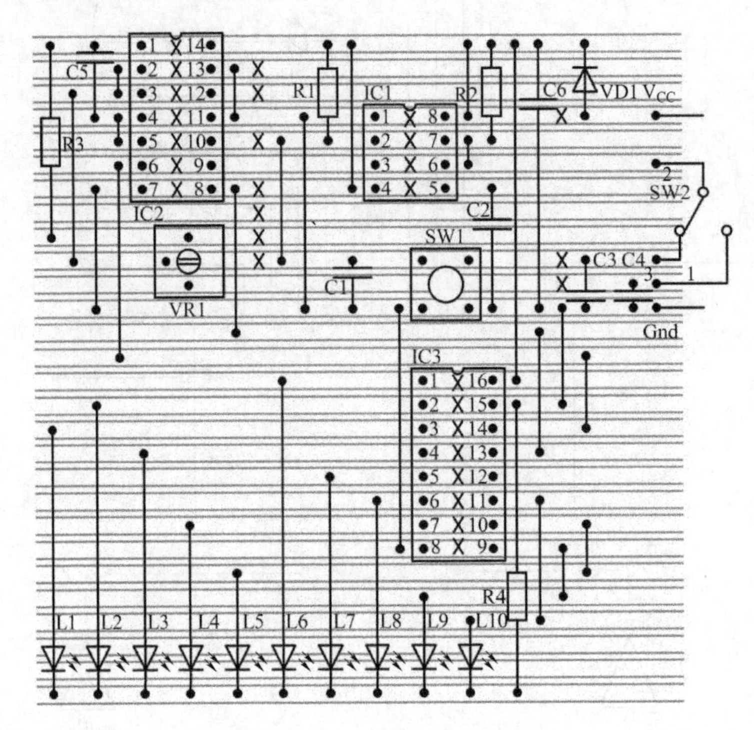

图 21-5　幸运轮盘布线图

对整个电路的元件进行布局，合理安排每个元件的位置，图 21-5 给出的布线图可作为制作时的参考。

2. 拓展训练

想一想，你能绘制出什么样的布线图？

电路元件与多孔板组成的实物布线图没有标准、统一的答案，教师可根据教学实际情况，充分发挥学生的想象力，结合实际元器件的大小及元件引脚的长短，绘制出不同的布线图，比较布线图上元件位置的相对合理性，分层次教学。

原则：

（1）尽量缩短所用连接导线，连线过长，不容易拉直，影响美观；

（2）上下相邻需要连接的焊点，可用焊锡直接连接起来，不用导线连接；

（3）画布线图时，要充分考虑实际元件引脚的长度；

（4）减少元件间导线的连接，简化电路，减少焊点，减少焊接工艺上的问题；

（5）元件和导线都垂直放置，不允许出现水平放置，否则影响安装工艺。

3. 元件焊接操作步骤

1）焊接集成座并割板子

把三个 IC 座插放在覆铜板没有铜箔一面的位置，引脚在铜箔一面进行焊接。IC2 从第 1 排开始放置，IC2 从第 4 排开始放置，但是相应的铜排要割断。IC1 的 1 脚连接 IC2 的 11 脚，IC1 的 3 脚连接 IC2 的 9 脚，不用割断。IC3 从第 15 排开始放置。将电源正极定在第 4 排，接地定在第 12 排，如图 21–6 所示。

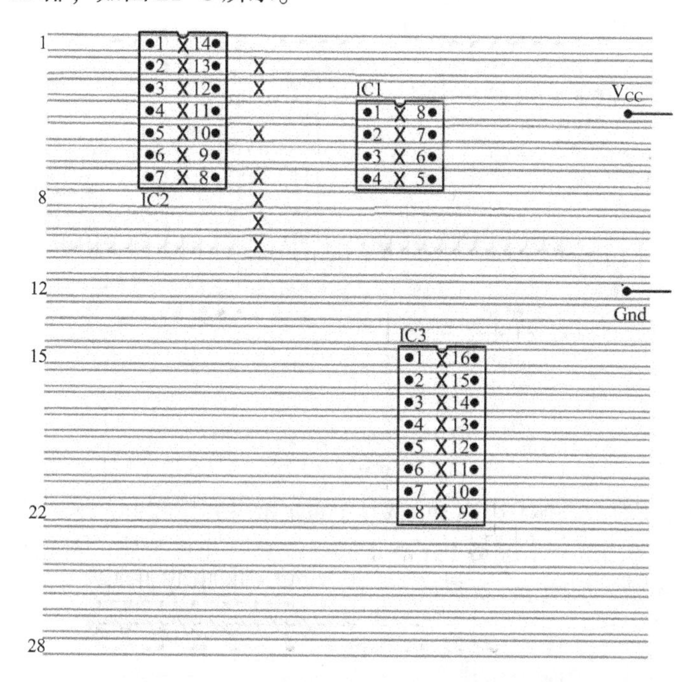

图 21–6　焊接集成座并割板子

2）万用表测量铜箔是否割断

把万用表拨到 ×1 欧姆挡，短接调零后，测已经割断的水平铜箔，指针应分别指在无穷大处。再分别测上下各引脚，指针仍分别指在无穷大处。确认铜箔割断，集成座引脚的焊点独立，如图 21–7 所示。

图 21–7　测量割断铜箔的焊点

3）连接集成电路的电源和自身引脚

IC1 的电源脚是 8 脚，4 脚也接电源第 1 排。V_{CC} 通过二极管 VD1 后，将电路电源正极接到第 1 排。1 脚接地 12 排，同时 6、7 脚接在一起。8 脚与二极管 VD1 正极在一排，所以要割断。

IC2 的电源接地引脚虽然没有画出，但在实际中一定要接，14 脚接电源第 1 排，7 脚接地第 12 排。2、3 脚接在一起，4、5 脚接在一起。6 脚接 IC3 的 14 脚，8 脚接 IC3 的 13 脚，11、12 脚接第 12 排。IC2 的 9 脚与 IC1 的 3 脚在同一排，不要割断。同样，IC2 的 11 脚与 IC1 的 1 脚也在同一排，不要割断。

IC3 的电源接地引脚虽然没有画出，但实际中一定要接。16 脚接电源第 1 排，8 脚、15 脚接第 12 排，如图 21-8 所示。

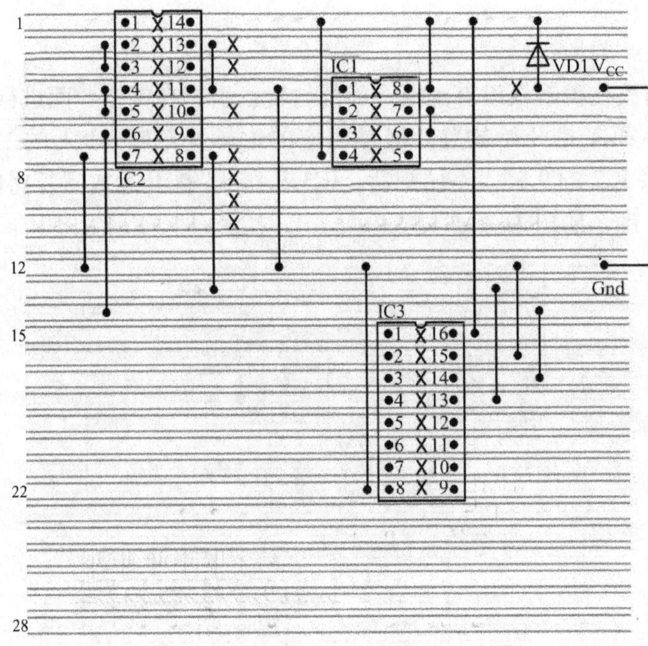

图 21-8　幸运轮盘电源和自身引脚

4）焊接硬脚元件

在本次制作中，硬脚元件有 VR1 和 SW1。VR1 在实际中可只用两个引脚，中间引脚接 IC2 的 3 脚。SW1 一端接地，一端接 IC1 的 2 脚。注意：连接硬脚元件引脚的导线一定要提前接好，否则容易疏漏，如图 21-9 所示。

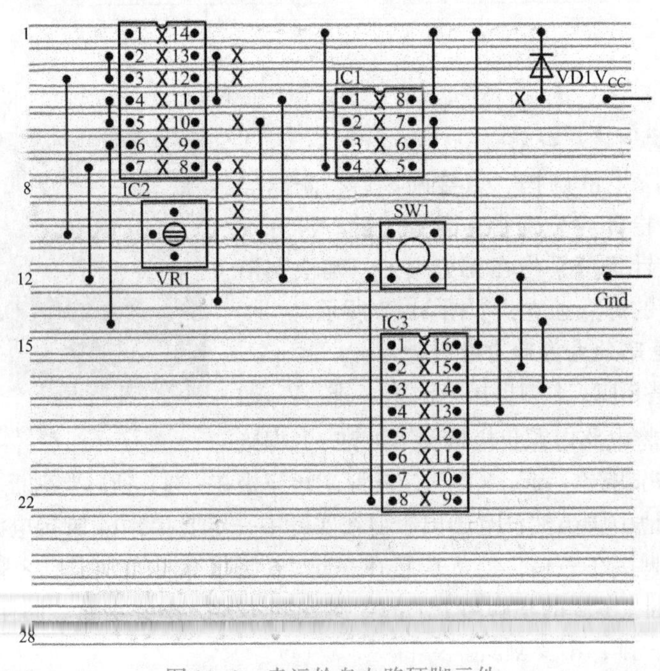

图 21-9　幸运轮盘电路硬脚元件

5）分步安装电阻器、电容器、二极管

建议：按从上到下、从左到右的顺序安装元件。

（1）安装 R1、R2、C1、C2。

合理安排各个元件的位置，R1 从 IC1 的 2 脚连接到第 1 排。

R2 从 IC1 的 7 脚连接到第 1 排。

C1 并联在 SW1 两端，也可以直接插放于 IC1 的 1 脚 2 脚之间，注意 C1 的负极接地。C2 从 IC1 的 5 脚连接到地（第 12 排），安装元件如图 21-10 所示。

（2）安装 R3、R4、C3、C4、C5、C6、SW2。

合理安排各个元件的位置，R3 从 IC2 的 1 脚连接到 VR 的上端引脚。R4 从 IC3 的 15 脚直接连接到最后一排，准备连接 10 个发光二极管的负极。

C3、C4 的负极都接地（第 12 排），正极分别连接开关 SW2 的两个引脚。

注意：C3、C4 与 SW1 的引脚在同一位置，所以要将 SW1 与 C3、C4 之间的铜箔割断，否则电路连接将出现错误。

SW2 的引脚较粗，不能插放于板子上，所以用导线分别连接 3 个引脚，其中间引脚接 IC1 的 6 脚，两边引脚分别连接 C3 和 C4 的正极。

C6 的两端分别接第 1 排（电源）和第 12 排（接地）。C5 的两端分别连接 IC2 的 1 脚和 4 脚，安装元件如图 21-11 所示。

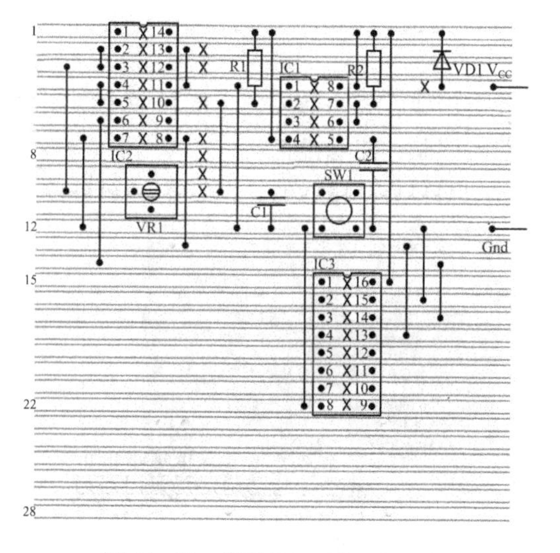

图 21-10　安装 R1、R2、C1、C2

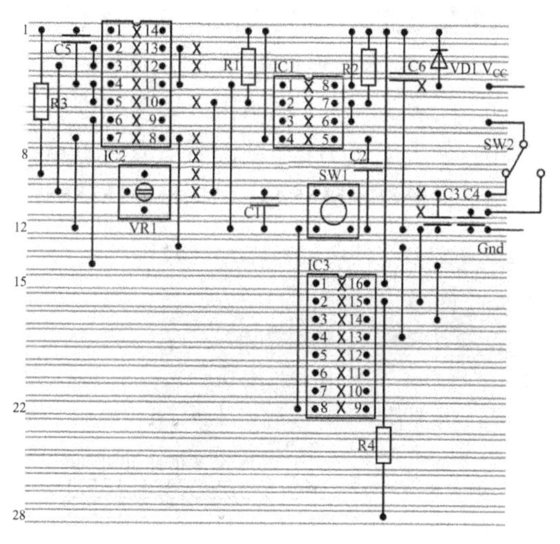

图 21-11　安装 R3、C3、C4、C5、SW2

（3）安装 L1、L2、L3、L4、L5、L6、L7、L8、L9、L10。

合理安排各个元件的位置，安装元件如图 21-12 所示。

为了使这 10 个发光二极管的摆放位置统一、美观，所以将其按顺序摆放，其中 L1、L2、L3、L4、L6、L7、L8 这几个发光二极管可以直接与 IC3 的左侧引脚连接：L1 接 IC3 的 3 脚；L2 接 IC3 的 2 脚；L3 接 IC3 的 4 脚；L4 接 IC3 的 7 脚；L6 接 IC3 的 1 脚；L7 接 IC3 的 5 脚；L8 接 IC3 的 6 脚。

L5 正极接第 23 排，然后通过导线连接到 IC3 的 10 脚；L9 正极连接第 24 排，然后通过导线连接到 IC3 的 9 脚；L10 正极连接第 25 排，通过导线连接到 IC3 的 11 脚。

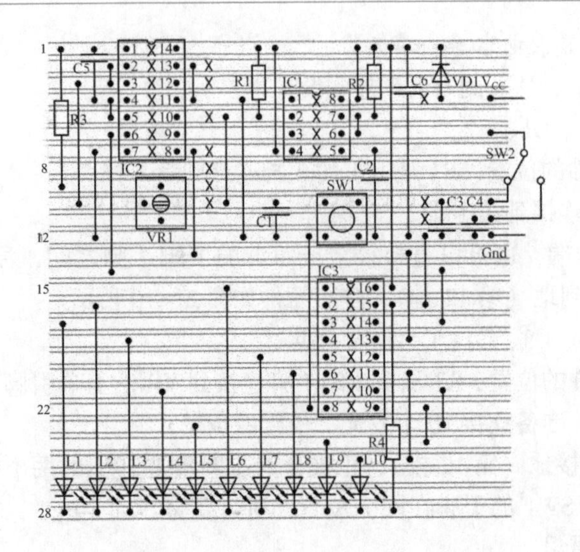

图 21-12 安装 L1、L2、L3、L4、L5、L6、L7、L8、L9、L10

这 10 个发光二极管的摆放位置有很多种方式。

(4) 引出电源线及测试线。

在第 4 排和第 12 排分别引出电源正、负极引线。

电路安装完毕，实物图如图 21-13 所示。

6) 测电源正、负极是否短路

把万用表拨到 ×1 欧姆挡，短接调零后，测电源引出线，如果有阻值，则说明电源间没有短路，如果阻值为 0，则说明电源间短路，不能通电试验，注意排查。

测试如图 21-14 所示。

图 21-13 幸运轮盘电路实物图

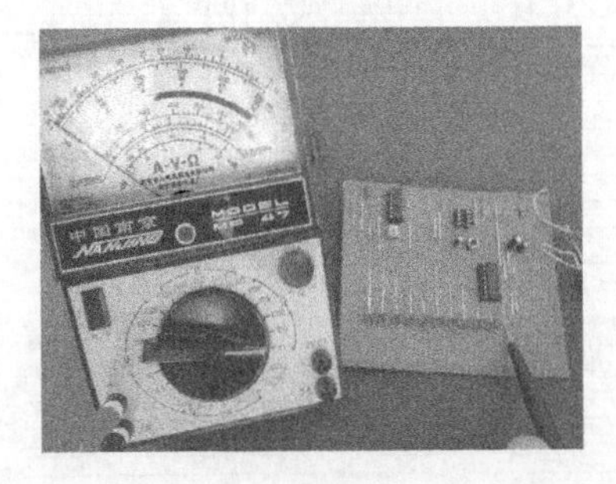

图 21-14 测电源正、负极是否短路

任务三：幸运轮盘电路检测

根据图 21-5 所示的幸运轮盘电路原理图进行原理分析，完成以下测量调试工作。

1. 测试现象

(1) 将做好的制作接上 9V 直流电源。

(2) 10 个 LED 会一个接着一个的亮起，一段时间后，只有一个 LED 会保持亮着。

（3）要使 10 个 LED“跑动”，可按下 SW1 开关一次，然后放手。10 个 LED 灯会“跑动”一段时间，然后随即停在某一个 LED 上。

（4）把 SW2 拨到另一个挡，10 个 LED 会“跑动”得更久、才停下。

（5）调整 VR1，使 10 个 LED“跑动”得最快，测量 IC2C 的输出信号，测量它的频率与波幅。

（6）测量当 10 个 LED 灯“跑动”时与停着时 IC555 输出电压（即 3 脚电压）。

2. 测试波形

画出 U2c 输出波形，并得出频率、波幅。

当 LED 灯“跑动”时和 LED 灯停着时为多少？

思考题

1. IC1 组成何种电路？
2. IC2 的输出频率由哪一个元件控制？输出频率范围是多少？
3. 如果想进一步延长发光二极管的闪烁时间，需要改变哪些元件？

项目评价反馈表

任务名称	配　分	评分要点	学生自评	小组互评	教师评价
项目总体评价					

相关知识

根据图 21-4 所示的幸运轮盘电路原理图分析工作原理。

IC2A 与周边元件 VR1、C5、R3 组成自激振荡器，为十进制计数器 CD4017 提供时钟。IC2B 和 IC2C 增强时钟的驱动能力。555 与周围元件组成比较器，SW1 没有按下时，电源通过 R1 给电容器 C1 充电，C1 相当于短路。555 内部低电平比较器 2 脚电压是低电位，内部触发器置位，3 脚输出高电平。通过 IC2D 反相，CD4017 的 13 脚 CLK EN 低电平，14 脚 CLK 时钟有效，L1 ～ L10 分别随时钟依次发光，555 内部放电管截止，电源电压通过 R2 给电容器 C3 或 C4 充电。当 555 的 6 脚电压上升到大于 2/3 电源电压时，内部高电平比较器动作。触发器复位，3 脚输出低电平。通过 IC2D 反相，CD4017 的 13 脚电压是高电平，14 脚时钟被锁住，L1 ～ L10 停留在上一时钟时刻。

按 SW1 相当于给电容器 C1 放电，555 电路回到初始状态，相当于 555 复位。

调整 VR1，可改变自激振荡器的振荡频率，从而控制计数器 4017 输出端 L1 ～ L10 发光二极管闪烁的速度。

改变 SW2 的位置，可改变电容量的大小，从而控制计数器 4017 输出端 L1　L10 发光二极管闪烁的时间。

综合模块

项目二十二

综合实训1　PCB 制作——光闪耀器

【项目描述】通过对 Multisim10 的 PCB 制版软件 Ultiboard 的应用，学习 PCB 电路制版过程，提高电路制作安装技能。

【学习目标】

1. 知识目标：掌握 Ultiboard 软件；了解 PCB 制版流程及 PCB 制版基础知识。
2. 技能目标：能完成简单 PCB 的制作。

【项目实施】

任务一：Multisim 文件的导入

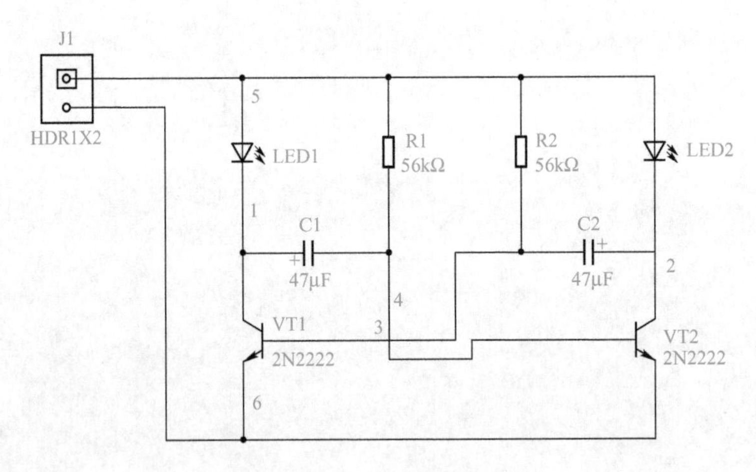

图 22-1　光闪耀器电路原理图

1. 设计 Multisim10 文件：光闪耀器

在 Multisim10 中，设计电路如图 22-1 所示。在设计电路原理图的过程中，尽量避免使用虚拟元件，而采用具有引脚封装（footprint）的实际元件，元件封装：电阻器 RES1300 - 700X250、电容器 ELKO5R5、三极管 TO - 92 (97)。

2. 生成网表文件

执行菜单命令：transfer/transfer to ultiboardv10，则 Multisim10 软件弹出一个文件保存的窗口，选择生成的网表文件 ＊. nt10 的保存路径及文件名。

3. 新建项目并导入网表文件

在 Ultiboard10 中执行菜单命令：file/new project。新建项目：光闪耀器。项目的扩展名为 . ewprj。Ultiboard 在新建项目的同时，也为项目添加了一个与项目同名的 Ultiboard 文件。

4. 导入网表文件

执行菜单命令：file/import/UB netlist，在弹出的窗口中选择网表文件并打开。选择 PCB 文件所采用的计量单位、线宽及元件与导线之间的间距。

将线宽修改为 30，其余不变，单击“OK”按钮，如图 22-2 所示。

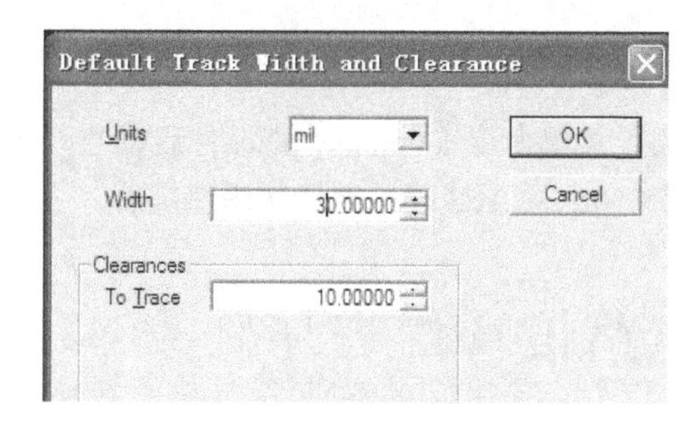

图 22-2　参数修改

系统执行网表文件的导入，并显示导入结果，如图 22-3 所示。

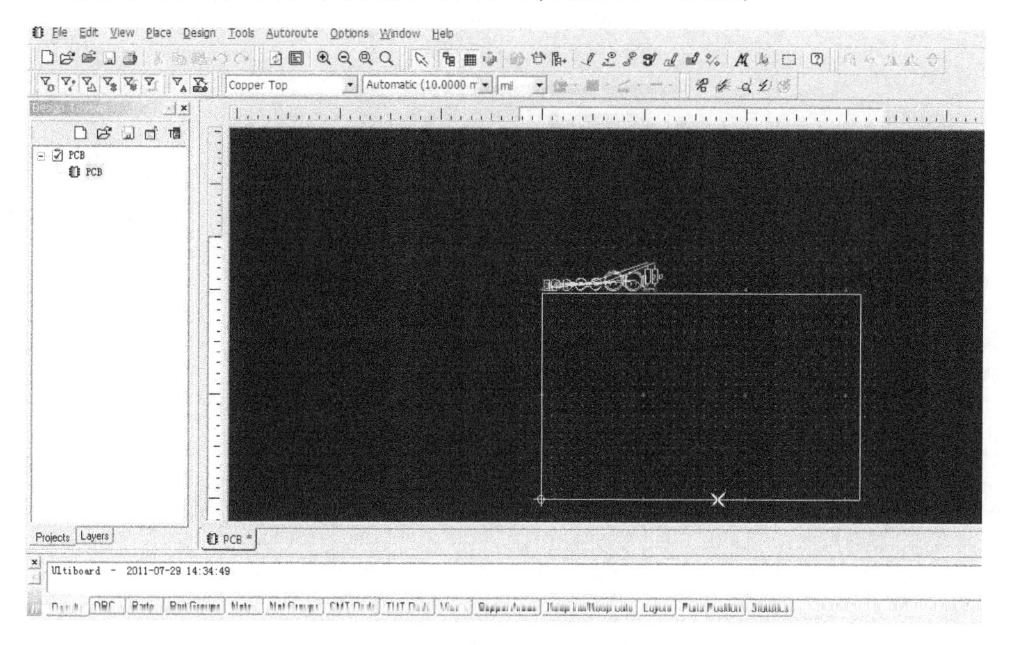

图 22-3　导入结果

任务二：电路板设计

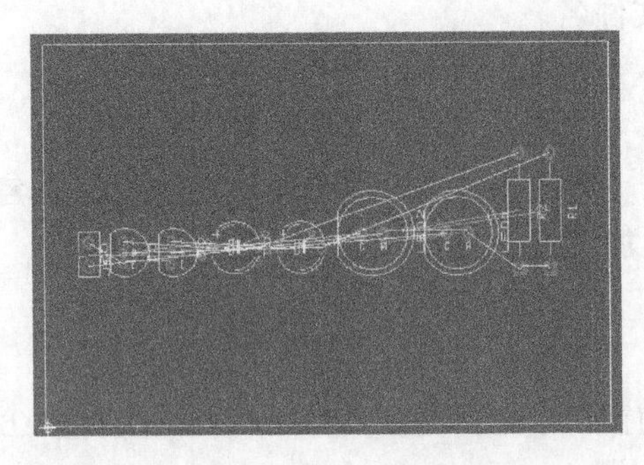

图 22-4 轮廓线修改

引入网表后，自动添加外轮廓，步骤如下。

(1) 选中所有元件，并拖动到电路板中。

(2) 设置当前工作层为 board outline 层。

(3) 修改电路板的轮廓线至图 22-4 所示的图形。

选择 edit/properties 命令，在“属性”对话框中选择 Board Setting 选项卡，设置电路板为单面板。

任务三：电路板的布局及布线

调整电路板的布局。执行菜单命令 autoroute/place，启动自动布线器。执行自动布线器菜单命令 route!，直至布线结束，手工修改。软件使用熟练后，手动布线。

任务四：电路设计检查与修改

检查：执行 design/netlist and DRC check 命令进行电路设计检查。

修改：通过错误提示进行错误的定位并修改，如图 22-5 所示。

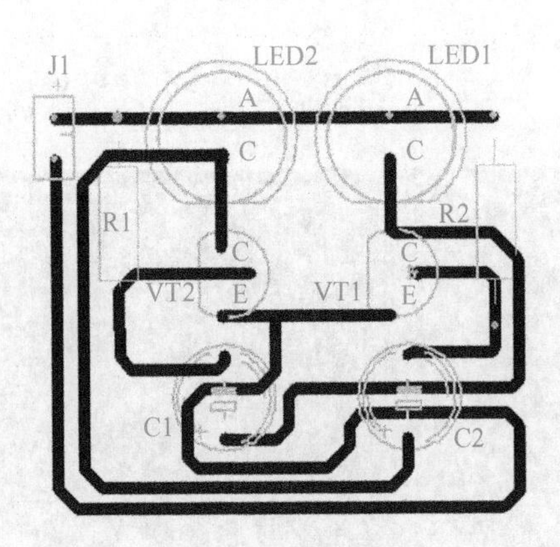

图 22-5 PCB 布线图

任务五：3D 视图

单击工具 tools/Views3D，显示电路的 3D 示意图，如图 22-6 所示。

可根据元件实际位置来进一步调整元件位置。

图 22-6　3D 示意图

任务六：输出设计

打印设置：单击菜单 File/Print，弹出的对话框如图 22-7 所示，进行设置。

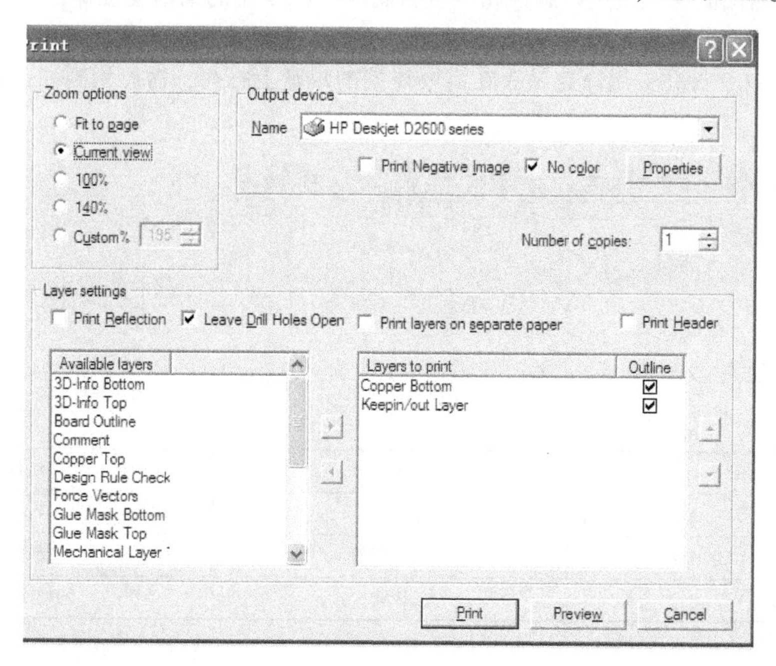

图 22-7　打印设置

单击“预览”按钮，如图 22-8 所示。

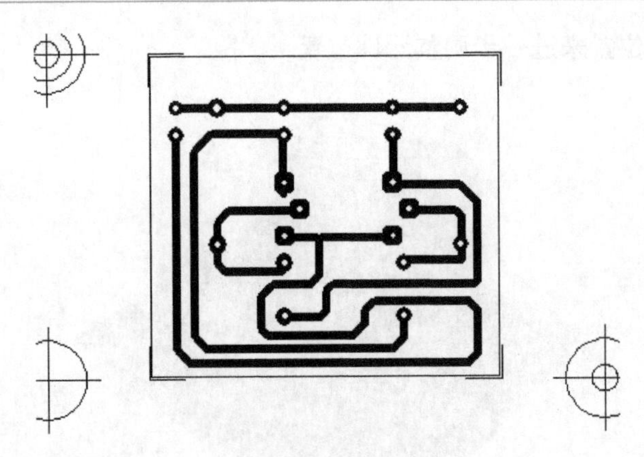

图 22-8　预览图

预览无误后，输出打印到转印纸上，进行1:1 的打印。注意必须用激光打印机。

任务七：PCB 制版

将打印好的转印纸贴在大小近似的覆铜板上，固定。

打开热转印机预热 10min，将带转印纸的覆铜板送入转印机，把转印纸上的电路图转印到覆铜板上。

将印有电路图的覆铜板放入腐蚀箱，进行腐蚀。把没用的铜箔腐蚀掉，线路保留。根据酸液的浓度定好腐蚀时间，20 ～ 30min 即可。

腐蚀好的 PCB 打孔，用高速钻头在需要焊接的焊盘上打孔，需要用到高速钻孔机。

任务八：电路元件焊接与调试

1. 准备元件

所需元件如表 22-1 所示。

表 22-1　元件列表

R1、R2	电阻器	56kΩ
C1、C2	电容器	47μF
LED1、LED2	发光二极管	普通
VT1、VT2	三极管	9013 NPN

2. 元件焊接

一般先焊接电阻器、电容器，后焊接二极管、三极管。焊接电容器、二极管、三极管时要注意分清极性。

3. 电路调试

元件安装完毕后，进行电路调试，观察两个LED是否轮流闪烁，若是则电路正常。

项目评价反馈表

任务名称	配　分	评分要点	学生自评	小组互评	教师评价
项目总体评价					

相关知识

1. PCB的元素

1）工作层面

对于印制电路板来说，工作层面可以分为6大类：

（1）信号层（signal layer）；

（2）内部电源/接地层（internal plane layer）；

（3）机械层（mechanical layer）：主要用来放置物理边界和尺寸标注等信息，起到相应的提示作用。EDA软件可以提供16层的机械层；

（4）防护层（mask layer），包括锡膏层和阻焊层两大类，锡膏层主要用于将表面贴元器件粘贴在PCB上，阻焊层用于防止焊锡镀在不应该焊接的地方；

（5）丝印层（silkscreen layer），在PCB的TOP和BOTTOM层表面绘制元器件的外观轮廓、放置字符串等，如元器件的标识、标称值等及厂家标志、生产日期等，同时也是印制电路板上用来焊接元器件位置的依据，作用是使PCB具有可读性，便于电路的安装和维修。

2）其他工作层（other layer）

禁止布线层（keep Out Layer）、钻孔导引层（drill guide layer）、钻孔图层（drill drawing layer）、复合层（multi－layer）。

2. 元器件封装

实际元器件焊接到PCB时的焊接位置与焊接形状，包括了实际元器件的外形尺寸、所占空间位置、各引脚的间距等。

元器件封装是一个空间的功能，对于不同的元器件可以有相同的封装，同样，相同功能的元器件可以有不同的封装。因此在制作PCB时必须同时知道元器件的名称和封装形式。

1）元器件封装分类

（1）通孔式元器件封装（THT，Through Hole Technology）；

（2）表面贴装元器件封装（SMT，Surface Mounted Technology ）。

另一种常用的分类方法是从封装外形分类：SIP 单列直插封装、DIP 双列直插封装、PLCC 塑料引线芯片载体封装、PQFP 塑料四方扁平封装、SOP 小尺寸封装、TSOP 薄型小尺寸封装、PPGA 塑料针状栅格阵列封装、PBGA 塑料球栅阵列封装、CSP 芯片级封装。

2）元器件封装编号

编号原则：

元器件类型 + 引脚距离（或引脚数） + 元器件外形尺寸

例如，AXIAL - 0.3、DIP14、RAD0.1、RB7.6 - 15 等。

3）常见元器件封装

(1) 电阻类：普通电阻 AXIAL - × ×，其中 × ×表示元件引脚间的距离；可变电阻类元件封装的编号为 VR ×，其中 ×表示元件的类别。

(2) 电容类：非极性电容，编号 RAD × ×，其中 × ×表示元件引脚间的距离；

极性电容，编号 RBxx - yy，xx 表示元件引脚间的距离，yy 表示元件的直径。

(3) 二极管类，编号 DIODE - × ×，其中 × ×表示元件引脚间的距离。

(4) 晶体管类：器件封装的形式多种多样。

3. 铜膜导线

铜膜导线指 PCB 上各个元器件上起电气导通作用的连线，它是 PCB 设计中最重要的部分。对于印制电路板的铜膜导线来说，导线宽度和导线间距是衡量铜膜导线的重要指标，这两个方面的尺寸是否合理将直接影响元器件之间能否实现电路的正确连接。

印制电路板走线的原则如下。

(1) 走线长度：尽量走短线，特别是小信号电路，线越短，电阻越小，干扰越小。

(2) 走线形状：同一层上的信号线改变方向时应该走 135°的斜线或弧形，避免 90°的拐角。

(3) 走线宽度和走线间距：在 PCB 设计中，网络性质相同的印制电路板线条的宽度要尽量一致，这样有利于阻抗匹配。

关于走线宽度，通常信号线宽为 0.2 ～ 0.3mm（10mil），电源线一般为 1.2 ～ 2.5mm。在条件允许的范围内，尽量加宽电源、地线宽度，最好是地线比电源线宽，它们的关系是：地线宽度 > 电源线宽度 > 信号线宽度。

焊盘、线、过孔的间距要求如下。PAD 和 VIA：≥ 0.3mm（12mil）。PAD 和 PAD：≥0.3mm（12mil）。PAD 和 TRACK：≥ 0.3mm（12mil）。TRACK 和 TRACK：≥ 0.3mm（12mil）。

密度较高时，PAD 和 VIA：≥0.254mm（10mil）。PAD 和 PAD：≥0.254mm（10mil）。PAD 和 TRACK：≥0.254mm（10mil）。TRACK 和 TRACK：≥0.254mm（10mil）。

焊盘和过孔：引脚的钻孔直径 = 引脚直径 + （10 ～ 30mil）；引脚的焊盘直径 = 钻孔直径 + 18mil。

综合实训2 PCB制作——555振荡器

【项目描述】通过对Multisim10的PCB制版软件Ultiboard的应用，学习PCB电路制版过程，提高电路制作安装技能。

【学习目标】

1. 知识目标：掌握Ultiboard软件；了解PCB制版流程及PCB制版基础知识。
2. 技能目标：能完成简单PCB的制作。

【项目实施】

任务一：Multisim10 文件的导入

1. 设计Multisim10文件：555振荡器

在Multisim10中，设计电路，如图23-1所示。在设计电路原理图的过程中，尽量避免使用虚拟元件，而采用具有引脚封装（footprint）的实际元件：电阻器RES1300-700X250；电容器CAP3；三极管TO-92（97）；集成电路N08E；J1、J2选用HDR1X2。

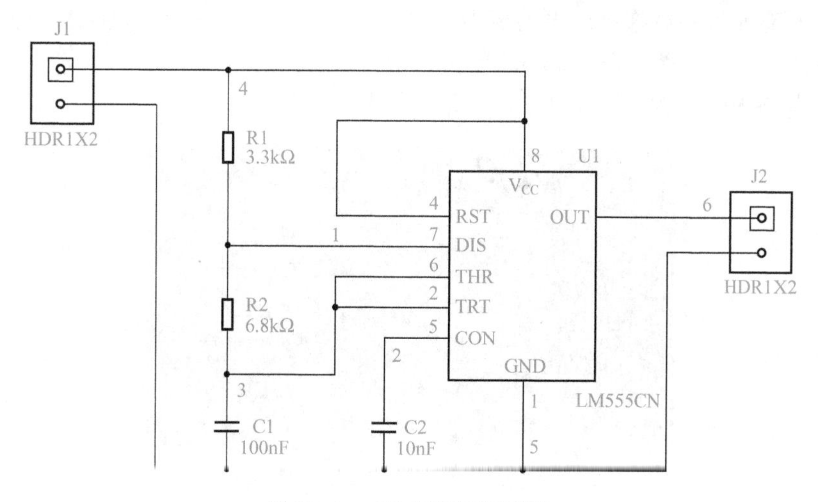

图23-1　555振荡器原理图

2. 生成网表文件

执行菜单命令 transfer/transfer to ultiboardv10，则 Multisim10 弹出一个文件保存对话框，选择生成的网表文件 *. nt10 的保存路径及文件名。

3. 新建项目并导入网表文件

在 Ultiboard10 中执行菜单命令 file/new project，新建项目“555 振荡器”，项目的扩展名为 . ewprj。Ultiboard 在新建项目的同时，也为项目添加了一个与项目同名的 ultiboard 文件。

4. 导入网表文件

执行菜单命令 file/import/UB netlist，在弹出的窗口中选择网表文件并打开。选择 PCB 文件所采用的计量单位、线宽及元件与导线的间距。

将线宽修改为“30”，其余不变，单击“OK”按钮，如图 23-2 所示。

导入，并显示导入结果，如图 23-3 所示。

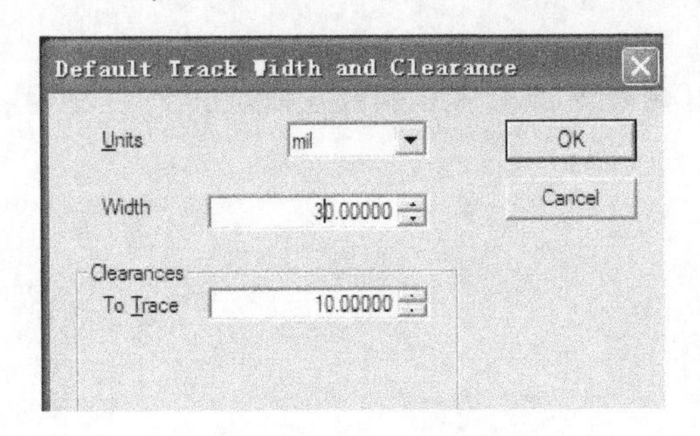

图 23-2 线宽修改

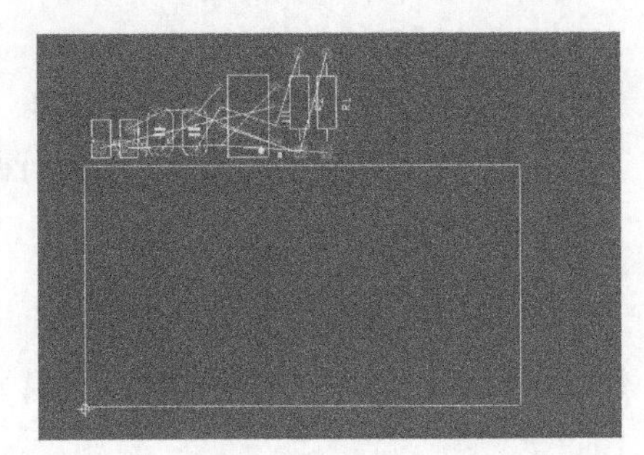

图 23-3 导入结果

任务二：电路板设计

引入网表后，自动添加外轮廓。

1. 选中所有元件，并拖动到电路板中。
2. 设置当前工作层为 board outline 层。
3. 修改电路板的轮廓线，至图 23-4 所示形状。

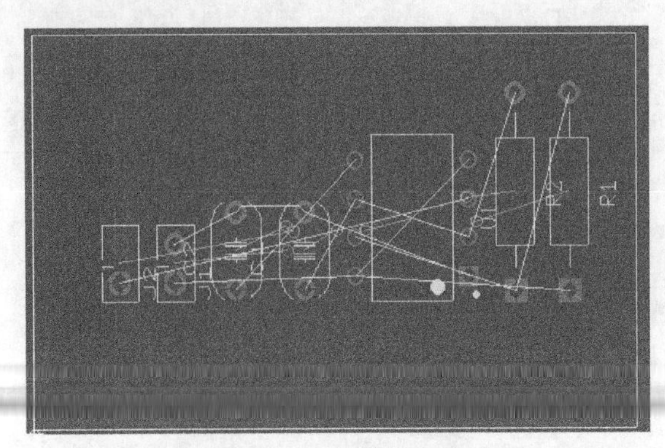

图 23-4 修改轮廓线

选择 edit/properties 命令，在“属性”对话框中选择 Board Setting 选项卡。设置电路板为单面板。

任务三：电路板的布局及布线

调整电路板的布局。执行菜单命令 autoroute/place，启动自动布线器。执行自动布线器菜单命令 route!，直至布线结束，手工修改。软件使用熟练后，手动布线，如图 23-5 所示。

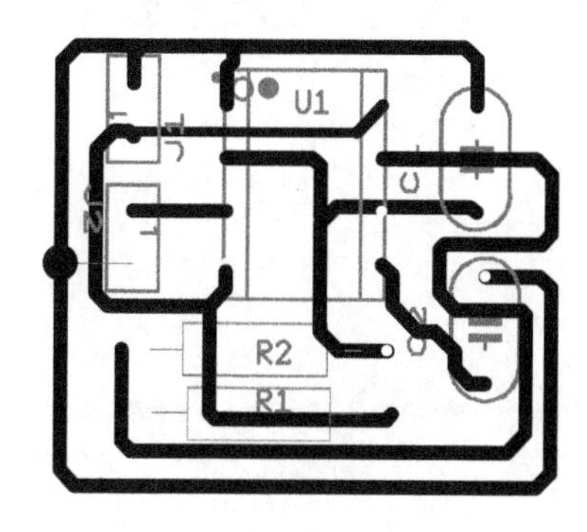

图 23-5　布线图

任务四：电路设计检查与修改

检查：执行 design/netlist and DRC check 命令进行电路设计检查。

修改：通过错误提示进行错误定位并修改。

任务五：3D 视图

单击工具 tools/Views3D，显示电路的 3D 示意图如图 23-6 所示。可根据元件实际位置来进一步调整元件位置。

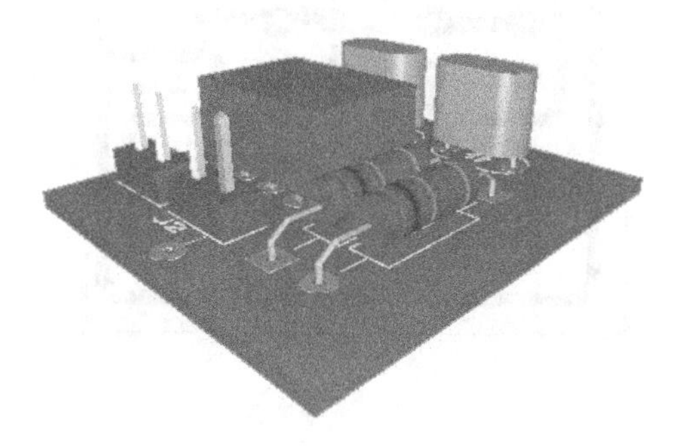

图 23-6　3D 示意图

任务六：输出设计

1. 打印设置

单击菜单命令 File/Print，弹出的对话框如图 23-7 所示，进行设置。

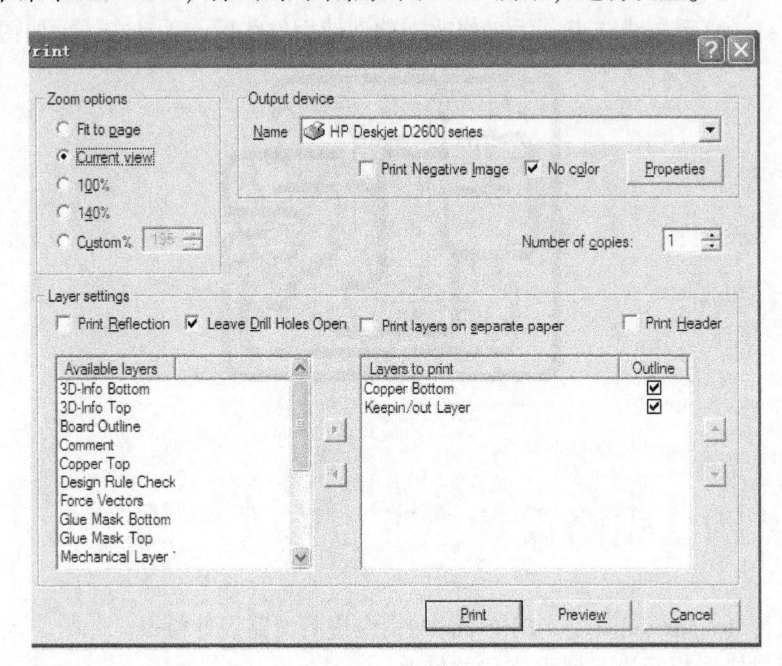

图 23-7　打印设置

预览图如图 23-8 所示。

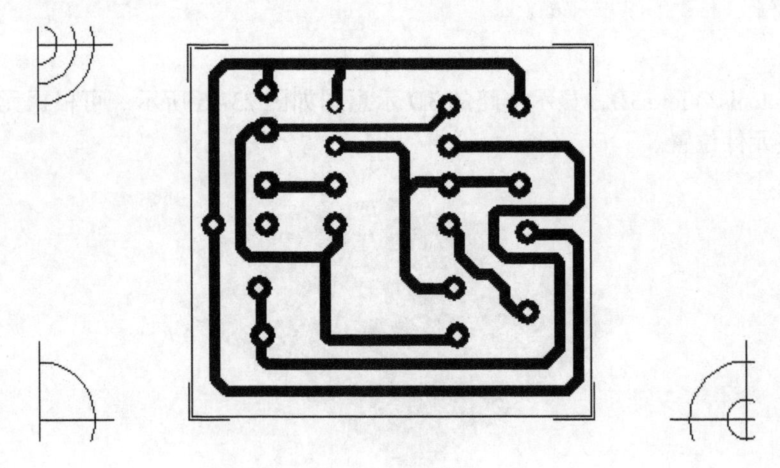

图 23-8　预览图

2. 打印输出

预览无误后，输出打印到转印纸上，进行1:1的打印。打印时必须使用激光打印机。

任务七：PCB制版

将打印好的转印纸贴在大小近似的覆铜板上，固定。

打开热转印机预热10min，将带转印纸的覆铜板送入转印机，把转印纸上的电路图转印到覆铜板上。

将印有电路图的覆铜板放入腐蚀箱，进行腐蚀。把没用的铜箔腐蚀掉，线路保留。根据酸液的浓度定好腐蚀时间，20～30min即可。

腐蚀好的PCB打孔，用高速钻头在需要焊接的焊盘上打孔，需要用到高速钻孔机。

任务八：电路元件焊接与调试

1. 准备元件

所需元件如表23-1所示。

表23-1　元件列表

R1、R2	电阻器	3.3kΩ；6.8kΩ
C1、C2	电容器	0.1μF；0.01μF
U1	集成座	8脚（N08E）
J1、J2	插接件	HDR1×2

2. 元件焊接

一般先焊接电阻器、电容器，后焊接二极管、三极管、集成座。电容器、二极管、三极管要注意分清极性。

3. 电路调试

（1）把装置好的线路连接在+6V的电源上。

（2）利用示波器测量测试pin3及pin2的波形。

（3）按一定比例，画出示波器所显示的波形，记录其振幅、频率、每分度电压（volts/div）及每分度的扫描时间（sweep time/div），将波形绘制与表23-2内。

测试点一：IC 的 3 脚

每分度电压：__________________V

每分度扫描时间：______________ms

频率：______________________Hz

振幅：______________________Vp－p

表 23-2　绘制波形

测试点二：IC 的 2 脚

每分度电压：__________________V

每分度扫描时间______________ms

频率：______________________Hz

振幅：______________________Vp－p

项目评价反馈表

任务名称	配　分	评分要点	学生自评	小组互评	教师评价
项目总体评价					

相关知识

PCB 布局原则。

（1）根据结构图设置板框尺寸，按结构要素布置安装孔、接插件等需要定位的器件，并给这些器件赋予不可移动属性。按工艺设计规范的要求进行尺寸标注。

（2）根据结构图和生产加工时所需的夹持边设置印制板的禁止布线区、禁止布局区域。根据某些元件的特殊要求，设置禁止布线区。

（3）综合考虑 PCB 性能和加工的效率，选择加工流程。加工工艺的优先顺序为：元件面单面贴装——元件面贴、插混装（元件面插装、焊接面贴装一次波峰成型）——双面贴装——元件面贴插混装、焊接面贴装。

（4）布局操作的基本原则。

① 遵照“先大后小，先难后易”的布置原则，即重要的单元电路、核心元器件应当优先布局。

② 布局中应参考原理框图，根据单板的主信号流向规律安排主要元器件。

③ 布局应尽量满足以下要求：总的连线尽可能短，关键信号线最短；高电压、大电流信号与小电流、低电压的弱信号完全分开；模拟信号与数字信号分开；高频信号与低频信号分开；高频元器件的间隔要充分大。

④ 相同结构电路部分，尽可能采用“对称式”标准布局。

⑤ 按照均匀分布、重心平衡、板面美观的标准优化布局。

⑥ 器件布局栅格的设置，一般IC器件布局时，栅格应为50～100mil，小型表面安装器件，如表面贴装元件布局时，栅格设置应不少于25mil。

⑦ 如有特殊布局要求，应双方沟通后确定。

(5) 同类型插装元器件在*X*或*Y*方向上应朝一个方向放置。同一种类型的有极性分立元件要力争在*X*或*Y*方向上保持一致，以便于生产和检验。

(6) 发热元件一般应均匀分布，以利于单板和整机的散热，除温度检测元件以外的温度敏感器件应远离发热量大的元器件。

(7) 元器件的排列要便于调试和维修，即小元件周围不能放置大元件、需调试的元器件周围要有足够的空间。

(8) 需用波峰焊工艺生产的单板，其紧固件安装孔和定位孔都应为非金属化孔。当安装孔需要接地时，应采用分布接地小孔的方式与地连接。

(9) 焊接面的贴装元件采用波峰焊接生产工艺时，阻、容件轴向要与波峰焊传送方向垂直，排阻及SOP（PIN间距大于等于1.27mm）元器件轴向与传送方向平行；PIN间距小于1.27mm（50mil）的IC、SOJ、PLCC、QFP等有源元件避免用波峰焊工艺焊接。

(10) BGA与相邻元件的距离大于5mm。其他贴片元件相互间的距离大于0.7mm；贴装元件焊盘的外侧与相邻插装元件的外侧距离大于2mm。

(11) IC的去耦电容器，布局时要尽量靠近IC的电源引脚，并使之与电源和地之间形成的回路最短。

(12) 元件布局时，使用同一种电源的器件应尽量放在一起，以便于将来的电源分隔。

(13) 用于阻抗匹配目的的阻容器件的布局，要根据其属性合理布置。串联匹配电阻器的布局要靠近该信号的驱动端，距离一般不超过500mil。匹配电阻器、电容器的布局一定要分清信号的源端与终端，对于多负载的终端匹配，一定要在信号的最远端匹配。

(14) 布局完成后打印出装配图，供原理图设计者检查器件封装的正确性，并且确认单板、背板和接插件的信号对应关系，经确认无误后方可开始布线。

项目二十四

综合实训3　PCB制作——555音响门铃

【项目描述】通过对Multisim10的PCB制版软件Ultiboard的应用，学习PCB电路制版过程，提高电路制作安装技能。

【学习目标】

1. 知识目标：掌握Ultiboard软件；了解PCB制版流程及PCB制版基础知识。
2. 技能目标：能完成简单PCB的制作。

【项目实施】

任务一：Multisim10 文件的导入

1. 设计Multisim10文件：555音响门铃

在Multisim10中，设计电路如图24-1所示。在设计电路原理图的过程中，尽量避免使

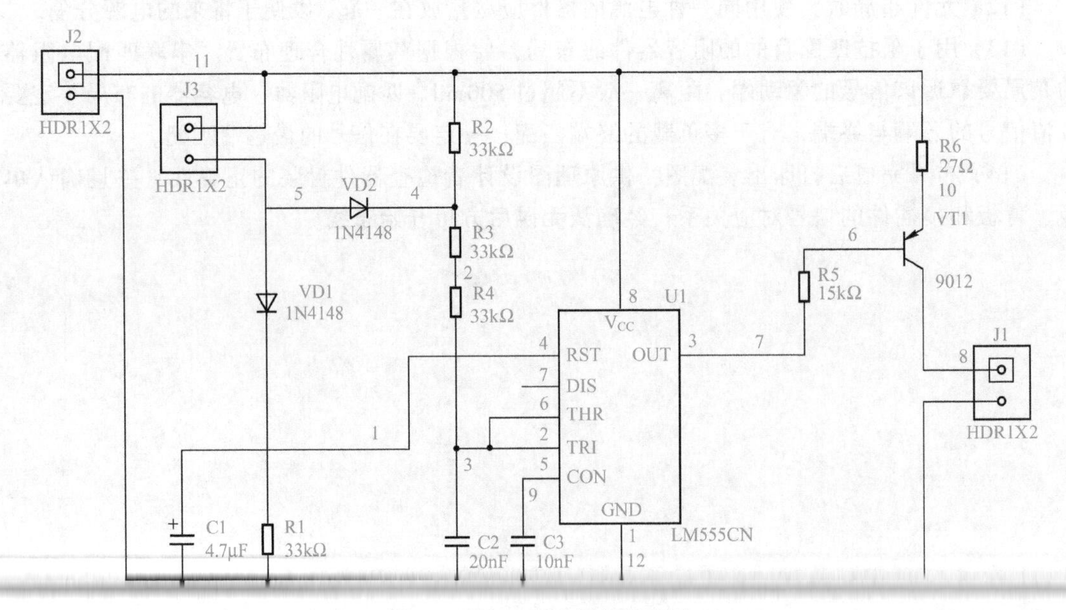

图24-1　555音响门铃原理图

用虚拟元件，而采用具有引脚封装（footprint）的实际元件：电阻器 RES1300 - 700X250；电容器 C2、C3 为 CAP3；C1 为 ELKO5R5；三极管 TO - 92（97）；集成电路 N08E；J1、J2 采用 HDR1X2。

2. 生成网表文件

执行菜单命令 transfer/transfer to ultiboard v10，则 Multisim10 弹出一个文件保存窗口，选择生成的网表文件 *. nt10 的保存路径及文件名。

3. 新建项目并导入网表文件

在 Ultiboard10 中执行菜单命令 file/new project，新建项目“555 音响门铃”，项目的扩展名为. ewprj。Ultiboard 在新建项目的同时，也为项目添加了一个与项目同名的 ultiboard 文件。

4. 导入网表文件

执行菜单命令 file/import/UB netlist，在弹出的窗口中选择网表文件并打开。
选择 PCB 文件所采用的计量单位、线宽及元件与导线之间的间距。
将线宽修改为“30”，其余不变，单击“OK”按钮，如图 24-2 所示。
系统执行网表文件的导入，并显示导入结果，如图 24-3 所示。

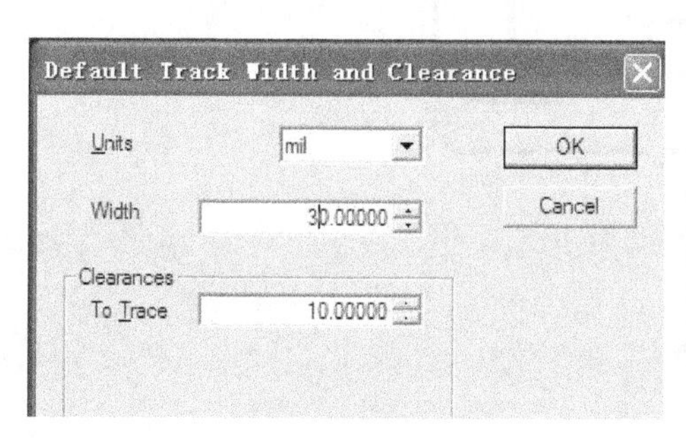

图 24-2　修改线宽

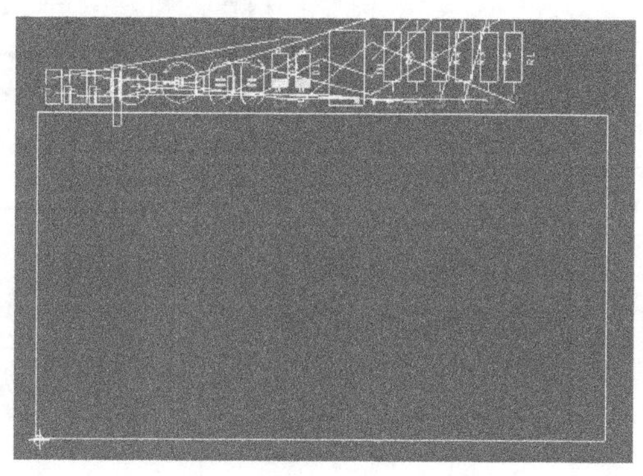
图 24-3　导入结果

任务二：电路板设计

引入网表后，自动添加外轮廓。
1. 选中所有元件，并拖动到电路板中，如图 24-4 所示。
2. 设置当前工作层为 board outline 层。
3. 修改电路板的轮廓线，至图示图形。
选择 edit/properties 命令，在“属性”对话框中选择 Board Setting 选项卡，设置电路板为单面板。

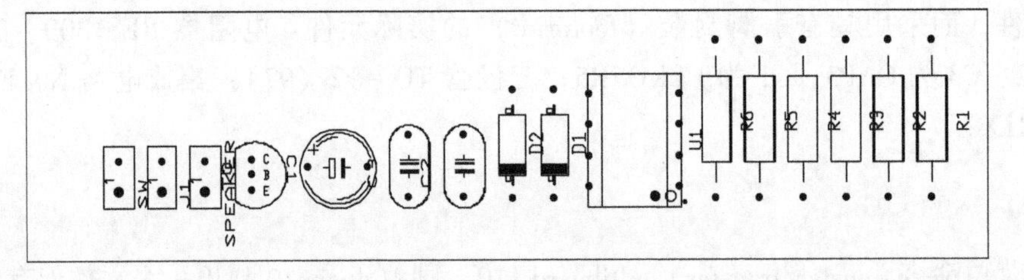

图 24-4 修改轮廓

任务三：电路板的布局及布线

调整电路板的布局。

执行菜单命令 autoroute/place，启动自动布线器。

执行自动布线器菜单命令 route!，直至布线结束，手工修改。

软件使用熟练后，手动布线，如图 24-5 所示。

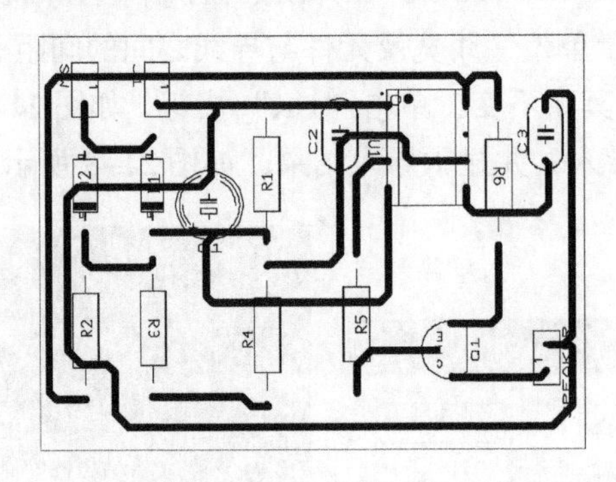

图 24-5 布线图

任务四：电路设计检查与修改

检查：执行 design/netlist and DRC check 命令进行电路设计检查。

修改：通过错误提示进行错误定位并修改。

任务五：3D 视图

单击工具 tools/Views3D，显示电路的 3D 示意图，如图 24-6 所示。

可根据元件实际位置来进一步调整元件位置。

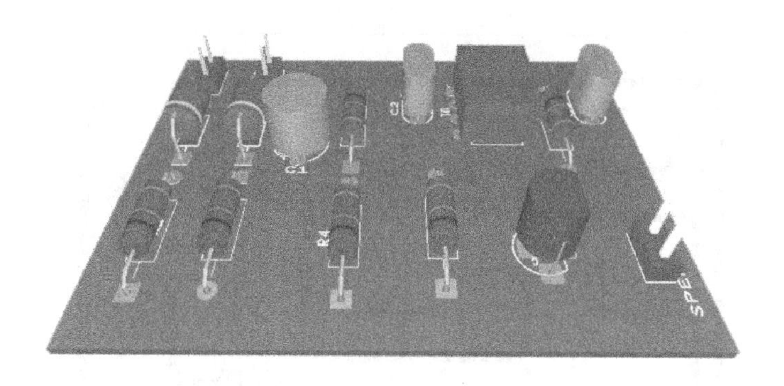

图 24-6　3D 示意图

任务六：输出设计

1. 打印设置

单击菜单命令 File/Print，弹出的对话框如图 24-7 所示，进行设置。

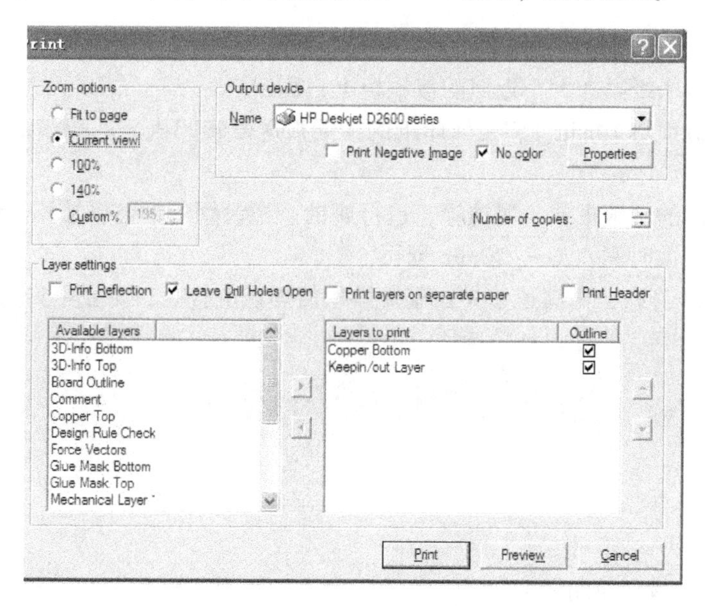

图 24-7　打印设置

预览图如图 24-8 所示。

2. 打印输出

预览无误后，输出打印到转印纸上，进行 1∶1 的打印。打印时必须是使用激光打印机。

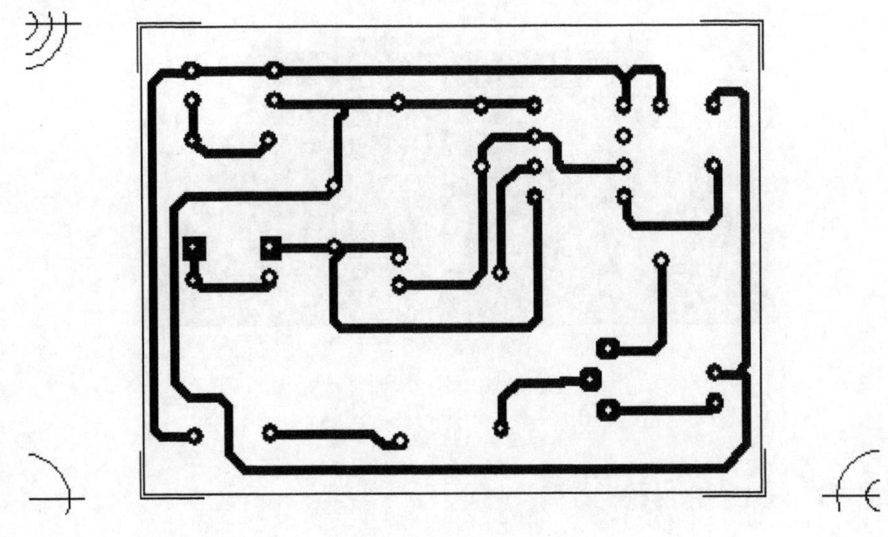

图 24-8　预览图

任务七：PCB 制版

将打印好的转印纸贴在大小近似的覆铜板上，固定。

打开热转印机预热 10min，将带转印纸的覆铜板送入转印机，把转印纸上的电路图转印到覆铜板上。

将印有电路图的覆铜板放入腐蚀箱，进行腐蚀。把没用的铜箔腐蚀掉，线路保留。根据酸液的浓度定好腐蚀时间，20 ～ 30min 即可。

腐蚀好的 PCB 打孔，用高速钻头在需要焊接的焊盘上打孔，需要用到高速钻孔机。

任务八：电路元件焊接与调试

1. 准备元件

所需元件如表 24-1 所示。

表 24-1　元件列表

R1、R2、R3、R4	电阻器	33kΩ
R5　R6	电阻器	1. 5kΩ、27Ω
C1、C2 、C3	电容器	47μF、0. 02μF、0. 01μF
VD1、VD2	二极管	IN4148
TV1	三极管	PNP 9012
U1	[illegible]	8 脚（[illegible]）
J1、J2	插接件	HDR1

2. 元件焊接

一般先焊接电阻器、电容器，然后焊接二极管、三极管、集成座。电容器、二极管、三极管要注意分清极性。

3. 电路调试

（1）接上 6V 电源，并连接扬声器。在 SW 开关被按下时，会产生双音调的响声。

（2）在 SW 被按下时，测试 IC555 的各脚电压，并绘出第 3 脚、第 6 脚的波形于表 24–2 中。

表 24–2　绘制波形

（a）第 2 脚波形

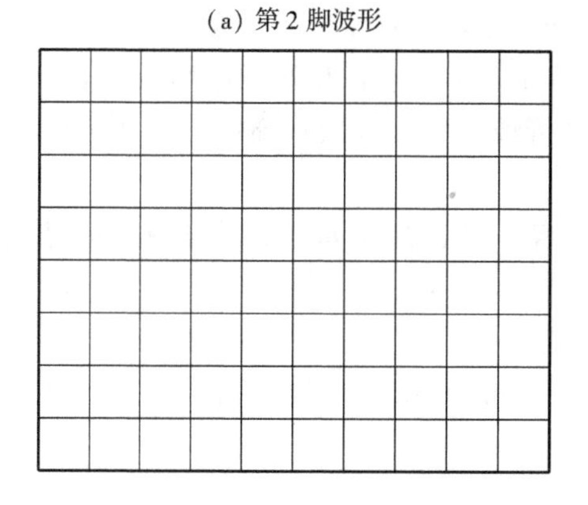

（b）第 3 脚波形

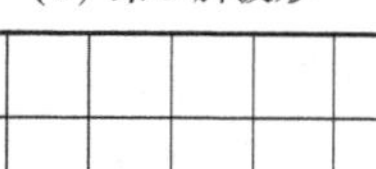

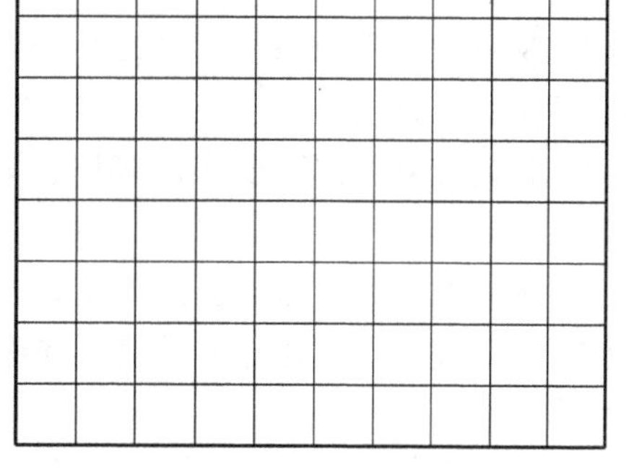

（3）将所得读数记录于表 24–3 内。

表 24–3　所得读数

IC555	1	2	3	4	7	8
电压						

项目评价反馈表

任务名称	配　分	评分要点	学生自评	小组互评	教师评价
项目总体评价					

相关知识

布线是 PCB 设计中最重要的工序，这将直接影响 PCB 的性能好坏。在 PCB 的设计过程中，首先是布通，这是 PCB 设计时的最基本的要求。其次是电器性能的满足，这是衡量一块印制电路板是否合格的标准。这是在布通之后，认真调整布线，使其达到最佳的电气性能。接着是美观，如果布线杂乱无章，即使电气性能很好，也会给给测试和维修带来极大的不便。

布线时主要按以下原则进行。

(1) 一般情况下，首先应对电源线和地线进行布线，以保证电路板的电气性能。在条件允许的范围内，尽量加宽电源、地线宽度，最好地线比电源线宽。它们的关系是：地线宽 > 电源线宽 > 信号线宽，通常信号线宽为 0.2 ～ 0.3mm，最细宽度可达 0.05 ～ 0.07mm，电源线宽一般为 1.2 ～ 2.5mm。数字电路的 PCB 可用宽的地导线组成一个回路，即构成一个地网来使用（模拟电路的地则不能这样使用）。

(2) 预先对要求比较严格的线（如高频线）进行布线，输入端与输出端的边线应避免相邻平行，以免产生反射干扰。必要时应加地线隔离，两相邻层的布线要互相垂直，平行时容易产生寄生耦合。

(3) 振荡器外壳接地，时钟线要尽量短，且不能引得到处都是。时钟振荡电路下面、特殊高速逻辑电路部分要加大地的面积，而不应该走其他信号线，以使周围电场趋近于零。

(4) 尽可能采用45°的折线布线，不可使用90°折线布线，以减小高频信号的辐射（要求高的还要用双弧线）。

(5) 任何信号线都不要形成环路，如果不可避免，环路应尽量小，尽量减少信号线的过孔。

(6) 关键的线尽量短而粗，并在两边加上保护地。

(7) 通过扁平电缆传送敏感信号和噪声场带信号时，要用“地线 - 信号线 - 地线”的方式引出。

(8) 关键信号应预留测试点，以方便生产和维修、检测。

(9) 原理图布线完成后，应对布线进行优化。同时，经初步网络检查和 DRC 检查无误后，对未布线区域进行地线填充，用大面积铜层作为地线，在印制电路板上把没被用上的地方都与地相连，作为地线，也可做成多层板，电源线、地线各占一层。

参考文献

[1] 孔凡才，周良权．电子技术综合应用创新实训教程．北京：高等教育出版社，2009.
[2] 陈雅萍．电子技能与实训—项目式教学．北京：高等教育出版社，2007.
[3] 迟钦河．电子技能与实训．北京：电子工业出版社，2010.

反侵权盗版声明